伏牛山国家级自然保护区
（黑烟镇段）植物图志

河南伏牛山国家级自然保护区黑烟镇管理局　主编

中国林业出版社

图书在版编目（ＣＩＰ）数据

伏牛山国家级自然保护区（黑烟镇段）植物图志 ：
上下册 ／ 河南伏牛山国家级自然保护区黑烟镇管理局主
编. -- 北京 ：中国林业出版社，2023.9
ISBN 978-7-5219-2088-8

Ⅰ．①伏… Ⅱ．①河… Ⅲ．①山－自然保护区－植物
－河南－图集 Ⅳ．①Q948.526.1-64

中国国家版本馆CIP数据核字(2023)第002359号

责任编辑：陈　惠　马吉萍
封面设计：视美藝術設計

出版：中国林业出版社
　　　（100009，北京市西城区刘海胡同7号，电话83223120）
电子邮箱：cfphzbs@163.com
网址：http://www.forestry.gov.cn/lycb.html
印刷：河北京平诚乾印刷有限公司
版次：2023年9月第1版
印次：2023年9月第1次
开本：889mm×1194mm　1/16
印张：36.25
字数：700千字
定价：598.00元

编辑委员会

前言

河南伏牛山国家级自然保护区黑烟镇管理局和河南省西峡县黑烟镇林场属一个机构，两块牌子。辖区位于河南省西部的伏牛山南麓，地理坐标为东经 $111°17'$ ~ $111°31'$，北纬 $33°38'$ ~ $33°47'$，东界为黄石庵林场，西部和南部与西峡县的桑坪、石界河、米坪三镇的集体林区交错接壤，北部以伏牛山主脉老界岭为界，东西长 22km，南北宽 16.2km。林区面积 10198.31hm²，全部划入河南伏牛山国家级自然保护区范围，均为国有林地，管辖包沟、牛毛坪、大坪、大寺院、杨盘、石门、孤山、王庄等 8 个管护区。其中核心区面积 2939hm²，缓冲区面积 407hm²，实验区面积 6852.31hm²。森林蓄积量 102.34 万 m³，森林覆盖率 98.3%。

河南省西峡县黑烟镇林场的前身是森林经营所，始建于 1956 年 9 月；1968 年 3 月，经西峡县革委会筹备小组 西峡县人武部批准成立"黑烟镇森林经营所革命委员会"；1970 年 3 月，经河南省革命委员会批准成立"国营西峡县黑烟镇林场"；1982 年 6 月，经河南省人民政府批准成立"西峡老界岭省级自然保护区"；1995 年 3 月，经西峡县机构编制委员会批准建立"河南老界岭省级自然保护区黑烟镇管理处"；1997 年 12 月，经国务院批准建立"河南伏牛山国家级自然保护区黑烟镇管理局"。

黑烟镇保护区建立以来，在保护、科研、教学、经营管理等领域，开展了多项调查工作。为探索自然规律、寻求有效管理自然保护区的途径，充分发挥自然保护区的综合效益，加速保护区的建设步伐，需要进一步查清家底。2016 年，黑烟镇管理局联合南阳师范学院等科研院所，共 20 多名植物分类、植物地理、植物资源、植物群落生态、植物多样性、生态学、保护区管理、数字技术等领域的专家、教授、博士及在读研究生，利用数字化、地标化野外调查技术，对保护区八大林区进行了系统调查；2020—2022 年，开展了第二轮调查。初步查明，本区维管植物有 186 科 921 属 2733 种(含种以下分类单元)，并在两次调查结果的基础上编写完成了本书。

本书图文并茂，文字精练，图片精美，可以为伏牛山国家级自然保护区的科研工作者提供参考；为林学、园林、生物学、环保等相关专业的师生在保护区实习、考察提供参考；同时，可作为中小学生、户外爱好者和游客了解保护区植物资源的科普读物。

因为参编人员摄影水平所限，部分植物照片质量不尽如人意，敬请谅解；由于编者水平有限，错误之处，恳请指正。

编 者

2022 年 8 月

本书是作者在开展河南伏牛山国家级自然保护区黑烟镇林区植物资源本底调查的基础上，由伏牛山国家级自然保护区黑烟镇管理局组织编写，全书收录伏牛山国家级自然保护区黑烟镇林区维管植物1113种，其中上册581种，下册532种。每个特种均以中文名、学名、科名、属名、形态特征、分布、功用价值及保护类别为主要内容进行编写，并配有多幅体现物种识别特征的图片，便于读者认识各个物种并掌握其识别特征。

本书物种名称（中文名和学名）以《中国植物志》在线版最新修订版为准，稍有调整；蕨类植物以秦仁昌蕨类植物分类系统为准，稍有调整；裸子植物以郑万钧裸子植物分类系统为准，稍有调整；被子植物主要依据柯朗奎斯特系统，稍有调整。

植物的濒危等级依据汪松和解焱主编的《中国物种红色名录》（2004年高等教育出版社出版）中的植物部分进行统计。其中，DD为数据缺乏，LC为无危，NT为近危，VU为易危，EN为濒危，CR为极危，EW为野外灭绝，EX为灭绝；国家重点保护野生植物按照2021年9月新版《国家重点保护野生植物名录》要求统计；河南省重点保护野生植物按照河南省人民政府2005年1月公布的《河南省重点保护野生植物名录》进行统计；国家级珍贵树种按照1992年10月国家林业部公布的《国家珍贵树种名录》（第一批）进行统计；中国特有种子植物按照2014年11月黄继红、马克平、陈彬等编写的《中国特有种子植物的多样性及其地理分布》进行统计。

目录

被子植物门

蕨类植物门

PTERIDOPHYTA

▶ 卷柏科 Selaginellaceae ▏▏▏▏▏▏▏▏▏▏▏▏▏▏▏▏▏▏▏▏▏▏▏▏▏▏▏▏▏▏

蔓出卷柏 Selaginella davidii Franch.　　　卷柏属 Selaginella P. Beauv.

形态特征： 主茎伏地蔓生，多回分枝，各分枝基部生根。营养叶二型，草质，背腹各二列，腹叶（中叶）指向枝顶，长卵形，锐尖头或渐尖头，背叶（侧叶）向两侧平展，卵状披针形，钝尖头，基部为不对称的心形，边缘膜质，白色，多少有睫毛状齿，连小枝宽3~5mm。孢子囊穗多见于小枝顶端；孢子叶卵状三角形，长渐尖头，边缘有微齿，孢子囊圆形；孢子二型。

分　　布： 河南大别山、桐柏山和伏牛山南部均有分布；多见于林下或溪旁。

功用价值： 全草可入药。

枝、叶背面

茎、叶　　　茎、枝、叶正面及根托（冬态）　　　茎、叶及孢子叶穗

兖州卷柏 Selaginella involvens (Sw.) Spring　　　卷柏属 Selaginella P. Beauv.

形态特征： 植株高15~45cm。主茎禾秆色，圆柱形，下部不分枝，有宽卵形茎生叶螺旋状排列，紧密；上部呈复叶状分枝。叶二型，4列，覆瓦状，侧叶斜卵状披针形，内缘略有细齿，交互并列，指向枝顶；中脉较明显孢子囊穗单生小枝顶端，稀双生，四棱形，长约1cm；孢子叶卵圆形，基部近圆形，顶端有芒刺，全缘或有疏细齿，有龙骨状突起；大小孢子囊排列无一定顺序，肾形；孢子二型。

分　　布： 河南太行山、伏牛山、大别山和桐柏山区均有分布；多见于疏林下的岩石上。

功用价值： 全草可入药。

植株背面

植株

孢子叶穗

江南卷柏 *Selaginella moellendorffii* Hieron.   卷柏属 *Selaginella* P. Beauv.

形态特征：植株直立，高20~55cm，具横走地下根状茎和游走茎，着生鳞片状淡绿色的叶。根托生于茎基部，根多分叉，密被毛。主茎中上部羽状分枝，无关节，禾秆色或红色，茎圆柱状，无毛，内具维管束1条；侧枝5~8对，二至三回羽状分枝，小枝较密，主茎分枝相距2~6cm，分枝无毛，背腹扁。叶（除不分枝主茎上的外）交互排列，二型，草质或纸质，光滑，具白边。孢子叶穗紧密，四棱柱形，单生于小枝末端，孢子叶一型，卵状三角形，有细齿，具白边，先端渐尖，龙骨状；大孢子叶分布于孢子叶穗中部的下侧；大孢子浅黄色，小孢子橘黄色。

分　　布：河南太行山、伏牛山、大别山和桐柏山区均有分布；多见于疏林下岩石上。
功用价值：全草可入药。

茎、枝、叶　　　　　　　　　　叶　　　　　　　　　　孢子叶穗

伏地卷柏 *Selaginella nipponica* Franch. et Sav.   卷柏属 *Selaginella* P. Beauv.

形态特征：茎细弱匍匐，主茎不明显。营养叶二型，背腹各二型，边缘有微齿，中叶（腹叶）长卵状长圆形，渐尖，交互向上，侧叶（背叶）宽卵形，锐尖，向两侧展平。孢子枝直立，孢子囊穗不明显，孢子叶二型，与营养叶相同，但排列稀疏，顶部孢子叶长卵形，密集成扁平的孢子囊穗；孢子囊卵圆形；孢子二型。

分　　布：河南太别山、桐柏山和伏牛山区均有分布；多见于溪旁湿地或岩石上。
功用价值：全草可入药。

孢子叶穗　　　　　　　　　根托、根　　　　　　　　　　　植株

垫状卷柏 *Selaginella pulvinata* (Hook. et Grev.) Maxim 　卷柏属 *Selaginella* P. Beauv.

形态特征： 旱生复苏蕨类，呈垫状，无匍匐根状茎或游走茎。根托生于茎基部，根多分叉，密被毛，和茎及分枝密集形成树状主干，高数厘米。主茎自近基部羽状分枝，非"之"字形，禾秆色或棕色，二至三回羽状分枝，小枝排列紧密，主茎上相邻分枝相距约1cm，分枝无毛，背腹扁。叶交互排列，二型，叶质厚，光滑，无白边；主茎的叶略大于分枝的叶，重叠，绿或棕色，斜升，边缘撕裂状。孢子叶穗紧密，四棱柱形，单生于小枝末端；孢子叶一型，无白边，边缘撕裂状，具睫毛；大孢子叶分布于孢子叶穗下部下侧或中部下侧或上部下侧；大孢子黄白或深褐色，小孢子浅黄色。

分　　布： 河南大别山、桐柏山和伏牛山区均有分布；多见于溪旁湿地或岩石上。

功用价值： 全草可入药。

枝、叶　　植株1　　植株2　　旱季植株

中华卷柏 *Selaginella sinensis* (Desv.) Spring 　卷柏属 *Selaginella* P. Beauv.

形态特征： 植株高15~40cm。主茎直立，禾秆色，圆柱形，下部不分枝，上部分枝。下部茎生叶一型，互生，卵状三角形，螺旋状疏生，上部茎生叶二型，侧叶（背叶）斜展，卵状三角形，基部近圆形，短尖头，边缘有细齿或下侧全缘，中叶（腹叶）斜卵圆形，基部心脏形，锐尖头，有膜质白边和细齿，叶背面中脉较显。孢子囊穗单生枝顶，四棱顶，长4~6mm；孢子叶卵状三角形，有龙骨状突起，锐尖头，边缘有细齿和膜质白边；大小孢子囊均为圆肾形；孢子二型。

分　　布： 河南大别山、桐柏山和伏牛山南部均有分布；多见于林下或溪旁。

功用价值： 全草可入药。

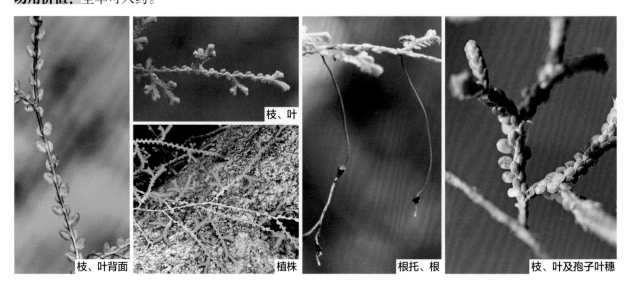

枝、叶背面　　植株　　根托、根　　枝、叶及孢子叶穗

旱生卷柏（史唐卷柏）*Selaginella stauntoniana* Spring　　卷柏属 *Selaginella* P. Beauv.

形态特征： 旱生，直立，植株高15~35cm，具横走地下根状茎，着生鳞片状红褐色叶。根托生于横走茎，根多分叉，密被毛。主茎部分枝或自下部分枝，羽状分枝，非"之"字形，无关节，红或褐色；侧枝3~5对，二至三回羽状分枝，小枝规则。叶交互排列（除不分枝主茎上的叶外），二型（除不分枝主茎上的叶外），叶质厚，光滑，非全缘，无白边；不分枝主茎的叶排列紧密，不大于分枝的叶，一型，棕或红色，卵状披针形；分枝的腋叶略不对称，三角形；中叶不对称，卵状椭圆形，覆瓦状排列，背部非龙骨状，先端与轴平行，具芒，基部平截，全缘或近全缘，略反卷；孢子叶一型；大孢子橘黄色，小孢子橘黄色或橘红色。

分　　布： 河南大别山、桐柏山和伏牛山南部均有分布；多见于石灰岩石缝中。

功用价值： 全草可入药。

枝、叶背面

枝、叶

孢子叶穗

植株

卷柏 *Selaginella tamariscina* (P. Beauv.) Spring　　卷柏属 *Selaginella* P. Beauv.

形态特征： 植株高5~15cm。主茎不明显，直立，顶端丛生辐射斜展小枝，干后内卷如拳。叶二型，4裂，背腹各2裂，交互着生，中叶（腹叶）不并行，斜上，卵状长圆形，急尖或有长芒尖，边缘有微齿，侧叶（背叶）斜展，宽超出中叶，长卵圆形，急尖而有长芒尖，外侧边缘狭膜质，有微齿，内侧边缘宽膜质而全缘。孢子囊穗生于枝顶，四棱形；孢子叶卵状三角形，龙骨状，先端微尖，边缘膜质，四列交互排列；孢子囊圆肾形；孢子二型。

分　　布： 河南各地均有分布；多见于干旱岩石上。

功用价值： 全草可入药。

枝、叶

植株

植株干旱状态

▶ 木贼科 Equisetaceae ||||||||||||||||||||||||||||||||||||||||||||||||||

问荆 *Equisetum arvense* L.　　　　　　　　木贼属 *Equisetum* L.

形态特征： 地上茎一年生，二型。根状茎横走，有暗黑色球茎。生孢子囊穗的茎春季有根状茎发出，高5~20cm，直径2~4mm，带紫褐色，无叶绿素，有12~14条不明显的棱脊；叶鞘筒漏斗状，鞘齿棕褐色，厚膜质，每2~3齿连接成宽三角形。孢子囊穗长圆形，长3~4cm，钝头，有柄，成熟后茎枯萎；孢子叶六角形，盾状着生，背面生有6~8个孢子囊。不育茎在孢子茎枯萎后生出，高20~50cm，分枝轮生，棱脊上有横的波状隆起，沟内有带状气孔2~4行。叶退化，下部连合成漏斗状鞘；鞘齿披针形或由2~3齿连成宽三角形，黑色，边缘灰白色，膜质。

分　　布： 河南太行山和伏牛山区均有分布；多见于沟边、田边。

功用价值： 全草可入药。

节、鳞叶及轮生枝

孢子叶穗　　　　　根状茎　　　　　根状茎、球茎　　　　　植株

木贼 *Equisetum hyemale* L.　　　　　　　　木贼属 *Equisetum* L.

形态特征： 根状茎横走，黑色，地上茎常绿，多年生，一型，高30~120cm，单一，中空，粗6~10mm，有纵棱20~30条，棱上有疣状突起2行，沟内各有气孔线1行。节间基部的叶鞘圆筒形，长6~10mm，紧贴于茎，顶部及基部各有一黑褐色圈，中部灰绿色；叶鞘齿线状钻形，黑褐色，质厚，背面有2条棱脊，易脱落。孢子囊穗顶生，紧密，长圆形，尖头，无柄，长7~13mm。

分　　布： 河南太行山和伏牛山区均有分布；多见于疏林下、河边沙地或山坡草丛中。

功用价值： 全草可入药；可作金工和木料的磨光材料。

群落

茎、根状茎、根

孢子叶穗　　　　　植株　　　　　节、叶鞘

节节草 *Equisetum ramosissimum* Desf. | 木贼属 *Equisetum* L.

形态特征： 地上茎常绿，多年生，一型，高18~100cm，基部多分枝，枝中空，有纵棱脊6~20条，狭而粗糙，含有硅质的疣状突起1行，或有小横纹，沟内有气孔线1~4行。节间基部的叶鞘筒状，约2倍茎长；叶鞘齿短三角形，灰色，近膜质，有易落的膜质尾尖。孢子囊穗生于枝顶，长圆形，长5~25mm，橘黄色，无柄，有小尖头。

分　　布： 河南各地均有分布；多见于路旁、沙地、荒原、溪边、田间地埂。

功用价值： 全草可入药；马驹食之易中毒。

成熟孢子叶穗　　孢子叶穗　　节、叶鞘　　根状茎

▶ 瓶尔小草科 Ophioglossaceae ||||||||||||||||||||||||||||||||||||||||||||||||||||||||

蕨萁 *Botrychium virginianum* (L.) Sw. | 阴地蕨属 *Botrychium* Sw.

形态特征： 植株高50~80cm。根状茎短，具一簇肥厚肉质根。总柄长25~35cm，基部有长2.5~3cm的鞘状棕色苞片；营养叶三角形，三至四回羽状分裂；基部的一对羽片最大，长10~15cm，宽约10cm，有8~10对小羽片，几对生，上先出，长5~7cm，宽1.8~2.5cm；二回小羽片矩圆状长披针形，长1~2cm，深羽裂，裂片狭长，有粗尖锯齿。孢子叶自营养叶片基部的一回羽片着生处伸出；柄长14~18cm；孢子囊穗集合成圆锥状，长6~16cm。二回羽状分枝。

分　　布： 河南大别山、桐柏山和伏牛山区均有分布；多见于林下阴湿处。

功用价值： 根和全草可入药。

叶　　叶　　孢子叶局部及孢子囊　　孢子叶　　植株

劲直阴地蕨 *Botrychium strictum* Underw.　　阴地蕨属 *Botrychium* Sw.

形态特征： 植株高50~80cm。根状茎短而直立，生有一簇粗根。叶常单生，二型，总柄长30~50cm，基部被2~3片褐棕色鞘状苞片；营养叶广三角形，长宽几相等或宽过于长，三回羽状深裂；羽片约10对，对生，矩圆状披针形或阔披针形，基部一对最大，二回羽状深裂；一回小羽片卵状长圆形至披针形，中部的较大，基部的较小，下侧现出，互生或近对生，羽状或羽状深裂；末回小羽片或裂片长圆形，浅裂或为粗锯齿；叶脉羽状。叶薄草质，仅沿叶轴和各回羽轴疏生短毛，幼时较多。孢子叶高于营养叶，直立；孢子囊穗复穗状线形，笔直，小穗长1~2cm。

分　布： 河南伏牛山南部分布；多见于林下或山谷湿处。

功用价值： 根和全草可入药。

叶背面　　叶　　孢子叶1　　植株　　孢子叶2　　孢子叶局部及孢子囊

▶ 紫萁科 Osmundaceae ||||||||||||||||||||||||||||||||||||||||||||||||||||||||||||||||||||||

紫萁 *Osmunda japonica* Thunb.　　紫萁属 *Osmunda* L.

形态特征： 植株高50~100cm。根状茎短。二回羽状复叶，丛生；叶片三角状广卵形，长30~70cm，宽20~40cm；叶柄长20~30cm，与叶轴均为稻秆黄色，有时有褐色绵毛，小羽片长圆状披针形，长5~6cm，宽1~1.8cm，先端稍钝，基部最宽，截形或圆形，边缘有细锯齿，无柄或几无柄；叶脉分离，叉分，平行。孢子叶的小羽片狭，卷缩成线形，长1.5~2cm，沿背面中脉两侧密生孢子囊。

分　布： 河南大别山、桐柏山及伏牛山南部均有分布；多见于林下或溪边酸性土壤上。

功用价值： 根状茎可作贯众入药；其幼叶上的褐色茸毛，外敷伤口可止血；嫩叶可食。

孢子叶　　孢子囊　　小羽片　　植株

▶ 海金沙科 Lygodiaceae ‖‖‖‖‖‖‖‖‖‖‖‖‖‖‖‖‖‖‖‖‖‖‖‖‖‖‖‖‖‖‖‖‖‖‖

海金沙 Lygodium japonicum (Thunb.) Sw.　　**海金沙属 Lygodium Sw.**

形态特征： 攀缘植物，长达4m。叶多数生于短枝，相距9~11cm，二回羽状，小羽片掌状或3裂，边缘有不整齐的浅钝齿。孢子叶卵状三角形，长宽各10~20cm，小羽片边缘生流苏状的孢子囊穗，穗长2~4mm，宽1~1.5mm，暗褐色。

分　　布： 河南伏牛山南部大别山和桐柏山区均有分布；多见于山坡草地灌丛中。

功用价值： 全草及孢子囊可入药；茎叶捣烂水浸液可治棉蚜虫、红蜘蛛；酸性土壤指示植物。

叶

植株

可育羽片、孢子囊穗

▶ 碗蕨科 Dennstaedtiaceae ‖‖‖‖‖‖‖‖‖‖‖‖‖‖‖‖‖‖‖‖‖‖‖‖‖‖‖‖‖‖‖‖‖

细毛碗蕨 Dennstaedtia hirsuta (Swartz) Mettenius ex Miquel　**碗蕨属 Dennstaedtia Bernh.**

形态特征： 植株高15~30cm。根状茎横走或斜生，密被棕灰色长毛。叶近生或几簇生，长圆状披针形，长10~20cm，宽4.5~7.5cm，先端渐尖，二回羽状，羽片10~14对，下部长3~5cm，宽1.5~2.5cm，羽状分裂或深裂，裂片6~8对，长1~1.7cm，长圆形或宽披针形，有3个尖齿；叶脉羽状分叉不达齿端，各羽轴及叶两面有长柔毛；叶柄细长，直立，长7.5~10cm。孢子囊群近边缘生，每裂片上2~6个；囊群盖浅碗形，绿色，有毛。

分　　布： 河南伏牛山、大别山区均有分布；多见于山地、石坡、石缝阴湿处。

叶背面

小羽片及孢子囊群

植株

溪洞碗蕨 *Dennstaedtia wilfordii* (Moore) Christ　　　**碗蕨属** *Dennstaedtia* Bernh.

形态特征： 植株高约40cm，除根状茎有毛外，余皆光滑。叶2列，远生或近生，薄草质，长圆状披针形，长约27cm，宽6~8cm，二至三回羽状深裂，末回裂片，浅裂成长短不等的2~3小裂片或粗齿状，小脉1条，不达边缘；叶柄长14cm，下部红棕色，上部稍淡红色或淡禾秆色。孢子囊群圆形，生于小裂片顶部；囊群盖浅碗状无毛。

分　　布： 河南伏牛山、大别山、桐柏山区均有分布；多见于溪边或潮湿的石缝中。

植株　　叶　　叶背面　　孢子囊群

蕨（拳菜） *Pteridium aquilinum* var. *latiusculum* (Desv.)Underw.ex Heller　　　**蕨属** *Pteridium* Gled. ex Scop.

形态特征： 植株高达1m。根状茎粗壮，长而横走，有黑色毛。叶远生，革质，宽三角形或长圆状三角形，长30~60cm，宽20~45cm，三至四回羽裂；末回小羽片或裂片长圆形，圆钝头，全缘或下部的有1~3对浅裂片呈波状圆齿，无毛或在中脉下有疏毛；叶柄长30~100cm，有黑色毛。孢子囊群线形，生于叶边缘，被反卷的叶边包盖。

分　　布： 河南各山区均有分布；多见于荒坡及林缘。

功用价值： 嫩叶春季采后晒干为拳菜，可食；根状茎含淀粉，掺粮食做粉条、饼干等，既可酿酒，又可入药；可作驱虫剂；纤维可制绳索，耐水湿。

孢子囊群　　小羽片背面　　幼叶　　植株　　幼叶拳卷

▶ 凤尾蕨科 Pteridaceae ||||||||||||||||||||||||||||||||||||||||||

野雉尾金粉蕨 Onychium japonicum (Thunb.) Kze. | **金粉蕨属 Onychium Kaulf.**

形态特征： 植株高60cm。根状茎长而横走，疏生深棕毛，全缘、披针形鳞片，幼时较密。叶近簇生，叶柄禾秆色，长20~30cm，有时基部栗红色；叶片三角状卵形至披针形，四回羽状；羽片约10对，互生，卵状披针形，有短柄，基部有一对较大，三回羽状；小羽片8~10对，上先出，互生，长卵形至狭卵形，基部较大；末回小羽片梭形，全缘。每裂片有中脉1条，能育裂片中脉两侧的细脉与叶边内的边脉汇合。孢子囊群成熟时满布裂片背面；囊群盖灰白色，膜质，短线形。

分　　布： 河南伏牛山南部、大别山和桐柏山区均有分布；多见于疏林下或溪边。

功用价值： 根状茎可入药。

叶背面、孢子囊群
叶1
羽片
叶2

陕西粉背蕨 Aleuritopteris argentea var. obscura (Christ) Ching | **粉背蕨属 Aleuritopteris Fee**

形态特征： 植株高15~35cm。根状茎短而直立，密被鳞片，鳞片中间亮褐色，边缘有棕色狭边的披针形。叶簇生，栗红色，有光泽，光滑，基部疏生鳞片；叶片五角形，尾状长渐尖，长宽几相等，基部三回羽裂，中部二回羽裂，顶部一回羽裂，分裂度细；侧生羽片4~6对，对生或近对生；基部一对羽片最大，基部与叶轴合生，无柄；第三片小羽片分裂或不分裂，较基部一对小羽片短而狭；第二对羽片宽披针形，先端长尾尖，基部与叶轴合生，以阔翅沿叶轴下延，有不整齐的裂片4~5对，裂片镰刀形，先端钝尖；第二对以上羽片偶为不整齐的羽裂，裂片大都为镰刀形，向顶部逐渐缩短。叶干后纸质或薄革质，叶脉不显，正面光滑，背面无粉末；孢子囊群线形或圆形，周壁疏具颗粒状纹饰。

分　　布： 河南伏牛山北坡等地分布；多见于山沟潮湿处的岩石上。

功用价值： 全草可入药。

叶
叶背面
孢子囊群

华北粉背蕨 *Aleuritopteris kuhnii*（Milde）Ching　　　**粉背蕨属** *Aleuritopteris* Fee

形态特征： 植株高20~30cm。根状茎直立，被红棕色、边缘有睫毛、阔披针形鳞片。叶簇生，长圆状披针形，长15~25cm，宽5~8cm，背面常有灰白色粉粒，三回羽状；羽片约10对，三角状长圆形至长圆形，中部的较大，长2~4cm，宽1~2cm，二回羽裂；小羽片5~6对，长圆形，与羽轴合生，基部一对较大，长约为宽的2倍，羽状深裂；羽状全缘或波状；叶脉不明显；叶柄栗红色，基部被鳞片较多，向上稀少。孢子囊群顶生脉端，近叶边排列，囊群盖深棕色或褐色，质薄，内缘啮齿状，断裂于裂片基部。

分　　布： 河南伏牛山和太行山区均有分布；多见于山谷中或疏林下。

叶背具白粉

植株　　叶

普通凤丫蕨 *Coniogramme intermedia* Hieron.　　　**凤丫蕨属** *Coniogramme* Fee

形态特征： 植株高60~100cm。根状茎横走，疏生披针形鳞片。叶远生，背面无毛或略有短柔毛，长圆状三角形，长30~50cm，宽20~40cm，上部一回羽状，基部二回羽状；上部羽片或小羽片宽披针形，先端尾状渐尖，基部近圆形，边缘有向前弯的细锯齿；侧脉二回叉分，顶端略加厚成线形小囊，伸到锯齿内；叶柄长30~50cm，禾秆色或有棕色斑点，基部有鳞片。孢子囊群沿叶脉分布到距叶边3mm处。

分　　布： 河南伏牛山、太行山和大别山区均有分布；多见于林下温润处。

功用价值： 根可入药。

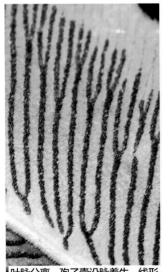

叶脉分离，孢子囊沿脉着生、线形　　小羽片、羽轴　　植株

凤丫蕨 *Coniogramme japonica* (Thunb.) Diels　　　凤丫蕨属 *Coniogramme* Fee

形态特征： 植株高80~120cm。根状茎横走，略有鳞片。叶远生，草质，无毛，长圆状三角形，长50~70cm，宽22~30cm，下部二回羽状，上部一回羽状；小羽片或中部以上二回羽片狭长披针形，渐尖头，基部楔形，边缘有疏细锯齿；叶脉网状，在中脉两侧各形成2~3行网眼，网眼外的小脉分离，顶端有纺锤形水囊，伸到锯齿基部；叶柄禾秆色，基部疏生披针形鳞片。孢子囊群沿脉分布，无盖。

分　　布： 河南大别山、桐柏山和伏牛山南部均有分布；多见于湿润林下和山谷等阴湿地方。

功用价值： 根可入药。

侧脉在主脉两侧各形成2~3行网眼

植株

植株

疏网凤丫蕨 *Coniogramme wilsonii* Hieron.　　　凤丫蕨属 *Coniogramme* Fee

形态特征： 植株高80~100cm。根状茎长而横走，粗约5mm，密被褐棕色、全缘的披针形鳞片。叶近生，卵状三角形，长30~40cm，宽20~30cm，二回羽状；羽片4~5对，近对生，相距5~8cm，柄长1~2cm，下部1~2对卵状三角形，长达25cm，宽约20cm，羽状或三出；小羽片3~7片，对生，开展，相距约4cm，有短柄，披针形，顶端1片较大，长约15cm，宽约3cm，先端短尾状，基部不对称圆形，边缘有中等大的密锯齿；侧脉在主脉下部两侧往往形成一些单行排列的网眼，其余的倒脉分离，二至三叉，先端有水囊体，不达锯齿基部，叶坚草质，背面有短毛；叶柄长40~50cm，粗约3mm，禾秆色，基部以上光滑。孢子囊群线形，沿侧肋着生，伸达叶边约有3mm处。

分　　布： 河南伏牛山和大别山区均有分布；多见于林下阴湿地方。

侧脉孢子囊

植株

羽轴、叶背、叶脉及孢子囊群

金毛裸蕨 *Paragymnopteris vestita* (Hooker) K. H. Shing

金毛裸蕨属 *Paraceterach* Copel.

形态特征： 植株高10~50cm。根状茎粗短，横卧或斜升，密覆锈黄色长钻形鳞片。叶丛生或近生，圆柱形，亮栗褐色，从基部向上密被淡棕色长绢毛；叶片披针形，一回奇数羽状复叶；羽片7~17对，同形，开展或斜上，彼此有阔的间隔分开或接近，长1.5~4cm，基部宽1~2cm，卵形或长卵形，钝头，基部圆形或有时略微心形，少有上侧耳状突出，有柄，全缘，互生。叶脉多回分叉，往往在近叶边处连接成狭长斜上的网眼。叶软草质，干后正面褐色，疏被灰棕色绢毛，背面密被棕黄色绢毛；叶轴及羽轴均密被同样的毛。孢子囊群沿侧脉着生，隐没在绢毛下，成熟时略可见。

分　　布： 河南太行山、伏牛山、大别山和桐柏山区均有分布；多见于阴湿的岩石上。

羽片背面　叶　羽片背面

耳羽金毛裸蕨 *Paragymnopteris bipinnata* var. *auriculata* (Franchet) K. H. Shing

欧金毛裸蕨属 *Paragymnopteris* K. H. Shing.

形态特征： 根状茎横走，密被锈棕色鳞片，线状钻形。叶近簇生，长10~20cm，宽5~8cm，一回奇数羽状，顶生羽片最大，侧生羽片7~11个，互生，卵形，有短柄，基部心脏形不对称，上方具耳状突起，先端钝，表面疏被灰棕色伏生长毛，背面密被棕黄色长柔毛；侧脉多回分叉，小脉分离，或在近叶边偶联结成狭长网眼；叶柄栗褐色，正面至羽柄均有柔毛。孢子囊群沿叶脉着生，被柔毛覆盖，无囊群盖。

分　　布： 河南太行山、伏牛山、大别山和桐柏山区均有分布；多见于阴湿的岩石上。

叶　羽片　羽片背面　根状茎、根

井栏边草 *Pteris multifida* Poir.　　　　　凤尾蕨属 *Pteris* L.

形态特征： 植株高30~70cm。根状茎直立，有线状披针形鳞片。叶簇生，长卵圆形，长20~45cm，一回羽状；基部羽片常二至三分叉，上部羽片下延成狭翅，羽片线形；叶柄长15~25cm，灰棕色或稻秆色，不育叶的羽片或小羽片较宽，边缘有不整齐的锯齿；侧脉单一。孢子囊群沿叶边连续分布。

分　　布： 河南伏牛山、大别山和桐柏山区均有分布；多见于井边、湿石缝或石灰岩上。

功用价值： 全草可入药。

叶背边缘线形孢子囊群　　　可育叶背面　　　可育叶　　　不育叶

蜈蚣凤尾蕨 *Pteris vittata* L.　　　　　凤尾蕨属 *Pteris* L.

形态特征： 植株高30~150cm。根状茎短，有线状披针形黄棕色鳞片。叶簇生，长圆形或披针形，长20~90cm，宽5~25cm，一回羽状；羽片无柄，线状披针形，中部长6~15cm，宽5~10mm，基部两侧多少耳形，上侧常覆盖叶轴，不育羽片的边缘有细密锯齿；叶脉单一或分叉；叶柄长10~30cm，和叶轴有疏生鳞片。孢子囊群线形，生于小脉顶端的连接脉上，近边缘连续分布，囊群盖膜质。

分　　布： 河南太行山、伏牛山、大别山和桐柏山区均有分布；多见于钙质土和石灰岩上。

功用价值： 全草可药用；为钙质土和石灰质的指示植物。

可育羽片　　　不育羽片边缘有齿　　　可育羽片背面、线形孢子囊群　　　植株、叶　　　叶幼时拳卷2

小叶中国蕨 *Aleuritopteris albofusca* Pic. | 粉背蕨属 *Aleuritopteris* Fee

形态特征： 植株高10~16cm。根状茎短而直立。叶簇生；叶片五角形，长3.5~6cm，宽几相等，3裂，中央羽片最大，近菱形，二回羽状深裂；裂片6~9对，全缘；叶背面有白粉，叶脉隆起；叶柄长5cm。叶干后革质，正面暗绿色，平滑无毛；背面被腺体，分泌白色蜡质粉末；叶轴及各回羽轴和叶柄同色。孢子囊群生小脉顶端，囊群盖膜质，淡棕色至褐棕色，连续，通常较阔，幼时几达主脉，边缘具不整齐的浅波状圆齿。

分　　布： 河南伏牛山、太行山、桐柏山及大别山区等地均有分布；多见于石缝中。

孢子囊群

叶

叶背面

▶ 蹄盖蕨科 Athyriaceae ||||||||||||||||||||||||||||||||||||||||||||||||||

膜叶冷蕨 *Cystopteris pellucida* (Franch.) Ching ex C. Chr. | 冷蕨属 *Cystopteris* Bernh.

形态特征： 植株高30~60cm。根状茎长而横走。叶远生，薄草质，长圆形或长卵形，长20~30cm，宽10~15cm，二回羽状，羽片12~16对；下部2~3对稍大，长6~10cm，宽2~3cm；小羽片上先出，10~12对，长圆形或斜菱形，基部叶较大，钝头，羽形，裂片顶端或两侧有细齿；叶脉羽状，侧脉单一或二叉，伸达锯齿间的缺刻；叶柄长20~30cm，禾秆色，基部疏生鳞片，叶轴两侧无翅。孢子囊群圆形，背生侧脉上部，靠近叶边；囊群盖圆形，压于囊群下边。

分　　布： 河南伏牛山区分布；多见于林下。

叶轴、羽片

植株

羽片背面、孢子囊群

禾秆蹄盖蕨 *Athyrium yokoscense* (Franch. et Sav.) Christ   蹄盖蕨属 *Athyrium* Roth

形态特征： 植株高40~60cm。根状茎直立。叶簇生；叶片厚纸质，长圆状披针形，二回羽裂（或三回浅裂）达羽轴的狭翅，先端渐尖，基部不变狭，仅叶轴和羽轴背面略有线形小鳞片；下部1~2对羽片略缩短，中部羽片长7~9cm，宽1.5~2cm；小羽片基部以狭翅相连，尖头，边缘有前伸的粗齿或浅裂；裂片顶部有2~3个短尖齿；侧脉在小羽片上分叉，背面明显；叶柄长20~30cm，淡禾秆色，基部密生线状披针形鳞片。孢子囊群近圆形或椭圆形；囊群盖马蹄形、椭圆形或弯钩形。

分　　布： 河南伏牛山、大别山和桐柏山区均有分布；多见于林下岩石缝中。

叶轴、羽片背面　　小羽片背面、孢子囊群　　植株

东北蹄盖蕨 *Athyrium brevifrons* Nakai ex Kitagawa   蹄盖蕨属 *Athyrium* Roth

形态特征： 植株高60~75cm。根状茎斜上，密生黑褐色披针形鳞片。叶簇生；叶片厚草质，长圆状卵形，三回羽裂，长35~40cm，宽20~25cm；羽片密接，基部对称，平截，有短柄，下部1~2对略缩短；小羽片近平展，钝尖头，基部略与羽轴合生，两侧边缘羽裂1/2~2/3；裂片顶端有2~4个细锯齿，侧脉单一，伸入锯齿；叶柄长25~35cm，深禾秆色，基部黑褐色，膨大而向下尖削。孢子囊群生于裂片基部的上侧一脉；囊群盖线性，边缘啮断状。

分　　布： 河南伏牛山、大别山和桐柏山区均有分布；多见于林下岩石缝中。

叶　　孢子囊群　　羽片背面

中华蹄盖蕨 Athyrium sinense Rupr.　　　蹄盖蕨属 Athyrium Roth

形态特征： 植株高35~40cm。根状茎斜上，密生披针形和卵状披针形大鳞片。叶簇生；叶片草质，长圆状，三回羽状，长25~30cm，宽13~15cm；羽片斜展，近无柄，下部1~2对略缩短，中部羽片长7~9cm，基部平截；小羽片基部一狭翅相连，浅裂；裂片斜上，密接，顶部有几个短齿，无齿的有小脉1条；叶柄长20cm，深禾秆色，连同叶轴与羽轴疏生小鳞片。孢子囊群长圆形或短线形，少为弯钩形，生于裂片上侧小脉的下部；囊群盖同形，边缘啮齿状。

分　　布： 河南太行山和伏牛山区均有分布；多见于林下阴湿地方。

植株

羽轴、叶背面、孢子囊群

麦秆蹄盖蕨 Athyrium fallaciosum Milde　　　蹄盖蕨属 Athyrium Roth

形态特征： 植株高30~45cm。根状茎斜上，顶部密被深棕色狭披针形的鳞片。叶簇生；叶片草质，倒披针形，二回深羽裂，长25~40cm，中部宽6~8cm，基部渐变狭，无毛；下部6~7对羽片逐渐缩短，成三角形或长圆形，中部羽片长3~4cm，深羽裂；裂片边缘有粗齿，每齿有小脉1条，叶柄长5~7cm，禾秆色，基部棕褐色，膨大而向下尖削。孢子囊群半圆形、弯钩形或马蹄形；囊群盖同形，边缘呈啮断状。

分　　布： 河南太行山和伏牛山区均有分布；多见于海拔1000m以上的林下或阴湿的岩石上。

羽片背面

孢子囊群

植株

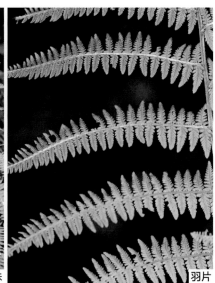
羽片

朝鲜介蕨 *Deparia coreana* (Christ) M. Kato　　对囊蕨属 *Deparia* Hook. et Grev.

形态特征： 根状茎短横卧、斜升或近直立，先端连同叶柄基部被有浅褐色、膜质、披针形鳞片。叶近生。叶柄基部膨大，深褐色，向上禾秆色，鳞片渐疏；叶片比叶柄稍长或几等长，长圆状卵形，顶部羽裂渐尖，一回羽状，羽片深羽裂至全裂；羽片12~15（~18）对，下部的近对生，略有短柄或几无柄，斜向上，基部1~2对羽片稍缩短，向基部明显变狭，中部羽片披针形，羽状深裂或几达全裂；裂片15（~20）对，下部2~3对羽片的基部一对较短，中部裂片长圆形，基部和羽轴上的狭翅相连，边缘有粗钝齿。叶脉两面明显，在裂片上为羽状，侧脉6~8对，二至三叉。叶干后草质，淡绿色。孢子囊群多为狭长圆形或新月形，有时上端呈钩形，多见于分叉侧脉的上侧小脉背上；囊群盖同形，浅褐色，边缘疏具短睫毛。孢子二面型，表面具少数长褶皱状突起。

分　　布： 河南伏牛山、大别山和桐柏山区均有分布；多见于林下。

叶　　　　　　　　　羽片、孢子囊群

陕西蛾眉蕨 *Deparia giraldii* (Christ) X. C. Zhang　　对囊蕨属 *Deparia* Hook. et Grev.

形态特征： 根状茎直立或斜升，先端连同叶柄基部被有深褐色、膜质、卵状披针形鳞片，叶簇生。叶柄禾秆色，远轴面偶带栗褐色，基部被有较密的鳞片，向上稀疏，几无鳞片，被有稀疏的细短节状毛；叶片长圆状披针形或卵状披针形，先端渐尖，基部略变，一回羽状，深羽裂；羽片（15~）20~25对，中部羽片线状披针形，渐尖头，基部较阔，平截，互生，斜展，下部仅少数几对稍缩短，近对生，基部一对不呈耳形；裂片15~22对，长圆形，先端钝圆或钝尖，基部和羽轴上的狭翅相连，几平展，边缘有浅圆齿或近全缘，羽片基部一对较长。叶脉背面可见，在裂片上为羽片，侧脉4~6（~7）对，单一。叶干后草质或近纸质，绿色或褐绿色。孢子囊群长圆形至长新月形，每裂片2~6对；囊群盖同形，浅褐色，边缘啮蚀状或稍呈睫毛状，背上下半部往往被有短腺毛，宿存。孢子二面型，周壁表面具耳廓状、乳头状或疣状突起。

分　　布： 河南伏牛山区分布；多见于山谷林下。

植株　　　羽片　　　　　　羽片背面、孢子囊群

鄂西介蕨 *Deparia henryi* (Baker) M. Kato　　对囊蕨属 *Deparia* Hook. et Grev.

形态特征： 根状茎长横卧，先端斜升。叶近簇生。叶柄基部疏被深褐色披针形鳞片，向上禾秆色，近光滑；叶片长圆形，先端渐尖，基部略变狭，一回羽状，羽片12~18对，深羽裂，互生，近无柄，略斜展，阔披针形，尾状渐尖头，基部近对称、截形或圆楔形，边缘深羽裂；裂片镰刀状长圆形，边缘有锐裂的粗锯齿；中部以上的羽片与下部同形，全缘或边缘有浅锯齿。叶脉在裂片上为羽状，侧脉8~10对，小脉二至三叉。叶干后草质，暗绿色，叶轴和羽轴上疏被褐色阔披针形小鳞片和2~3列细胞组成的蠕虫状毛。孢子囊群短长圆形，有时弯弓或为弯钩形，偶有马蹄形，多见于小脉上侧，每裂片5~7对，在主脉两侧各排成1行；囊群盖长形，少有弯钩形或马蹄形，褐色，膜质，边缘撕裂呈流苏状，宿存。孢子周壁表面有较多的宽条状褶皱。

分　　布： 河南伏牛山西峡等地分布；多见于落叶阔叶林下或灌木林下阴湿处。

叶

植株

孢子囊群

羽片背面

假蹄盖蕨 *Deparia japonica* (Thunberg) M. Kato　　对囊蕨属 *Deparia* Hook. et Grev.

形态特征： 植株高30~45cm。根状茎长而横走，顶部被棕色、全缘的披针形鳞片。叶疏生，柄长20~25cm，禾秆色，基部密被鳞片，向上近光滑；叶片狭长圆形至卵状长圆形，长20~25cm，基部不变狭，宽约10cm，二回羽状深裂；羽片约10对，互生，斜展，相距2~3cm，披针形，下部的长5~8cm，宽约1cm，羽状深状；裂片10~14对，斜展，长圆形，圆头或钝尖头，边缘波状；叶脉在裂片上为羽状，侧脉5~6对，二叉或单一，不达叶边。孢子囊群线形，沿侧脉上侧单生或基部偶有双生；囊群盖浅棕色，边缘啮蚀状。

分　　布： 河南伏牛山、大别山和桐柏山区均有分布；多见于林下或溪边。

孢子囊群

羽片

植株

植株

羽片背面

河北蛾眉蕨 *Deparia vegetior* (Kitagawa) X. C. Zhang　　对囊蕨属 *Deparia* Hook. et Grev.

形态特征： 根状茎直立，有时可分叉成丛，先端连同叶柄基部密被红褐色或深褐色、膜质、阔披针形大鳞片及长鳞毛和节状毛。叶簇生。叶柄禾秆色或带红褐色、褐色，正面有纵沟，背面近光滑；叶片狭长圆形或倒披针形，急尖头，一回羽状，羽片深羽裂；羽片15~20对，下部3对左右向下略缩短，基部一对长3~4cm，近对生，彼此远离，中部羽片披针形，先端渐尖，基部阔楔形，互生，斜展，深羽裂；裂片（10~）15~18（~20）对，长圆形、卵状长圆形或钝三角形，圆钝头或钝尖头，稍斜展，近全缘或有波状圆齿。叶脉正面凹陷，背面微凸，在裂片上为羽状，有侧脉4~5对，小脉单一。叶干后纸质，褐绿色，不育叶片正面短节状毛较显著，能育叶正面及背面几无毛。孢子囊群长圆形，每裂片2~4对；囊群盖新月形，长2mm左右，近全缘，淡灰褐色，宿存。孢子二面型，周壁表面具有少数连续的褶皱状突起。

分　　布： 河南伏牛山区分布；多见于山谷林下湿处或溪沟边。

植株

孢子囊群

羽片

华中介蕨 *Deparia okuboana* Kato　　对囊蕨属 *Deparia* Hook. et Grev.

形态特征： 根状茎横走，先端斜升；叶近簇生。能育叶长达1.2m；叶柄疏被褐色披针形鳞片，向上禾秆色，近光滑；叶片阔卵形或卵状长圆形，先端渐尖并为羽裂，基部弯变狭，圆楔形，二回羽状，小羽片羽状半裂至深裂；羽片10~14对，互生，有短柄或几无柄，基部一对略缩短，长圆状披针形，渐尖头，向基部变狭，一回羽状；小羽片12~16对，基部的近对生，向上的互生，无柄，平展，基部一对较小，长圆形，钝圆头，基部近对称，阔楔形并下延成狭翅，边缘浅裂至半裂，裂片长圆形，钝圆头，全缘。叶脉在裂片上为羽状，侧脉2~4对，单一。叶干后厚纸质，草绿色。孢子囊群圆形，背生于小脉上，通常每裂片1枚，偶有2~4枚；囊群盖圆肾形或略呈马蹄形，褐绿色，膜质，全缘，宿存。孢子周壁表面有棒状或刺状纹饰。

分　　布： 河南伏牛山区分布；多见于山谷林下、林缘或沟边阴湿处。

孢子囊群

小羽片、孢子囊群

羽片

羽片

黑鳞短肠蕨 *Diplazium sibiricum* (Turcz. ex Kunze) Kurata　　**双盖蕨属** *Diplazium* Sw.

形态特征： 植株高60~80cm。根状茎长而横走，黑色，顶部被黑色、阔披针形鳞片。叶疏生，二列，纸质，卵状三角形，三回羽状；羽片约10对，互生，斜展，阔披针形，有柄，基部一对较大，长15~18cm，渐尖头，向基部缩狭，二回羽状；一回小羽片10~13对，近平展，披针形，中部的较大，渐尖头，基部平截对称，羽状，末回小羽片长圆形，长约为宽的2倍，钝头，基部与小羽轴合生，边缘有小圆齿，或近全缘，叶脉在末回小羽片上为羽状，侧脉3~5对，单一或分叉，伸达叶边；羽轴和叶背面多少被灰白色柔毛（幼时较多）；叶柄长30~45cm，禾秆色，基部被黑褐色阔披针形鳞片，向上较少。孢子囊群长圆形，每末回小小羽片上有2~3对；囊群盖边缘啮蚀状，宿存。

分　　布： 河南伏牛山区分布，多见于林下或阴谷中。

小羽片背面、孢子囊群盖

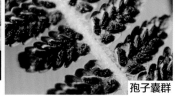

叶　　　　　小羽片正面　　　　　孢子囊群

▶ 金星蕨科 Thelypteridaceae ||||||||||||||||||||||||||||||||||||||||||||

中日金星蕨 *Parathelypteris nipponica* (Franch. et Sav.) Ching　　**金星蕨属** *Parathelypteris* (H. Ito) Ching

形态特征： 植株高40~60cm。根状茎横走，近光滑。叶近生，革质，叶片披针形，先端渐尖，二回羽状，下部各羽片渐缩小，基部的极小，羽片15~20对，密集，无柄，线形，先端长渐尖，基部截形，羽轴背面有密生灰白色针状毛，羽片羽状深裂；裂片长圆形，先端钝，边缘有细锯齿，长4~5mm，宽2.5~3mm；脉羽状分离，先端达叶边；叶柄长10~30cm，淡稻秆色，疏生卵形鳞片。孢子囊群近叶缘着生，每裂片有3~5对；囊群盖圆肾形，具长硬毛。

分　　布： 河南伏牛山、大别山和桐柏山区均有分布；多见于林下湿处酸性土处。

叶基部羽片短缩　　　　　植株　　　　　羽片背面、孢子囊群

金星蕨 Parathelypteris glanduligera (Kze.) Ching　**金星蕨属 Parathelypteris (H. Ito) Ching**

形态特征： 植株高35~40（~60）cm。根状茎长而横走，顶部略有披针形鳞片。叶近生，厚草质，羽轴上面有纵沟，连同叶脉有少数短针状毛，背面满布（有时稀少）柠檬色圆球形腺体及短柔毛，并沿羽轴和叶脉有少数针状毛；叶柄长15~20cm，禾秆色，多少有短毛；叶片披针形或阔披针形，宽7~10（~13）cm，顶部渐尖并羽裂，基部不变狭，二回深羽裂；羽片近平展，下部的不缩短；裂片长5~6mm，宽2~2.3mm，钝头或钝尖头，全缘。裂片上侧脉单一，基部一对出自主脉基部以上。孢子囊群小，生于侧脉近顶处，囊群盖大，圆肾形，有灰白色刚毛。

分　　布： 河南伏牛山南部、大别山和桐柏山区均有分布；多见于疏林下。

小羽片、孢子囊群

羽片

植株

针毛蕨 Macrothelypteris oligophlebia (Bak.) Ching　**针毛蕨属 Macrothelypteris (H. Ito) Ching**

形态特征： 植株高约1m。根状茎斜生，光滑。叶簇生，草质，两面无毛；叶片三角状卵形，三回羽状，长50~100cm，宽30~40cm，先端长渐尖；羽片12~13对，基部一对羽片较大；长圆状披针形，向基部略变狭，先端长渐尖；小羽片狭披针形，基部截形至楔形，常下延至羽轴呈狭翅，无柄或有短柄，羽状深裂；裂片长4~8mm，宽1~2mm，先端圆，几全缘；脉不及叶缘，背面细脉上有极少长毛，叶柄禾秆色，基部疏生鳞片。孢子囊群生于侧脉近顶端，每裂片上有1~2个；囊群盖微小，圆肾形，弯缺浅，无毛。

分　　布： 河南大别山、桐柏山和伏牛山南部均有分布；多见于山谷阴湿处。

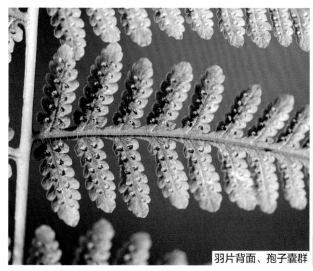
羽片背面、孢子囊群

植株

延羽卵果蕨 *Phegopteris decursive-pinnata* (H. C. Hall) Fée　　**卵果蕨属** *Phegopteris* (C. Presl) Fee

形态特征：植株高30~60cm。根状茎短而直立，被有长缘毛的卵形鳞片。叶簇生，叶片倒披针形，一回羽状或二回羽裂，长35~50cm，宽5~18cm，先端长渐尖，基部渐狭；羽片披针形，长渐尖，基部以耳状或钝三角形的翅彼此相连，羽裂深1/3~1/2，下部羽片呈三角形耳状；裂片钝头；两面沿脉疏生针状毛和分枝毛；侧脉单，叶柄长10~14cm，禾秆色，连同叶轴和羽轴略有披针形、具缘毛的小鳞片。孢子囊群生于侧脉顶部以下，近圆形或矩圆形，无盖；有长硬毛。

分　　布：河南大别山、桐柏山和伏牛山区均有分布；多见于林下溪旁或潮湿的林缘。

叶背、羽片、孢子囊群　　　叶　　　植株

普通假毛蕨 *Pseudocyclosorus subochthodes* (Ching) Ching　　**假毛蕨属** *Pseudocyclosorus* (Ching) Panigrahi

形态特征：植株高达1m。根状茎短而横卧，粗约5mm，顶部被棕色卵形鳞片。叶疏生，叶片纸质，长圆披针形，基部突然缩狭，二回羽状深裂，两面疏生灰白色短毛，以叶轴和羽轴较密；羽片20~25对，近对生，线状披针形，或下部缩短成蝶形或退化成疣状，无柄或柄极短，中部的最大，渐尖头，羽裂几达羽轴；裂片约30对，狭镰刀形，尖头，全缘，彼此以等宽缺刻分开；叶除在裂片上为羽状，背面隆起，侧脉5~7对，单一，伸达叶边，基部上侧1脉伸达缺刻，下侧1脉伸达缺刻以上叶边，从不交结；叶柄长20~30cm，粗约4mm，基部疏生鳞片，光滑无毛，禾秆色，孢子囊群圆形，背生于侧脉上，位于主脉和叶边之间；囊群盖深棕色，全缘。

分　　布：河南伏牛山南部、大别山和桐柏山区均有分布；多见于林下或河边草丛中。

小羽片、孢子囊群　　　叶　　　植株

渐尖毛蕨 Cyclosorus acuminatus (Houtt.) Nakai　毛蕨属 Cyclosorus Link

形态特征： 植株高85~150cm。根状茎长而横走，顶部密棕色披形鳞片。叶远生，二回羽状，倒披针形，长60~100cm，宽15~30cm，顶端羽片极狭，下部羽片缩短，亚革质；羽片13~20对，线形，长渐尖，长8~15cm，宽10~18mm，羽状浅裂至中裂；裂片宽2~3mm，具尖，全缘或微具齿，基部以上的裂片常稍长；叶背面各脉隆起，稻秆色，偶有毛，基部一对细脉联结，延伸细脉达于膜质的弯缺处；叶柄长30~60cm，褐色，被稀疏鳞片。孢子囊群近边续生各细脉上；囊群盖圆肾形，被短毛。

分　　布： 河南伏牛山、大别山和桐柏山区均有分布；多见于田边、路旁或山谷中。

小羽片、孢子囊群　　羽片背面　　小羽片、孢子囊群

过山蕨 Camptosorus sibiricus Rupr.　过山蕨属 Camptosorus Link

形态特征： 植株高10~20cm。根状茎短，直立，顶部密生狭披针形黑褐色小鳞片。叶簇生，近二型，无毛；营养叶披针形或短圆形，长1~2cm，宽5~8mm，钝头或渐尖，基部宽楔形，略下延于叶柄；能育叶披针形，长10~15cm，先端渐尖，并延伸成鞭状，着地生根，产生新株，基部楔形下延；叶脉网状，无内藏小脉，网眼外的小脉分离，不达叶边；叶柄长1~5cm。孢子囊群线形，沿中脉两侧各1~2行、囊群盖短线形或矩圆形，膜质，灰色，全缘，向中脉方向开裂，偶有背中脉开裂。

分　　布： 河南太行山、伏牛山、大别山和桐柏山区均有分布；多见于石岩脚下阴湿处。

功用价值： 全草可入药。

保护类别： 河南省重点保护野生植物。

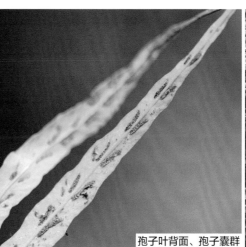

叶先端鞭状　　孢子叶背面、孢子囊群　　植株

▶铁角蕨科 Aspleniaceae ||||||||||||||||||||||||||||||||||||||||

铁角蕨 *Asplenium trichomanes* L. Sp.　　　　　　　　**铁角蕨属 *Asplenium* L.**

形态特征： 植株高10~30cm。根状茎短而直立，密生狭披针形鳞片。叶簇生，线状披针形，长10~25cm，宽1~2.5cm，渐尖，无毛，一回羽状，羽片矩圆形或卵形，长5~6mm，宽2~4mm，两侧边缘有小钝齿；侧脉二叉或单一；叶柄与叶轴亮栗褐色，叶轴有全缘膜质狭翅，老叶柄基部常残存，孢子囊群生倒脉的上侧小脉上；囊群盖宽线形，全缘。

分　　布： 河南各山区分布；多见于林下及山谷岩石上。

功用价值： 全草可入药。

小羽片、孢子囊群

植株

虎尾铁角蕨 *Asplenium incisum* Thunb.　　　　　　　　**铁角蕨属 *Asplenium* L.**

形态特征： 植株高10~30cm。根状茎短两直立，顶部密生狭披针形鳞片。叶簇生，宽披针形，薄草质，长10~27cm，宽1.5~4.5cm，无毛，二回羽状；下部羽片渐缩小成卵形，长不到5mm，中部羽片三角状披针形或披针形，长1~2cm，先端渐尖；小羽片以狭翅相连，先端有粗牙齿；叶柄淡绿或亮栗色，略有纤维状小鳞片，后脱落。孢子囊群生于小脉中部，近中脉，矩圆形；盖薄膜质，全缘。

分　　布： 河南太行山、伏牛山、大别山和桐柏山区均有分布；多见于林下岩石或梯田石缝中。

功用价值： 全草可入药。

叶背面

植株

羽片背面及孢子囊群

北京铁角蕨 Asplenium pekinense Hance

形态特征：植株高8~20cm。根状茎短而直立，顶部密生披针形鳞片。叶簇生，二回或三回羽状，羽轴和叶轴两侧均有狭翅，厚草质，长6~12cm，中部宽2~3cm，无毛；基部羽片略缩短，中部羽片三角状矩圆形，长0.9~2cm，宽0.6~1.3cm；末回羽片顶端有2~3牙齿，每齿有1条脉；叶柄淡绿色，下部疏生纤维状小鳞片。孢子囊群每裂片1个，成熟时常布满叶背面；囊群盖近短圆形，全缘。

分　布：河南太行山、伏牛山、大别山和桐柏山区均有分布；多见于溪边石上或较旱的山谷。

植株

羽片背面、孢子囊群

华中铁角蕨 Asplenium sarelii Hook.

形态特征：植株高10~20cm。根状茎短而直立，密被鳞片。叶簇生，三回羽裂，三角状卵圆形或矩圆形，长5~13cm，宽2.5~5cm，先端渐尖，基部一对羽片不缩短或最大；羽片卵形，长1.5~3cm，宽1~2cm，小裂片线形，两面无毛，叶柄长5~10cm，绿色。孢子囊群线形，每裂片上有1~2个；囊群盖圆形，薄膜质，全缘。

分　布：河南伏牛山、太行山、大别山和桐柏山区均有分布；多见于湿岩石上，为石灰岩的指示植物。

功用价值：全草可入药。

叶背面

羽片背面、囊群盖

羽片背面、孢子囊群

▶ 球子蕨科 Onocleaceae ||||||||||||||||||||||||||||||||||||||||||

荚果蕨 Matteuccia struthiopteris (L.) Todaro | 荚果蕨属 Matteuccia Tod.

形态特征： 植株高70~110cm。根状茎粗壮，短而直立，木质，坚硬，深褐色，与叶柄基部密被鳞片；鳞片披针形，膜质，全缘，棕色，老时中部常为褐色至黑褐色。叶簇生，二形；不育叶叶柄褐棕色，上面有深纵沟，基部三角形，具龙骨状突起，密被鳞片，向上逐渐稀疏，叶片椭圆披针形至倒披针形，向基部逐渐变狭，二回深羽裂，羽片40~60对，互生或近对生；能育叶较不育叶短，有粗壮的长柄，叶片倒披针形，一回羽状，羽片线形，两侧强度反卷成荚果状，呈念珠形，深褐色，包裹孢子囊群，小脉先端形成囊托，位于叶轴与叶边之间，孢子囊群圆形，成熟时连接而成为线形，囊群盖膜质。

分　　布： 河南太行山、伏牛山区均有分布；多见于林下或山谷阴湿处。

功用价值： 根状茎入药。

保护类别： 河南省重点保护野生植物。

叶　　幼叶拳卷　孢子叶　孢子叶成熟期　孢子囊　孢子囊成熟期　植株

▶ 岩蕨科 Woodsiaceae ||||||||||||||||||||||||||||||||||||||||||||

妙峰岩蕨 Woodsia oblonga Ching et S. H. Wu | 岩蕨属 Woodsia R. Br.

形态特征： 植株高7~18cm。根状茎斜升，先端及叶柄基部密被鳞片；鳞片披针形，先端渐尖，浅棕色，薄膜质，边缘有睫毛。叶多数簇生；叶柄棕禾秆色，有光泽，顶端有倾斜的关节，基部密被鳞片，向上被稀疏的膝曲长毛及线形小鳞片；叶片披针形，尖头，向基部略变狭，一回羽状；羽片8~18对，对生或中部以上的互生，平展，无柄，下部1~2对羽片略缩短，并向下反折，中部羽片较大，椭圆形，圆头，基部不对称，上侧平截并紧靠叶轴，略呈耳形，下侧狭楔形，近全缘或略呈波状，上羽片与中部的同形，但基部与叶轴合生。叶草质，干后棕绿色或暗绿色，两面均疏被棕色节状毛；叶轴禾秆色，疏被节状毛或线形小鳞片，上面有浅阔纵沟，上部或中部以上两侧有狭翅。孢子囊群圆形，位于分叉小脉的顶端，靠近叶缘，沿羽片边缘排列成行；囊群盖杯形，边缘具睫毛，成熟时浅裂为2~3瓣。

分　　布： 河南伏牛山、太行山区均有分布；多见于山坡阴处岩石间。

叶　　植株　　羽片背面、孢子囊群

耳羽岩蕨 *Woodsia polystichoides* Eaton 　　　岩蕨属 *Woodsia* R. Br.

形态特征： 植株高15~30cm。根状茎短而直立，先端密被鳞片；鳞片披针形或卵状披针形，先端渐尖，棕色，膜质，全缘。叶簇生；叶柄禾秆色或棕禾秆色，略有光泽；叶片线状披针形或狭披针形，渐尖头，向基部渐变狭，一回羽状，羽片16~30对，近对生或互生，平展或偶有略斜展，下部3~4对缩小并略向下反折，中部羽片较大，疏离，椭圆披针形或线状披针形，略呈镰状，基部不对称，上侧截形，与叶轴平行并紧靠叶轴，有明显的耳形突起，下侧楔形，边缘变异较大。叶脉明显，羽状，小脉斜展，二叉，先端有棒状水囊，不达叶边。叶纸质或草质，干后草绿色或棕绿色；叶轴浅禾秆色或棕禾秆色，略有光泽。孢子囊群圆形，着多见于二叉小脉的上侧分枝顶端，每裂片有1枚（羽片基部上侧的耳形突起有3~6枚），靠近叶边；囊群盖杯形，边缘浅裂并有睫毛。

分　　布： 河南太行山、伏牛山、桐柏山及大别山区均有分布；多见于林下石上及山谷石缝间。

羽片

植株

叶

羽片背面、孢子囊群

▶ 乌毛蕨科 Blechnaceae ||||||||||||||||||||||||||||||||||||||||||||||||||||||||||||||||||||||||

狗脊 *Woodwardia japonica* (L. F.) Sm. 　　　狗脊属 *Woodwardia* Sm.

形态特征： 植株高60~90cm。根状茎粗短，直立，密被红棕色披针形大鳞片，叶簇生，二回羽状，厚纸质，长圆形，长40~60cm，宽23~35cm，仅羽轴下部有小鳞片；下部羽片向基部变狭，羽裂1/2或略深，裂片三角形或三角状长圆形，锐尖，边缘有细锯齿；叶脉网状，有网眼1~2行，网眼外小脉分离，无内藏小脉；叶柄长30~50cm，深稻秆色，基部以上至叶轴有与根状茎同样较小的鳞片。孢子囊群长形，生于中脉两侧相对的网脉上；囊群盖长肾形，革质，以外侧边看生网脉，开向主脉。

分　　布： 河南大别山商城县、新县和伏牛山南部等地均有分布；多见于疏林下。

功用价值： 根状茎富含淀粉，可食用及酿酒；民间作贯众用；为酸性土指示植物。

小羽片背面、囊群盖

根状茎、根

植株

羽片背面

羽轴、小羽片

小羽片背面、孢子囊群开裂

▶ 鳞毛蕨科 Dryopteridaceae ||||||||||||||||||||||||||||||||||||||||||||||

贯众 *Cyrtomium fortunei* J. Sm.　　　　　贯众属 *Cyrtomium* C. Presl

形态特征： 植株高30~80cm。根状茎短，直立或斜上，连同叶柄基部被宽披针形黑褐色大鳞片。叶簇生；叶片宽披针形或矩圆状披针形，纸质，奇数一回羽状，长25~45cm，宽10~15cm，沿叶轴和羽柄有少数纤维状鳞片；羽片镰状披针形，基部上侧稍呈耳状突起，下侧圆楔形，边缘有缺刻状细锯齿，叶脉网状，有内藏小脉1~2条；叶柄长15~25cm，禾秆色，有疏生鳞片。孢子囊群生于内藏小脉顶端，在主脉两侧各排成不整齐的3~4行；囊群盖大，圆盾形，全缘。

分　　布： 河南各山区均有分布；多见于林缘、山谷和田边等处。

功用价值： 根状茎可入药。

羽片背面

小羽片背面孢子囊群、成熟期囊群盖　　　植株　　　幼叶拳卷

布朗耳蕨 *Polystichum braunii* (Spenn.) Fée　　　耳蕨属 *Polystichum* Roth

形态特征： 植株高40~70cm。根状茎短而直立或斜升，密生线形淡棕色鳞片。叶簇生；叶柄基部带棕色，腹面有纵沟，密生淡棕色线形、披针形鳞片和较大鳞片；叶片椭圆状披针形，先端渐尖，能育，向基部逐渐变狭，下部不育，二回羽状；羽片19~25对，互生，斜向上，具短柄，披针形，先端渐尖，基部不对称，中部羽片一回羽状；小羽片（2~）6~17对，互生，无柄，矩圆形，先端急尖，具锐尖头，基部楔形，下延，上侧全缘，或少数大型个体具锯齿甚至浅裂，具短或较长的芒；小羽片具羽状脉，侧脉5~7对，二歧分叉，明显。叶薄草质，两面密生淡棕色长纤毛状小鳞片；叶轴腹面有纵沟，背面密生淡棕色线形、披针形和较大鳞片；羽轴具狭翅，腹面有纵沟，背面生淡棕色线形鳞片。孢子囊群圆形，大，每小羽片（1~）3~6对，主脉两侧各1行，靠近主脉，生于小脉末端，或有时为近脉端生；囊群盖圆形，盾状，边缘全缘。

分　　布： 河南伏牛山、大别山及太行山区均有分布；多见于林下及林缘阴处或半阴处。

叶轴、羽片

植株　　　叶轴、小羽片背面、孢子囊群　　　叶

鞭叶耳蕨 Polystichum lepidocaulon J. Sm.　　　耳蕨属 Polystichum Roth

形态特征： 植株高18~30cm。根状茎直立，连同叶柄基部密被棕色、长尾尖的披针形鳞片。叶常簇生，草质，背面被纤维状的鳞片和鳞毛，表面疏生短毛，叶轴先端常延伸，生一芽胞，着地后生成新植株。叶片线状披针形，向基部略变狭，一回羽状；羽片20~30对，互生，镰刀形，几无柄，中部较大，基部上侧有三角形突起，下侧斜楔形，先端钝头有小尖，边缘有粗锯齿，其余向下各羽片稍缩短，基部几对往往向下反折；叶脉羽状，侧脉单一或二叉，叶柄长3~10cm，禾秆色，基部向上达叶轴顶部全被披针形或钻形鳞片。孢子囊群生于小脉顶端，囊群盖大，全缘，盾状着生，密接或多少重叠。

分　　布： 河南太行山和伏牛山区均有分布；多见于林下阴湿地方。

功用价值： 为钙质土指示植物，附近土壤pH值约为8。

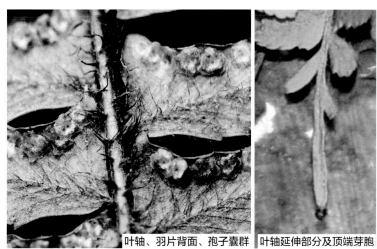

叶轴、羽片背面、孢子囊群　　叶轴延伸部分及顶端芽胞　　植株

戟叶耳蕨 Polystichum tripteron (Kunze) Presl　　　耳蕨属 Polystichum Roth

形态特征： 植株高40~60cm。根状茎直立，密被褐色膜质、全缘披针形鳞片。叶簇生，薄草质；叶长戟状披针形，掌状三出，羽片3枚，中间一片最大，一回羽状；侧生小羽片25~30对，互生，镰状披针形，中部的通常稍大，基部不对称，上侧截形有耳状突起，下侧斜切，渐尖头，羽状浅裂或深裂；裂片长圆形或尖三角形，边缘通常有芒状锯齿，向内稍弯，基部上侧1个最大，其余向上的渐小；基部一对羽片较小，约有中间羽片的1/2，羽状；叶脉羽状，侧脉二叉分枝，伸达齿端成刺芒状（近主脉的小脉例外）；叶柄禾秆色，基部密生鳞片，向上达叶轴近光滑。孢子囊群顶生于裂片基部近主脉的小脉上，常沿主脉各成1行；囊群盖深褐色，易脱落。

分　　布： 河南太行山和伏牛山区均有分布；多见于林下阴湿处。

羽片背面、孢子囊群　　叶　　植株

对马耳蕨 Polystichum tsus-simense (Hook.) 　　耳蕨属 Polystichum Roth

形态特征： 植株高30~50cm。根状茎短而横走，密被黑褐色披针形鳞片。叶簇生、革质；叶片披针形，二回羽状，基部不狭缩；羽片15~20对，披针形，中部以下的长3.5~6cm，基部宽10~15mm，基部上侧小羽片大而与叶轴并行，常浅裂，向上小羽片近全缘或有少数微齿；叶脉羽状，侧脉多为二叉，伸达叶边；叶柄长15~30cm，禾秆色，基部以达叶轴疏生黑色披针形或纤维状鳞片，有时近光滑。孢子囊群生于小脉顶端；囊群盖中间黑色，边缘浅棕色，早落。

分　　布： 河南伏牛山、桐柏山及大别山区均有分布；多见于林下阴湿处或灌丛中。

功用价值： 全草可入药。

叶　　羽片、孢子囊群　　植株

粗茎鳞毛蕨 Dryopteris crassirhizoma Nakai 　　鳞毛蕨属 Dryopteris Adanson

形态特征： 植株高达1m。根状茎粗大，直立或斜升。叶簇生；叶柄连同根状茎密生鳞片，鳞片膜质或厚膜质，淡褐色至栗棕色，具光泽，下部鳞片一般较宽大，卵状披针形或狭披针形，边缘疏生刺突，向上渐变成线形至钻形而扭曲的狭鳞片；叶轴上的鳞片明显扭卷；叶柄深麦秆色，显著短于叶片；叶片长圆形至倒披针形，二回羽状深裂；羽片通常30对以上，无柄，线状披针形，下部羽片明显缩短，中部稍上羽片最大；叶脉羽状，侧脉分叉，偶单一。叶厚，草质至纸质，背面淡绿色，沿羽轴生有具长缘毛的卵状披针形鳞片，裂片两面及边缘散生扭卷的窄鳞片和鳞毛。孢子囊群圆形，通常孢生于叶片背面上部1/3~1/2处，背生于小脉中下部，每裂片1~4对；囊群盖圆肾形或马蹄形，几乎全缘，棕色，稀带淡绿色或灰绿色，膜质，成熟时不完全覆盖孢子囊群。

分　　布： 河南太行山、伏牛山北部区域均有分布；多见于山地林下阴湿处。

孢子囊群

羽轴、羽片　　植株

暗鳞鳞毛蕨 Dryopteris atrata (Kunze) Ching 鳞毛蕨属 Dryopteris Adanson

形态特征： 植株高50~60cm。根状茎短而直立，密被披针形大鳞片。叶簇生；叶柄长20~30cm，禾秆色，基部密被黑褐色披针形鳞片，向上达叶轴密被黑褐色、具疏缘毛线状或钻状鳞片；叶片披针形或宽披针形，长达30cm，中部宽约15cm，尾状羽裂渐尖头，基部不窄，一回羽状；羽片约20对，互生，披针形，中部的长8~10cm，宽1.2~1.5cm，近无柄，具粗锯齿或浅羽裂，叶脉羽状，侧脉单一；叶纸质，背面沿羽轴和叶脉疏生黑褐色小鳞片。孢子囊群圆形，着生小脉中部，密被主脉两侧；囊群盖小，圆肾形。

分　　布： 河南伏牛山、桐柏山及大别山区均有分布；多见于灌丛中或林下。

植株

羽片背面、孢子囊群

半岛鳞毛蕨 Dryopteris peninsulae Kitag. 鳞毛蕨属 Dryopteris Adanson

形态特征： 植株高25~50cm。根状茎粗壮，密生褐色披针形鳞片。叶簇生；叶片长矩圆形，二回羽状，长15~40cm，宽12~20cm，先端渐尖，基部或近基部最宽；不生孢子的羽片2~6对，稍呈镰刀形，基部最宽，有短柄；小羽片矩圆状披针形；长2~2.5cm，宽1cm，稍呈镰刀形，先端圆，基部耳形，边缘有微锯齿或全缘，叶脉羽状分离，背面明显；生孢子叶的羽片11~16对，较小，占叶片的1/3~2/3；叶柄长10~17cm，稻秆色，基部被棕色、线状披针形、质薄、先端具细尖的鳞片，上部与叶轴有较稀疏的小鳞片。孢子囊群着生叶片上半部，沿裂片主脉两侧各排成2行，囊群盖宿存。

分　　布： 河南伏牛山、太行山和大别山区均有分布；多见于山沟、山坡阴湿地方。

叶

孢子囊生于叶中部以上

羽片背面、孢子囊群

囊群盖

阔鳞鳞毛蕨 *Dryopteris championii* (Benth.) C. Chr.　　**鳞毛蕨属** *Dryopteris* Adanson

形态特征： 植株高50~95cm。根状茎斜升，密生深棕色或栗黑色披针形鳞片。叶簇生；叶柄长25~50cm，深禾秆色，密生棕色阔披针形鳞片；叶片矩圆形，厚纸质，长与叶柄几相等，宽20~30cm，顶部长渐尖，多少呈尾头，沿叶轴和羽轴有棕色卵状披针形鳞片（有时鳞片下部隆起呈泡状），二回羽状或三回羽裂；羽片披针形，基部的长10~18cm，宽3~4cm，长渐尖头；小羽片矩圆披针形，钝头，基部呈明显耳形，边缘浅裂或有疏钝齿。侧脉羽状分枝。孢子囊群生于小脉中部；囊群盖圆肾形。

分　　布： 河南伏牛山南部、大别山及桐柏山区均有分布；多见于疏林下或灌丛中酸性土壤上。

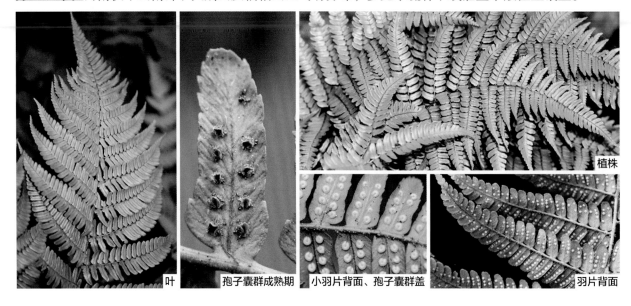

叶　　　孢子囊群成熟期　　小羽片背面、孢子囊群盖　　植株　　羽片背面

两色鳞毛蕨 *Dryopteris setosa* (Thunb.) Akasawa　　**鳞毛蕨属** *Dryopteris* Adanson

形态特征： 植株高30~45cm。根状茎直立，密被鳞片。叶簇生，近革质；叶片卵状矩圆形，先端渐尖，基部近圆形，三回羽状；羽片8~12对，互生，有短柄，三角状披针形，渐尖头，基部圆楔形；基部小羽片8~10对，披针形，基部下侧的一对最大，羽裂，其余向上各对小羽片逐渐缩短；裂片狭矩圆形，钝尖头，全缘或波状，叶脉在裂片上羽状，侧脉单一或二叉，不甚明显；叶柄禾秆色，连同叶轴密被鳞片；鳞片两色（基部棕色，上部黑色或黑褐色），钻状披针形，基部阔圆形，向上钻形；沿各回羽轴被泡状鳞片。孢子囊群满布叶背面，生于侧脉上部，囊群盖褐色，边缘较薄，常向上反折。

分　　布： 河南太行山、伏牛山、大别山及桐柏山区均有分布；多见于山谷林下或溪边。

叶背面、孢子囊群　　　　　植株　　　　　叶

水龙骨科 Polypodiaceae ||||||||||||||||||||||||||||||||||||||||||||||||||||||||||||||||||||||||

抱石莲 *Lemmaphyllum drymoglossoides* (Baker) Ching   伏石蕨属 *Lemmaphyllum* C. Presl

形态特征： 植株高达5cm。根状茎细长而横走，淡绿色，疏生鳞片，鳞片顶端长钻形，下部近圆形并呈星芒状。叶远生，相距1.5~5cm，肉质，二型；不育叶短小，矩圆形、近圆形或倒卵形，能育叶较长，短柄或无柄，披针形或舌形，有时也和不育叶同形。孢子囊群生主脉两侧，通常分离，偶有略汇合，幼时有盾状隔丝覆盖。

分　　布： 河南伏牛山、大别山和桐柏山区均有分布；多附生于阴湿树干或岩石上。

功用价值： 全草可入药。

根状茎、根、不育叶背面

植株

生境

可育叶背面、孢子囊群

二色瓦韦 *Lepisorus bicolor* Ching   瓦韦属 *Lepisorus* (J. Sm.) Ching

形态特征： 植株高20~35cm。根状茎横走，密被鳞片，鳞片阔卵形，渐尖，中部黑褐色，边缘浅棕色，筛孔细密。叶近生，叶柄长3~8cm，直径约1mm，禾秆色，基部向上达中脉顶部疏生鳞片，叶片草质，披针形，长18~28cm，宽2~4cm，尖头，基部楔形并下延于叶柄上部，全缘，两面近光滑，仅沿中脉背面疏生鳞片；叶脉可见，细脉在中脉两侧结成网眼，网眼内有单一或二叉的内藏小脉。孢子囊群大，圆形，生于细脉交结点，沿中脉两侧各1行，较近主脉，有棕色隔丝。

分　　布： 河南伏牛山和大别山区均有分布；多见于海拔1000m以上林下岩石上。

功用价值： 全草可入药。

植株

叶

网眼瓦韦 *Lepisorus clathratus* (C. B. Clarke) Ching　　瓦韦属 *Lepisorus* (J. Sm.) Ching

形态特征： 植株高（6~）15~30cm。根状茎横走，直径2~3mm，密被鳞片；鳞片黑褐色，卵状披针形，边缘有齿，筛孔粗。叶近生，柄长（2~）6~10cm，纤细，禾秆色，基部被鳞片，向上光滑；叶片薄草质，线状披针形，长（5~）10~20cm，宽1.5~2.5cm，先端钝尖或急尖，稀渐尖头，基部模形并下延于叶柄上部，全缘或波状；侧脉在中脉两侧联成网眼，网眼内有单一或二叉的内藏小脉，表面光滑，背面疏生鳞片。孢子囊群大，圆形，着生于小脉交结处，在中脉两侧各成1行，位于中脉与叶边中央。

分　　布： 河南太行山和伏牛山区均有分布；多见于海拔1000m以上的林下岩石上。

功用价值： 全草可入药。

叶　　根状茎、根　　叶背面　　植株

瓦韦 *Lepisorus thunbergianus* (Kaulf.) Ching.　　瓦韦属 *Lepisorus* (J. Sm.) Ching

形态特征： 植株高6~20cm。根状茎粗而横走，密被鳞片，鳞片下部卵圆形，上部钻形，黑色，边缘有齿。叶革质，有短柄，线状披针形，长10~18cm，宽6~15mm，先端渐尖，基部渐狭，常无毛，或背面偶有1~2鳞片，叶脉不明显。孢子囊群圆形，直径约3mm，位于中脉与叶边之间，稍近叶边，彼此接近，幼时有盾状隔丝覆盖。

分　　布： 河南伏牛山和大别山区均有分布；多见于林下岩石上或树干上。

功用价值： 全草可入药。

叶　　根状茎、根

陕西假瘤蕨 *Selliguea senanensis* (Maximowicz) S. G. Lu　　修蕨属 *Selliguea* Bory

形态特征： 附生或土生。根状茎细长而横走，粗1.5~2mm，密被鳞片；鳞片卵状披针形，棕色或基部黑色，顶端渐尖，边缘具稀疏的睫毛。叶远生；叶柄长2~5cm，禾秆色或深禾秆色，纤细，光滑无毛；叶片羽状深裂，长5~10cm，宽5~7cm，基部截形或心形；裂片2~5对，长2~3cm，宽约1cm，顶端钝圆或短渐尖，基部通常略收缩，边缘有浅齿。中脉和侧脉两面明显，小脉隐约可见。叶草质，灰绿色，两面光滑无毛。孢子囊群圆形，在裂片中脉两侧各一行，略靠近中脉着生。

分　　布： 河南伏牛山与大别山和桐柏山区均有分布；多附生于石上或树干上。

小羽片背面、孢子囊群

叶

叶背面

华北石韦 *Pyrrosia davidii* (Baker) Ching　　石韦属 *Pyrrosia* Mirbel

形态特征： 植株高5~10cm。根状茎略粗壮而横卧。密被披针形鳞片；鳞片长尾状渐尖头，幼时棕色，老时中部黑色，边缘具齿牙。叶密生，一型；叶柄长2~5cm，基部着生处密被鳞片，向上被星状毛，禾秆色；叶片狭披针形，中部最宽，向两端渐狭，短渐尖头，顶端圆钝，基部楔形，两边狭翅沿叶柄长下延，全缘，干后软纸质，正面淡灰绿色，背面棕色，密被星状毛，主脉在背面不明显隆起，正面浅凹陷，侧脉与小脉均不显。孢子囊群布满叶片下表面，幼时被星状毛覆盖，棕色，成熟时孢子囊开裂而呈砖红色。

分　　布： 河南太行山、伏牛山、大别山和桐柏山区均有分布；多见于石缝中。

功用价值： 全草可入药。

叶

植株

叶背面、孢子囊群

根状茎

相近石韦 *Pyrrosia assimilis* (Baker) Ching ｜ 石韦属 *Pyrrosia* Mirbel

形态特征： 植株高5~15（~20）cm。根状茎长而横走，密被线状披针形鳞片；鳞片边缘睫毛状，中部近黑褐色。叶近生，一型；无柄；叶片线形，长度变化很大，通常为6~20（~26）cm，上半部通常较宽，有2~10mm，钝圆头，向下直到与根状茎连接处几不变狭而呈带状，干后淡棕色，纸质，正面疏被星状毛，背面密被茸毛状长灰色星状毛。主脉粗壮，在背面明显隆起，在正面稍凹陷，侧脉与小脉均不显。孢子囊群聚生于叶片上半部，无盖，幼时被星状毛覆盖，成熟时扩散并汇合而布满叶片背面。

分　　布： 河南伏牛山南部、大别山和桐柏山区均有分布；多见于林下阴湿石上或树干上。

功用价值： 全草可入药。

叶　　植株　　生境

有柄石韦 *Pyrrosia petiolosa* (Christ) Ching ｜ 石韦属 *Pyrrosia* Mirbel

形态特征： 植株高达15cm。根状茎横走，粗2~3mm，密被鳞片；鳞片褐棕色，披针形，覆瓦状排列，边缘有睫毛。叶近二型；不育叶矮小，高5~8cm，有短柄，叶片卵形至长圆形，长3~4cm，宽10~18mm，钝头，基部楔形下延，全缘，表面幼时疏生星状毛并有洼点，背面密生灰棕色星状毛，叶脉不明显；能育叶较大，高12~15cm，柄2~3倍长于叶片，密被星状毛，叶片长卵形至长圆披针形，长4~7cm，宽1~2cm，通常内卷，有时成圆筒形，背面密生灰棕色星状毛。孢子囊群深棕色，汇合，满布于叶背面。

分　　布： 河南太行山、伏牛山、大别山和桐柏山区均有分布；多见于干旱石上或树上。

功用价值： 全草可入药。

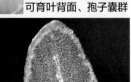

不育叶背面　　不育叶背面　　植株、不育叶　　根状茎　　可育叶背面、孢子囊群　　孢子囊群

友水龙骨 *Goniophlebium amoenum* K. Schum. **棱脉蕨属** *Goniophlebium* (Blume) C. Presl

形态特征： 植株高25cm。根状茎长而横走，密生棕色鳞片。叶远生，纸质，背面疏生褐色卵状披针形小鳞片，正面光滑；叶片长圆状披针形，长25~40cm，宽10~22cm，羽状深裂几达叶轴；羽片15对或更多，线状披针形，长5~8cm，宽1~2cm，先端渐尖，边缘有缺刻状锯齿，下部羽片不缩短，叶脉特显，有网眼两行；叶柄禾秆色，有关节和根状茎相连。孢子囊群稍离开主脉，无盖。

分　　布： 河南伏牛山南部淅川、西峡及大别山区新县、商城、罗山等地均有分布；多见于林下石上或树上。

功用价值： 根状茎可入药。

孢子囊群

叶背面

植株

中华水龙骨 *Goniophlebium chinense* (Christ) X.C.Zhang **棱脉蕨属** *Goniophlebium* (Blume) C. Presl

形态特征： 附生植物。根状茎长而横走，粗2~3mm，密被鳞片；鳞片乌黑色，卵状披针形，顶端渐尖，边缘有疏齿或近全缘。叶远生或近生；叶柄禾秆色，光滑无毛；叶片卵状披针形或阔披针形，羽状深裂或基部几全裂，基部心形，顶端羽裂渐尖或尾尖；裂片15~25对，线状披针形，顶端渐尖，边缘有锯齿，基部一对略缩短并略反折。叶脉网状，裂片的中脉明显，禾秆色，侧脉和小脉纤细，不明显。叶草质，两面近无毛，表面光滑，背面疏被小鳞片。孢子囊群圆形，较小，生内藏小脉顶端，常近或较靠近裂片中脉着生，无盖。

分　　布： 河南大别山、伏牛山和桐柏山区均有分布；多见于林下石上及山谷潮湿的石缝中。

植株

羽片背面、孢子囊群

根状茎、根

植株、生境

日本水龙骨 *Goniophlebium niponicum* (Mett.) Yea C.Liu,W.L.Chiou et M.Kato

棱脉蕨属 *Goniophlebium* (Blume) C. Presl

形态特征： 植株高30~40cm。根状茎长而横走，粗3~4mm，通常除先端被棕褐色披针形鳞片外，全部近光滑，灰白色。叶远生，草质，柄长10~16cm，禾秆色，基部疏生鳞片，向上光滑；叶片长圆披针形至披针形，羽状深裂几达羽轴；裂片18~30对，彼此以狭间隔分开，线状披针形；基部较宽，钝头或尖头全缘，下部2~3对常反折，基部一对略较短，两面密生灰白色柔毛。孢子囊群小，圆形，略陷入叶肉中，着生于网眼内的小脉顶端，较近中脉。

分　　布： 河南伏牛山南部、大别山和桐柏山区均有分布；多见于林下岩石上。

功用价值： 根状茎可入药。

根状茎

叶背面、孢子囊群

叶

植株、生境

▶ 蘋科 Marsileaceae

蘋 *Marsilea quadrifolia* L. Sp.

苹属 *Marsilea* L.

形态特征： 水生植物。根状茎细长横走，具有枝根。小叶倒三角形，长10~30mm，外缘半圆形，两侧截形，全缘，幼时有毛，后脱落；叶脉由小叶基部呈辐射状分枝，伸向叶边；叶柄长5~20cm，基部被鳞片。孢子果卵圆形，长2~4mm，有毛，通常2~4个生于叶柄基部，叉分，有长10~25mm的柄。

分　　布： 河南各地均有分布；多见于池塘或水田中，是稻田的一种恶性杂草。

功用价值： 全草可入药。

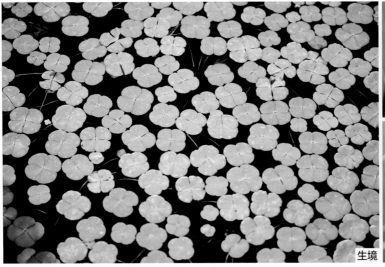

根状茎、根、孢子果

生境

叶

裸子植物门
GYMNOSPERMAE

▶ 银杏科 Ginkgoaceae ||||||||||||||||||||||||||||||||||||||||||||||||||||||||||

银杏 *Ginkgo biloba* L.　　　　　　　　　　　　　　　　银杏属 *Ginkgo* L.

形态特征： 落叶乔木，高达40m，胸径达4m，树干通直。叶扇形，上部宽5~8cm，有深或浅的波状缺刻，有时中部缺刻较深，呈二裂状，基部楔形，无毛；叶脉二叉状；叶柄长。雌雄异株，种子核果状椭圆形、倒卵形或近圆形，长2.5~3cm，熟时黄色或橙黄色，被白粉。花期3—4月；果熟期9—10月。

分　　布： 本自然保护区为栽培种，全国各地均有栽培。

功用价值： 木材可供建筑、雕刻等用；可作药用；外种皮可作农药。

保护类别： 极危（CR）；中国特有种子植物。

植株　　枝、叶　　种子　　种子　　雄球花

▶ 松科 Pinaceae ||||||||||||||||||||||||||||||||||||||||||||||||||||||||||||||||||

巴山冷杉 *Abies fargesii* Franch.　　　　　　　　　　　冷杉属 *Abies* Mill.

形态特征： 常绿乔木，高达40m；树皮暗灰或暗灰褐色，块状开裂。1年生枝红褐色或微带紫色，无毛。叶长（1~）1.7~2.2（~3）cm，宽1.5~4mm，上部较下部宽，先端钝，有四缺，稀尖，正面无气孔线，背面有两条白色气孔带；树脂道2，中生。球果圆柱状长圆形或圆柱形，长5~8cm，直径3~4cm，熟时紫黑色；中部种鳞肾形或扇状肾形，长0.8~1.2cm，宽1.5~2cm，上部宽厚，边缘内曲；苞鳞倒卵状楔形，先端有急尖的短尖头，露出或微露出。种子倒三角状卵圆形，翅楔形，较种子短或等长。

分　　布： 河南伏牛山分布；多见于海拔1500m以上区域。

功用价值： 木材可作建筑及家具用材。

保护类别： 中国特有种子植物；河南省重点保护野生植物。

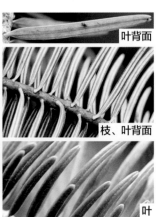

球果　　植株　　枝、叶、球果　　叶背面　　枝、叶背面　　叶

铁杉 *Tsuga chinensis* (Franch.) Pritz.　铁杉属 *Tsuga* (Endl.) Carrière

形态特征： 常绿乔木，高达50m，胸径1.6m；树皮暗灰褐色，裂成块片脱落。1年生小枝细，淡黄色、淡褐黄色或淡灰黄色，凹槽内被短毛。叶线形，排成2列，长1.2~2.7cm，宽2~3mm，先端钝圆，有凹缺，全缘或幼树之叶的中上部常有细锯齿，正面光绿色，背面淡绿色，气孔带灰绿色，初被白粉，后则脱落。球果卵圆形或长卵圆形，长1.5~2.5cm，直径1.2~1.6cm；中部种鳞五边状卵形、近方形或近圆形，边缘微内曲，背面露出部分无毛，有光泽。种子连翅长7~9mm。花期4月；球果10月成熟。
分　　布： 河南伏牛山区分布；多见于海拔1000m以上的山坡或山沟中。
功用价值： 木材可作建筑或家具用材；种子含油，可供工业使用。
保护类别： 中国特有种子植物；河南省重点保护野生植物。

枝、叶　　枝、叶背面　　植株　　球果　　叶、球果

华北落叶松 *Larix gmelinii* var. *principis-rupprechtii* (Mayr) Pilger　落叶松属 *Larix* Mill.

形态特征： 落叶乔木，高达30m，胸径1m；树皮暗灰褐色，不规则纵裂，成小块片脱落；枝平展，具不规则细齿；苞鳞暗紫色，近带状矩圆形，长0.8~1.2cm，基部宽，中上部微窄，先端圆截形，中肋延长成尾状尖头，仅球果基部苞鳞的先端露出；种子斜倒卵状椭圆形，灰白色，具不规则的褐色斑纹，长3~4mm，直径约2mm，种翅上部三角状，中部宽约4mm，种子连翅长1~1.2cm；子叶5~7枚，针形，长约1cm，背面无气孔线。花期4—5月；球果10月成熟。
分　　布： 我国特产植物，本自然保护区为栽培树种。
功用价值： 可取松脂；木材可供造船、枕木、造纸等用。

1年生小枝（黄色）、叶　　短枝、叶　　植株　　球果　　长枝、叶

日本落叶松 *Larix kaempferi* (Lamb.) Carr.　　　　　　落叶松属 *Larix* Mill.

形态特征： 乔木，在原产地高达30m，胸径1m；树皮暗褐色，纵裂成鳞状块片脱落。幼枝被褐色柔毛，后渐脱落，1年生长枝淡红褐色，有白粉，2~3年生枝灰褐或黑褐色；短枝径2~5mm，顶端叶枕之间疏生柔毛。叶倒披针状窄线形，长1.5~3.5cm，宽1~2mm，先端微尖或钝，正面稍平，背面中脉两侧各有5~8条气孔线。球果广卵圆形或圆柱状卵形，长2~3.5cm，直径1.8~2.8cm，熟时黄褐色，具46~65种鳞；中部种鳞卵状长方形或卵状方形，上部边缘波状，显著向外反曲，先端平而微凹，背面具褐色疣状突起或短粗毛；苞鳞不露出。种子倒卵圆形，长3~4mm，连翅长1.1~1.4mm。花期4—5月；球果10月成熟。

分　　布： 原产于日本，本自然保护区为栽培种。

1年生小枝（紫色）、叶　　　植株　　　球果　　　短枝、叶

华山松 *Pinus armandii* Franch.　　　　　　松属 *Pinus* L.

形态特征： 常绿乔木。1年生枝绿色或灰绿色，干后褐色或灰褐色，无毛；冬芽褐色，微具树脂。针叶5针1束（稀6~7针），较粗硬，长8~15cm；树脂管3个，背面2个边生，腹面1个中生；叶鞘早落。球果圆锥状长卵形，长10~22cm，直径5~9cm，熟时种鳞张开，种子脱落；种鳞的鳞盾无毛，不具纵脊，鳞脐顶生，形小，先端不反曲或微反曲；种子褐色至黑褐色，无翅或上部具棱脊，长1~1.8cm，直径0.6~1.2cm。

分　　布： 河南太行山、伏牛山区均有分布；多见于海拔1000m以上的山坡或山脊处。

功用价值： 木材优质耐腐；种子含油，可食用。

雌球花　　　1年生小枝　　　植株　　　茎、枝　　　叶（5针1束）　　　雌球果

白皮松 *Pinus bungeana* Zucc. ex Endl.

形态特征： 常绿乔木，高30m。树皮淡灰绿色或淡灰褐色，不规则鳞片状剥落后内皮淡白色。小枝淡绿色，无毛。冬芽卵形，褐色。针叶3针1束，长5~10cm，粗硬，边缘有细锯齿，两面均有气孔线；树脂管近边生。球果卵形，长5~7cm，直径约5cm，熟时淡黄褐色，鳞盾宽，有横脊，鳞脐有刺；种子卵形，长约1.2cm，直径0.7cm，褐色或深褐色，上部具长约0.6cm的翅。花期4月；球果翌年10月成熟。

分　　布： 河南伏牛山、太行山区均有分布；多见于山坡、悬崖等地。

功用价值： 木材可供建筑用；种子可食用和榨油；优良的园林观赏树种。

保护类别： 中国特有种子植物；河南省重点保护野生植物。

枝、叶

叶（3针1束）　球果　树皮　植株

油松 *Pinus tabuliformis* Carriere

形态特征： 常绿乔木，高达25m。树皮深灰色或褐灰色，裂成不规则鳞状块片。小枝淡灰黄色或淡褐红色，幼时微被白粉，无毛。冬芽矩圆形，淡褐色，微被树脂。针叶2针1束，稀3针1束，长7~15cm，粗硬，树脂管7~8个或10个左右，边生，间或在边角部有1~2个中生。1年生小球果的种鳞顶部有刺；球果卵形，长4~9cm，有短柄，成熟时暗褐色，常宿存6~7年之久，鳞盾肥厚，横脊显著，鳞脐有刺；种子卵形，长6~7mm，翅长约1cm，宽0.8cm，黄白色，有褐色条纹。花期4—5月，球果翌年10月成熟。

分　　布： 河南伏牛山和太行山区均有分布；多见于阳光充足的山坡。

功用价值： 木材可作建筑用材；松树节、松针、松油可入药；树干可割取松脂；树皮可提取栲胶；种子含油，可食用或供工业用；为荒山造林树种。

雌球花

枝、叶、雄球花　球果

植株

▶ 杉科 Taxodiaceae ||||||||||||||||||||||||||||||||||||||||||||||||||||||||||

水杉 *Metasequoia glyptostroboides* Hu et W. C. Cheng　　**水杉属** *Metasequoia* Hu et W. C. Cheng

形态特征： 落叶乔木，高达35m。树皮灰褐色，浅裂成薄片状，内皮淡紫褐色。小枝无毛，下垂，大枝斜伸，侧生短枝，排成两列长10~17mm，宽1.2~2mm，在冬季与侧生短枝一同脱落。球果下垂，近四棱球形或长圆筒形，长18~25mm，当年成熟，暗褐色；种鳞木质，交互对生，通常22~24个，稀至28个；种子扁平，周围具翅，顶端有微凹，长约6mm，宽5mm。花期2—3月；球果11月成熟。

分　　布： 本自然保护区分布有栽培种。

功用价值： 木材可供建筑、造纸等用；是良好的园林观赏树种。

保护类别： 极危（CR）；中国特有种子植物；国家一级重点保护野生植物。

   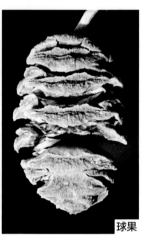

枝、叶　　　　　植株（秋季）　　　　　植株　　　　　球果

▶ 柏科 Cupressaceae ||||||||||||||||||||||||||||||||||||||||||||||||||||||||||

侧柏 *Platycladus orientalis* (L.) Franco　　**侧柏属** *Platycladus* Spach

形态特征： 乔木，高达20m。幼树树冠卵状尖塔形，老则广圆形；树皮淡灰褐色。生鳞叶的小枝直展，扁平，排成一平面，两面同形。鳞叶二型，交互对生，背面有腺点。雌雄同株，球花单生枝顶；雄球花具6对雄蕊，花药2~4，雌球花具4对珠鳞，仅中部两对珠鳞各具1~2枚胚珠。球果当年成熟，卵状椭圆形，长1.5~2cm，成熟时褐色；种鳞木质，扁平，厚，背部顶端下方有一弯曲的钩状尖头，最下部一对很小，不发育，中部两对发育，各具1~2枚种子。种子椭圆形或卵圆形，长4~6mm，灰褐或紫褐色，无翅，或顶端有短膜，种脐大而明显。单种属。花期3—4月；球果10月成熟。

分　　布： 本自然保护区为栽培树种。

功用价值： 阳性树种，耐干旱，亦耐微碱性土壤，是荒山造林的优良树种；木材细致坚实，材质优良，可作建筑、造船、器具及细工等用材；根、干、枝叶可提取挥发油；根、枝叶、球果及种子均可入药。

植株　　　枝、叶、大孢子叶球　　　　枝、叶　　　　球果

圆柏 *Juniperus chinensis* L.　　　　刺柏属 *Juniperus* L.

形态特征：常绿乔木；有鳞形叶的小枝圆或近方形。叶在幼树上全为刺形，随着树龄的增长，刺形叶逐渐被鳞形叶代替；刺形叶3叶轮生或交互对生，长6~12mm，斜展或近开展，下延部分明显外露，正面有2条白色气孔带；鳞形叶交互对生，排列紧密，先端钝或微尖，背面近中部有椭圆形腺体。雌雄异株。球果近圆形，直径6~8mm，有白粉，熟时褐色，内有1~4（多为2~3）枚种子。

分　　布：本自然保护区分布有栽培种。

功用价值：各地多栽培作园林树种；木材可作建筑等用材；枝叶可入药；根、干、枝叶可提炼挥发油；种子可提炼润滑油。

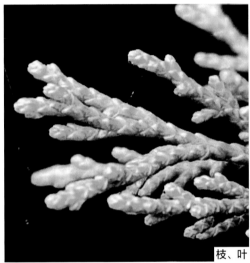
枝、叶

植株

球果

刺柏 *Juniperus formosana* Hayata　　　　刺柏属 *Juniperus* L.

形态特征：乔木，高达12m。小枝下垂，三棱形。叶3个轮生，线状披针形，长12~20mm，宽1.2~2mm，表面稍凹，中脉微隆起，绿色，两侧各有1条白粉带，较绿色边稍宽，2条白粉带在叶先端汇合，背面绿色，有光泽，具纵钝脊。球果近圆球形或宽卵形，长6~10mm，直径6~10mm，被白粉，顶端有3条辐射状的皱纹及3个钝头，顶部间或开裂；常有3枚种子，半月形，具3~4棱，顶尖，近基部处有3~4个树脂槽。

分　　布：本自然保护区分布有栽培种。

功用价值：为庭院观赏树种；木材耐水湿，宜作船底、桥柱；根可入药。

保护类别：中国特有种子植物。

枝、叶

植株

▶▶ 三尖杉科 Cephalotaxaceae ‖‖‖‖‖‖‖‖‖‖‖‖‖‖‖‖‖‖‖‖‖‖‖‖‖

三尖杉 Cephalotaxus fortunei Hooker | **三尖杉属 Cephalotaxus Siebold et Zucc. ex Endl.**

形态特征： 乔木。树皮褐色或红褐色，片状脱落，枝较细长，稍下垂。叶线状披针形，常微弯呈镰状，长 3.5~10cm，宽 3~15mm，上部渐狭，先端渐尖，基部渐狭成楔形或宽楔形，表面深绿色，背面气孔带白色，较绿色边缘宽 3~5 倍、中脉常不明显。种子 4~8 枚，生于长梗的上端，椭圆状卵形，长约 15cm，假种皮熟时紫色或红紫色。花期 4 月；翌年 10 月种子成熟。

分　　布： 河南太别山、桐柏山及伏牛山区均有分布；多见于山沟、溪旁或林中。

功用价值： 种子含油量 30% 以上，可做漆蜡及硬化油；可入药；可作庭院观赏树种。

保护类别： 河南省重点保护野生植物。

叶背面　植株　种子 1　枝、叶　种子 2　雄球花

粗榧 Cephalotaxus sinensis (Rehder et E. H. Wilson) H. L. Li | **三尖杉属 Cephalotaxus Siebold et Zucc. ex Endl.**

形态特征： 小乔木，稀大乔木；树皮灰色或灰褐色，裂成薄片状脱落。叶线形，排列成两列，质地较厚，通常直，稀微弯，长 2~5cm，宽约 3mm，基部近圆形，几无柄，上部通常与中下部等宽或微窄，先端通常渐尖或微急尖，正面中脉明显，背面有两条白色气孔带，较绿色边带宽 2~4 倍。雄球花 6~7 聚生成头状，直径约 6mm，梗长约 3mm，基部及花序梗上有多数苞片；雄球花卵圆形，基部有 1 苞片，雄蕊 4~11，花丝短，花药 2~4（多为 3）。种子通常 2~5 枚，卵圆形、椭圆状卵圆形或近球形，稀倒卵状椭圆形，长 1.8~2.5cm，顶端中央有一小尖头。

分　　布： 河南太别山、桐柏山及伏牛山区均有分布；多见于山沟、溪旁或林中。

功用价值： 种子含油，可做肥皂及润滑油；木材硬度适中，可做农具。

保护类别： 中国特有种子植物；河南省重点保护野生植物。

枝、叶　枝、叶背面　植株　种子　雄球花

红豆杉科 Taxaceae

红豆杉 *Taxus wallichiana* var. *chinensis* (Pilger) Florin
红豆杉属 *Taxus* L.

形态特征： 乔木，高达30m，胸径达60~100cm；树皮灰褐色、红褐色或暗褐色，裂成条片脱落；冬芽黄褐色、淡褐色或红褐色，有光泽，芽鳞三角状卵形，背部无脊或有纵脊，脱落或少数宿存于小枝的基部。叶排列成2列，条形，微弯或较直，长1~3cm，宽2~4mm，上部微渐窄，先端常微急尖，稀急尖或渐尖，正面深绿色，有光泽，背面淡黄绿色，有2条气孔带，中脉带上有密生均匀而微小的圆形角质乳头状突起点，常与气孔带同色，稀色较浅。雄球花淡黄色。种子生于杯状红色肉质的假种皮中，微扁或圆，上部常具二钝棱脊，稀上部三角状具3条钝脊，先端有突起的短钝尖头，种脐近圆形或宽椭圆形，稀三角状圆形。

分　　布： 河南太行山、大别山、伏牛山及桐柏山区均有分布；多见于海拔1000m以上山沟或山坡杂木林中。

功用价值： 木材良好，种子含油。

保护类别： 易危（VU）；国家一级重点保护野生植物。

枝、叶背面

枝、叶

植株

枝、叶背面

红色假种皮、种子

南方红豆杉 *Taxus wallichiana* var. *mairei* (Lemee et H. Léveillé) L. K. Fu et Nan Li
红豆杉属 *Taxus* L.

形态特征： 常绿乔木，本变种与红豆杉的区别主要在于叶常较宽长，多呈弯镰状，通常长2~3.5（~4.5）cm，宽3~4（~5）mm，上部常渐窄，先端渐尖，背面中脉带上无角质乳头状突起点，或局部有成片或零星分布的角质乳头状突起点，或与气孔带相邻的中脉带两边有一至数条角质乳头状突起点，中脉带明晰可见，其色泽与气孔带相异，呈淡黄绿色或绿色，绿色边带亦较宽而明显；种子通常较大，微扁，多呈倒卵圆形，上部较宽，稀杵状矩圆形，长7~8mm，直径5mm，种脐常呈椭圆形。

分　　布： 河南太行山、大别山、伏牛山和桐柏山区均有分布；多见于海拔1000m以上山沟或山坡杂木林中。

功用价值： 木材良好，可作建筑、车辆、家具、器具、农具及文具等用材。

保护类别： 易危（VU）；国家一级重点保护野生植物；国家一级珍贵树种。

枝、叶背面

枝、叶

假种皮、种子

假种皮

植株

被子植物门

ANGIOSPERMAE

木兰科 Magnoliaceae ||||||||||||||||||||||||||||||||||||||||||||||||||||||

望春玉兰 *Yulania biondii* (Pamp.) D. L. Fu　　　　　玉兰属 *Yulania* Spach

形态特征： 落叶乔木，高6~12m。小枝绿色；冬芽密生淡黄色丝状毛。叶矩圆状披针形或卵圆状披针形，长10~18cm，宽3.5~6.5cm，先端急尖，基部圆形或楔形，表面无毛，背面沿脉有毛。花先叶开放，白色，大，萼片3个，线形，长8~11mm，宽约2mm；花瓣6个，匙形，长5cm；心皮细长，花柱弯曲。聚合蓇葖果不规则圆筒形，长8~13cm；种子深红色。花期3~4月；果熟期8~9月。

分　　布： 河南伏牛山、大别山和桐柏山区均有分布，河南各地有栽培；多见于山坡及山沟杂木林中。

功用价值： 花芽大，称"辛夷"，可入药；花含芳香油，可提制浸膏，供调配香皂及化妆用香精；可作庭院观赏树种。

保护类别： 中国特有种子植物；河南省重点保护野生植物。

花侧面

花

叶、聚合蓇葖果

植株

花期

武当玉兰 *Yulania sprengeri* (Pampanini) D. L. Fu　　　　玉兰属 *Yulania* Spach

形态特征： 落叶乔木，高可达21m，树皮淡灰褐色或黑褐色，老干皮具纵裂沟成小块片状脱落。小枝淡黄褐色，后变灰色，无毛。叶倒卵形，长10~18cm，宽4.5~10cm，先端急尖或急短渐尖，基部楔形，正面仅沿中脉及侧脉疏被平伏柔毛，背面初被平伏细柔毛，叶柄长1~3cm；托叶痕细小。花蕾直立，被淡灰黄色绢毛，花先于叶开放，杯状，有芳香，花被片12（14），近相似，外面玫瑰红色，有深紫色纵纹，倒卵状匙形或匙形，长5~13cm，宽2.5~3.5cm，花药稍分离，药隔伸出成尖头，花丝紫红色，宽扁；雌蕊群圆柱形，长2~3cm，淡绿色，花柱玫瑰红色。聚合果圆柱形；蓇葖扁圆，成熟时褐色。花期3~4月；果期8~9月。

分　　布： 河南大别山、伏牛山和桐柏山区均有分布；多见于山坡及山沟。

功用价值： 可入药；花含芳香油，可提制浸膏，供调配香皂及化妆用香精；可作庭院观赏树种。

保护类别： 中国特有种子植物；河南省重点保护野生植物。

植株

枝、花

枝、叶背面

叶

花解剖

花侧面

花

▶ 樟科 Lauraceae ||||||||||||||||||||||||||||||||||||||||||||||||||||||||||||||||||||||

天竺桂 *Cinnamomum japonicum* Siebold   樟属 *Cinnamomum* Schaeff.

形态特征： 乔木，高达15m。叶互生或对生，革质，矩圆形至椭圆形，长1.2~7.5cm，宽2.5~3.5cm，先端钝，基部狭，三出脉，表面深绿色，背面淡绿色，无毛；叶柄长1~1.5cm。花序与叶等长或稍长。核果卵圆形，暗紫色，长约6mm，花被裂片宿存。花期5—6月；果熟期9—10月。

分　　布： 河南大别山和伏牛山南部均有分布；我国广东、浙江、湖北和四川等地均有分布。

功用价值： 树皮作香料或药用。

保护类别： 易危（VU）；国家二级重点保护野生植物；河南省重点保护野生植物。

植株　　叶背面　　叶

川桂 *Cinnamomum wilsonii* Gamble   樟属 *Cinnamomum* Schaeff.

形态特征： 乔木或小乔木，高2~16m。叶互生或近对生，革质，卵形或长卵形，长8~18cm，宽3~5cm，表面绿色，有光泽，背面苍白色，幼时被绢状毛，后无毛，边缘软骨状反卷，具离基三出脉；叶柄长1~1.5cm。圆锥花序腋生，长4.5~10cm，总梗长1~6cm，花梗细，长6~20mm；花白色，花被裂片两面疏生绢状毛。果具宿存全缘花被管。花期6—7月；果熟期9—10月。

分　　布： 河南伏牛山南部和大别山区均有分布；多见于山沟杂木林中。

功用价值： 茎、枝、叶和果含芳香油，可用于食品、皂用香精的调和；树皮入药，称"官桂"。

保护类别： 中国特有种子植物；河南省重点保护野生植物。

果实　　枝、叶背面　　枝、叶　　植株

宜昌润楠 Machilus ichangensis Rehd. et Wils.

形态特征： 乔木，高7~15m。小枝细长，暗红色，无毛。叶纸质，倒披针形或矩圆状倒披针形，长10~24cm，宽2~7.5cm，表面黄绿色，背面苍白色，无毛或幼时有丝状毛；侧脉12~17对；叶柄长约1.5cm。圆锥花序，总苞早落，总梗长3.5~5cm，红色；花白色，花被片长5~6mm，外面有丝状毛；子房近球形。果球形，直径1.1cm，先端有突起，宿存花被片外卷。花期4月；果熟期8—9月。

分　　布： 河南大别山、桐柏山和伏牛山南部均有分布；多见于山沟杂木林中。

功用价值： 木材可作优良家具用材；树皮可作褐色染料；种子含油量高，可做肥皂和润滑油。

保护类别： 国家二级重点保护野生植物。

花序　叶背面　枝、叶　果序　果实　植株

闽楠 Phoebe bournei (Hemsl.) Yang

形态特征： 大乔木，高达40m，胸径1m。枝细，有纵棱脊，幼时有短柔毛，后无毛。叶革质，披针形或倒披针形，长7~13（~15）cm，宽2~3（~4）cm，先端长尖，基部楔形，表面有光泽，脉凹下，背面脉隆起，横脉很明显结成小网格状，密被弯毛；叶柄长5~11（~15）mm。花序长3.5~7（~9）cm，极不开展，最下部分枝长2~2.5cm。果实卵状椭圆形，黑色。花期5月；果熟期9—10月。

分　　布： 河南西峡、南召、淅川、商城等县均有分布；多见于山沟杂木林中。

功用价值： 木材作家具、造船、建筑等用材；种仁可榨油。

保护类别： 易危（VU）；中国特有种子植物；国家二级重点保护野生植物；国家二级珍贵树种。

叶　枝、叶背面　植株　花　果实

天目木姜子 *Litsea auriculata* Chien et Cheng
木姜子属 *Litsea* Lam.

形态特征： 落叶乔木，高10~20m，直径40~60cm。叶互生，纸质，近心形、倒卵形或椭圆形，长9.5~17cm，宽5.5~13.5cm，基部具耳，正面暗绿色，具光泽，背面苍白色，两面脉上均被短柔毛，具羽状脉，侧脉7~8对；叶柄长3~11cm。雌雄异株；伞形花序，有6~8朵花；总苞片8，开花时尚存；花先于叶开放；花被片6，稀8，黄色，矩圆形或矩圆状倒卵形；能育雄蕊9，花药4室，皆内向瓣裂；子房卵形，花柱近顶端略有短柔毛。果实卵形，长13mm，直径11mm，无毛；宿存的花被杯状，肥厚，直径15mm；果梗粗，长13~15mm。

分　　布： 河南大别山、桐柏山和伏牛山区均有分布；多见于山坡或山沟。

功用价值： 木材重而致密，可作建筑等用材；具备良好的观赏效果。

保护类别： 中国特有种子植物；河南省重点保护野生植物。

植株　　树干、树皮　　茎、叶　　叶　　果实　　枝、花序

豹皮樟 *Litsea coreana* var. *sinensis* (Allen) Yang et P. H.
木姜子属 *Litsea* Lam.

形态特征： 常绿灌木或小乔木，高可达6m。树皮灰棕色，有灰黄色的块状剥落；幼枝红褐色，无毛，老枝黑褐色，无毛；顶芽卵圆形，先端钝，鳞片无毛或仅上部有毛。叶互生；叶柄长1~2cm，正面有柔毛；叶片革质，长椭圆形或披针形，先端急尖，基部楔形，全缘，正面绿色有光泽，背面绿灰白色，两面均无毛，羽状脉，侧脉每边9~10条，中脉在背面稍隆起，网纹不明显。雌雄异株；伞形花序腋生，无花梗；苞片早落；花被片6，等长；雄蕊9~12，花药4室，均内向瓣裂；子房近球形，花柱有稀疏柔毛，柱头2裂，退化雄蕊丝状，有长柔毛。果实球形或近球形，先端有短尖，基部具带宿存花被片的扁平果托；果梗长约5mm，颇粗壮，果初时红色，熟时呈黑色。花期8—9月；果期翌年5月。

分　　布： 河南大别山及伏牛山南部均有分布；多见于山坡沟边。

功用价值： 具有良好的观赏价值。

保护类别： 河南省重点保护野生植物。

   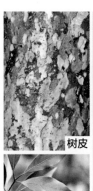 

植株　　枝、干　　枝、叶背面　　树皮　　枝、叶　　芽鳞

木姜子 Litsea pungens Hemsl.

木姜子属 Litsea Lam.

形态特征： 落叶小乔木，高3~7m。叶簇生于枝端，革质，长卵形至披针形，或长倒卵形至倒披针形，长5~10cm，宽2.5~3.5cm，幼叶有绢毛，后渐变无毛，羽状脉，侧脉5对；叶柄纤细，长约1.3cm。花黄色，伞形花序具8~12花；总梗长5mm；总苞片厚，外面无毛，早落，花梗长1~1.5cm，被绢毛；花被片倒卵形，有多数透明油点，纵脉3~4条；小而被毛。果黑色，球形，直径4mm以上；果柄长1~2cm。花期3—4月；果熟期8—9月。

分　　布： 河南大别山和伏牛山南部均有分布；多见于山沟溪旁或山坡疏林中。

功用价值： 果实含芳香油，可作食用香精和化妆香精，现已广泛用作高级香料、紫罗兰酮和维生素的原料；种子含油，可供制肥皂；叶也含芳香油。

保护类别： 中国特有种子植物。

果实　枝、叶　花序

绢毛木姜子 Litsea sericea (Nees) Hook. f.

木姜子属 Litsea Lam.

形态特征： 落叶灌木或小乔木，高2~6m，有芳香。幼枝褐色，老枝黑色。小枝、叶背面和花梗密生长柔毛。叶互生，纸质，矩圆状披针形，或矩圆状倒披针形，长8~12cm，宽2~4cm，先端渐尖，基部渐狭，表面绿色，初密生绢毛，后渐脱落而仅中脉有毛，背面有长绢毛，后脱落成稀疏长柔毛；羽状脉，侧脉6~8对；叶柄长1.2cm。伞形花序具8~20花，总花梗短，被短茸毛，总苞片4，无毛，脱落；花梗长7~9mm；花被片6个，黄绿色，椭圆形，长约4mm，雄蕊6~9个，或12个，花丝被毛。果实宽椭圆形，直径5mm，有明显尖头；果梗长1.8~2.5cm，总梗长7mm。花期3—4月；果熟期9—10月。

分　　布： 河南大别山、桐柏山和伏牛山南部均有分布；多见于山谷疏林中。

枝、叶　花序　花　叶背面

簇叶新木姜子 *Neolitsea confertifolia* (Hemsl.) Merr. **新木姜子属** *Neolitsea* **Merr.**

形态特征： 小乔木，高6m。小枝圆柱状，黄褐色，无毛。叶薄革质，轮生，矩圆形或披针形，长5~12cm，边缘微成波状，正面深绿色，无毛，背面带绿苍白色，有短柔毛，具羽状脉，侧脉5~6对，两面隆起，网脉不明显；叶柄短。雌雄异株；伞形花序腋生或节间生，几无总花梗；苞片早落；花梗长约2mm；花被片4，卵形，长约2mm，外面有疏柔毛，内面无毛；能育雄蕊6，花药4室，内向瓣裂，花丝基部有毛。果实卵形，长1cm，黑色；果梗长4~8mm，先端稍增粗，果托盘状，直径约2mm。

分　布： 河南伏牛山南部均有分布；多见于山沟溪旁、林缘及疏林中。

保护类别： 中国特有种子植物。

叶背面　　　　果实　　　　枝、叶

乌药 *Lindera aggregata* (Sims) Kosterm. **山胡椒属** *Lindera* **Thunb.**

形态特征： 常绿灌木或小乔木，高5m。树皮灰褐色。小枝细，幼时密被锈毛，后变为近无毛。叶革质，椭圆形、圆卵形或近圆形，长3~7.5cm，宽1.5~5cm，先端渐尖或尾状尖，基部圆形或急尖，离基三出脉，表面亮绿色，除幼时中脉被毛外均无毛，背面苍白绿色，被棕色柔毛；叶柄长4~10mm，细弱，幼时被毛，后变无毛。伞形花序腋生，总梗极短或几无；花多数少花梗长1.5mm，无毛；花被片6个，淡绿色。果椭圆形，长9mm，直径6mm，黑色；果梗长4~7mm，稍被柔毛。花期4—5月；果熟期9—10月。

分　布： 河南伏牛山南部、大别山和桐柏山区均有分布；多见于山坡杂木林中。

功用价值： 根、枝、叶、果可提取芳香油；种仁含油，可用于工业；根可入药；可作农药。

枝、叶　　　　叶背面　　　　植株　　　　花

山胡椒 *Lindera glauca* (Sieb. et Zucc.) Bl.　　　　山胡椒属 *Lindera* Thunb.

形态特征： 落叶灌木或小乔木，高达6m。树皮平滑，灰白色。小枝深灰色或灰棕色，幼时有毛。叶革质，宽椭圆形或倒卵形，长4~9cm，宽2~4cm，先端宽急尖，基部圆形或渐尖，表面暗绿色，无毛，背面苍白色或灰色，稍有白粉，具灰色柔毛，羽状脉；叶柄长3~6mm，冬季叶枯而不落。伞形花序腋生，近无总梗，有3~8花；花绿黄色，先于叶或与叶同时开放，花梗长1.5cm，有柔毛。果球形，直径6~7mm，黑色，有香气。花期4月；果熟期8—9月。

分　　布： 河南大别山、桐柏山和伏牛山均有分布；多见于山坡灌丛及疏林中。

功用价值： 种仁含油，供制肥皂及润滑油；叶与果皮含芳香油；叶、根及果可入药；根、枝、叶可制兽药；木材坚硬致密，可作家具用材。

枝、叶

花

叶背面、果实

植株

绿叶甘檀 *Lindera neesiana* (Wall. ex Nees) Kurz　　　　山胡椒属 *Lindera* Thunb.

形态特征： 落叶灌木或小乔木，高3~6m。无毛或近无毛。树皮及小枝青绿色，有黑色斑迹。叶纸质，宽卵形，长5~14cm，宽2.5~8cm，先端急尖或渐尖，基部三出脉，表面深绿色，稍有白粉，幼时有细柔毛，后无毛，背面绿苍白色，无毛或稍被柔毛；叶柄长10~12mm。伞形花序具短总梗，花黄绿色。果短卵圆形至近球形，长约7mm，熟时暗红色；果梗长4~7mm。花期4月；果熟期7—8月。

分　　布： 河南伏牛山、大别山和桐柏山区均有分布；多见于山沟杂木林中。

功用价值： 种子榨油，供制肥皂和润滑油；叶可提取芳香油，供调制香料和香精。

枝、叶、果实

枝、叶

叶背面

花序

三桠乌药 *Lindera obtusiloba* Bl.   **山胡椒属** *Lindera* **Thunb.**

形态特征： 落叶乔木或灌木，高3~10m；树皮黑棕色。小枝粗，黄绿色，叶互生，纸质，近圆形至扁圆形，长5.5~10cm，宽4.8~10.8cm，先端急尖，全缘或3裂，常明显3裂，裂片端尖，卵状三角形，表面绿色，背面绿苍白色，密生黄色绢毛，基部三出脉；叶柄长1~2.5cm，稍被柔毛。花先于叶开放，伞形花序腋生，花梗长3~4mm，被柔毛。果球形，长7~10mm，鲜时红色，干时灰褐色；果梗长2cm，先端稍膨大。花期4—5月；果熟期8—9月。

分　　布： 河南各山区均有分布；多见于海拔1000m以上杂木林中。

功用价值： 种仁含油，可制润滑油、肥皂等；果皮和枝叶可提取芳香油；木材致密，供细木工用；树皮可入药。

果实　　果期　　枝、叶　　叶（阳光下多呈紫红色）　　植株

▶ 金粟兰科 Chloranthaceae

宽叶金粟兰 *Chloranthus henryi* Hemsl.   **金粟兰属** *Chloranthus* **Swartz**

形态特征： 多年生草本，高40~60cm。叶对生，常4片，纸质，宽椭圆形、倒卵形至卵状椭圆形，长10~20cm，宽5~11cm，先端尖，基部楔形，边缘有圆齿，齿尖有腺体；叶柄长不及1cm。穗状花序单个或分枝成圆锥花序式，顶生，连总梗长7cm以上；苞片通常宽卵状三角形，雄蕊3个，近线形，基部合生，中间的1个长3mm，有1个2室的花药，侧生的2个较短；子房卵形。核果卵球形，长约2mm。花期5—6月；果熟期8—9月。

分　　布： 河南伏牛山南部、大别山和桐柏山区均有分布；多见于山谷林下阴湿处。

功用价值： 民间全草可入药。

保护类别： 中国特有种子植物。

叶序、花序　　植株

银线草 *Chloranthus japonicus* Sieb.　　　　金粟兰属 *Chloranthus* Swartz

形态特征： 多年生草本，高 20~40cm，全株无毛。根状茎分歧，生多数须根，具特异气味。茎直立，单生或数个丛生，不分枝，下部节上对生2个鳞片状叶。叶4片，生茎顶，成轮生状，倒卵形或椭圆形，先端急尖，基部宽楔形，边缘具尖锐的锯齿，表面深绿色，背面淡绿色，网脉明显；叶柄长 10~15mm。花序单一，顶生，连总花梗长 2.5~4cm，果时伸长；花白色无梗；苞片近正三角形或近半圆形；雄蕊 3个，花丝基部合生，着生子房外侧，药隔突出，线形，长约 4mm，近等长，乳白色，水平开展；外侧2个雄蕊各具1个1室的花药，中央雄蕊无花药；子房卵形，柱头平截。果实倒卵圆形，长 2.5~3mm，绿色。花期4—5月；果熟期7月。
分　　布： 河南太行山和伏牛山区均有分布；多见于山坡或山谷林下阴湿地方。
功用价值： 根状茎可提制芳香油；根状茎或全草可入药；可作农药。

果期　　　　　　　　　根状茎、根　　　　　　　　植株

多穗金粟兰 *Chloranthus multistachys* Pei　　　　金粟兰属 *Chloranthus* Swartz

形态特征： 多年生草本，高达50cm。根肉质，褐色，长达20cm，粗2mm；根状茎粗壮。茎单生，直立，近四棱形，光滑无毛，节膨大，下部节上各具一对三角形的鳞状叶。单叶对生，4片，生茎顶，坚纸质，卵状椭圆形、长椭圆形至宽卵形，顶端渐尖，基部楔形至圆形，边缘具粗锯齿，齿尖具1腺体，表面绿色，无毛，背面淡绿色，具细小鳞屑状毛，网脉显著；叶柄长达1.5cm。穗状花序多数（偶为1条），顶生或腋生，单一或稍分枝，连总花梗长3~11cm；花小，白色，排列稀疏；苞片小，宽卵形，全缘。核果球形，表面有小腺点，直径2~3mm，无毛，果柄粗壮，长2mm。种子白色。花期5—7月；果期8—9月。
分　　布： 河南伏牛山、大别山和桐柏山区均有分布；多见于海拔1000m以上的山坡林下和山谷湿地。
功用价值： 根状茎及全草可入药。
保护类别： 中国特有种子植物。

植株　　　　　　　　　　　　　　花序

及己 *Chloranthus serratus* (Thunb.) Roem. et Schult. **金粟兰属** *Chloranthus* **Swartz**

形态特征： 多年生草本，高20~40cm；根状茎粗短，直径约3mm。叶对生，4~6片，生于茎上部，纸质，通常卵形，长5~10cm，宽2.5~5cm，边缘有圆齿或锯齿，齿尖有一腺体；叶柄长1~1.5cm；托叶微小。穗状花序单个或2~3分枝，总花梗长1~2.5cm；苞片近半圆形，顶端有数齿；花小，两性，无花被；雄蕊3，矩圆形，下部合生成一体，乳白色，中间的1个长约2mm，有1个2室的花药，侧生的2个稍短，各有1个1室的花药；子房卵形。花期4—5月；果期6—8月。

分　　布： 河南伏牛山、大别山和桐柏山区均有分布；多见于林下湿润处。

功用价值： 可药用。

根状茎、根　　　　　　果序　　　　　　植株

▶三白草科 Saururaceae ||||||||||||||||||||||||||||||||||||||||||||||||||||

蕺菜 *Houttuynia cordata* Thunb. **蕺菜属** *Houttuynia* **Thunb.**

形态特征： 多年生草本，高15~50cm，有鱼腥臭味。根状茎细长，白色。茎单生，幼时常紫红色，无毛。叶心脏形或宽卵形，长5~8cm，宽4~6cm，先端急尖，基部心脏形，全缘，密生细腺点，无毛，基出3~5条被鳞片状突起的叶脉；叶柄长1~3（~4）cm；托叶披形，基部与叶柄合生成鞘状。穗状花序生于茎端，与叶对生，长1~2cm，基部有4个白色花瓣状苞片，花小；雄蕊3个，花丝下部与子房合生。蒴果壶形，顶端开裂。花期5—7月；果熟期7—9月。

分　　布： 河南伏牛山、大别山和桐柏山区均有分布；多见于山谷湿地、水田或阴湿林下。

功用价值： 全草可入药；全草浸液也可作农药；嫩叶可作野菜食用。

叶　　　　　　根状茎、根　　　　　　植株　　　　　　花序

▶ 马兜铃科 Aristolochiaceae |||||||||||||||||||||||||||||||||||||||||||||||||||||||

马兜铃 *Aristolochia debilis* Sieb. et Zucc. | **马兜铃属** *Aristolochia* Linn.

形态特征： 多年生缠绕草本。全株无毛。叶互生，三角状矩圆形至卵状披针形或卵形，长3~8cm。宽2~4cm，先端短渐尖或钝，基部戟形，两侧具圆形耳片；叶柄长1~2cm。花单生于叶腋，花被喇叭状，直，长3~4cm，基部急剧膨大呈球状，上端逐渐扩大成向一面偏的侧片，侧片卵状披针形，先端渐尖，带暗紫色；雄蕊6个，贴生于粗短的花柱周围；柱头6个。蒴果近球形，直径约4cm，6瓣裂。花期7—8月；果熟期9—10月。

分　　布： 河南伏牛山、大别山和桐柏山区均有分布；多见于山坡灌丛、沟边、路旁。

功用价值： 全草可药用；有毒。

果实　果实开裂　茎、叶　花侧面　花

寻骨风 *Aristolochia mollissima*（Hance）X. X. Zhu, S. liao et J. S. Ma | **马兜铃属** *Aristolochia* Linn.

形态特征： 多年生缠绕草本或基部木质化。全株密生黄白色绵毛。叶互生，卵形至椭圆状卵形，长3~10cm，宽3~8cm，先端钝圆至锐尖，基部心脏形；叶柄长2~5cm。花单生叶腋，花梗长2~4cm，近中部具1卵形苞片；花被管长约5cm，筒部弯曲，顶端3裂，带紫色；雄蕊6个，贴生于花柱周围；子房6室。蒴果圆柱形，长约3cm，直径约1cm，沿背缝线具宽翅，黑褐色，6瓣裂。花期5—6月；果熟期8—9月。

分　　布： 河南伏牛山、太行山、大别山和桐柏山区均有分布；多见于山坡草丛、沟边、路旁。

功用价值： 全草可药用；有毒。

保护类别： 中国特有种子植物。

  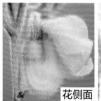 

叶　植株　花侧面　花　叶背面、花

马蹄香 Saruma henryi Oliv.　　　　　　　　　　　　**马蹄香属 Saruma Oliv.**

形态特征： 多年生草本，高50~100cm。茎直立，具柔毛。叶心脏形，膜质，长6~14cm，宽6~15cm，先端短渐尖，基部两侧耳片圆形，边缘和两面均有柔毛；下部叶柄长4~12cm。花萼裂片3个，半圆形，外面具毛，果时宿存并增大；花瓣3个，肾状圆形，黄色，长约8mm，宽6~8mm；雄蕊12个；心皮6个，下部贴生于花萼，上部分离。果熟时革质，沿腹缝线裂开。种子卵形，先端尖，长约3mm，具明显的横皱纹。花期6—7月；果熟期7—8月。

分　　布： 河南伏牛山区均有分布；多见于海拔1000m以上的山坡或山沟林下阴湿处。

功用价值： 根状茎可入药。

保护类别： 濒危（EN）；中国特有种子植物；国家二级重点保护野生植物。

植株　　花　　茎、叶　　果实　　叶、花

汉城细辛 Asarum sieboldii Miq.　　　　　　　　　　**细辛属 Asarum L.**

形态特征： 多年生草本；根状茎横走，直径约3mm，根细长，直径约1mm。叶卵状心形或近肾形，先端急尖或钝，基部心形，两侧裂片顶端圆形，叶面在脉上有毛，有时被疏生短毛，叶背毛较密；芽苞叶近圆形。花紫棕色，稀紫绿色；花梗长3~5cm，花期在顶部成直角弯曲；果期直立；花被管壶状或半球状，直径约1cm，喉部稍缢缩，内壁有纵行脊皱，花被裂片三角状卵形，长约7mm，宽约9mm，由基部向外反折，贴靠于花被管上；雄蕊着生于子房中部，花丝常较花药稍短，药隔不伸出；子房半下位或几近上位，近球形，花柱6，顶端2裂，柱头侧生。果半球状，长约10mm，直径约12mm。花期5月。

分　　布： 河南大别山、伏牛山和太行山区均有分布；多见于山坡林下、山沟土质肥沃且阴湿地上。

功用价值： 全草可入药。

植株　　果期　　花　　花侧面　　叶　　根状茎、根、果实

单叶细辛 Asarum himalaicum Hook. f. et Thoms. ex Klotzsch. 　　　细辛属 *Asarum* L.

形态特征： 多年生草本；根状茎细长，有多条纤维根。叶互生，疏离，叶片心形或圆心形，先端渐尖或短渐尖，基部心形，两侧裂片顶端圆形，两面散生柔毛，叶背和叶缘的毛较长；叶柄有毛；芽苞叶卵圆形。花深紫红色；花梗细长，长3~7cm，有毛，毛渐脱落；花被在子房以上有短管，裂片长圆卵形，长和宽均约7mm，上部外折，外折部分三角形，深紫色；雄蕊与花柱等长或稍长，花丝比花药长约2倍，药隔伸出，短锥形；子房半下位，具6棱，花柱合生，顶端辐射状6裂，柱头顶生。果近球状，直径约1.2cm。花期4—6月。

分　　布： 河南伏牛山均有分布；多见于山坡林下、山沟土质肥沃且阴湿处。

功用价值： 根状茎可药用。

根状茎　　　　根　　　　植株

▶ 五味子科 Schisandraceae ||||||||||||||||||||||||||||||||||||||||||||||

野八角 Illicium simonsii Maxim. 　　　八角属 *Illicium* L.

形态特征： 灌木或乔木，高3~8m，有时可达12m；树皮灰褐色至灰白色。芽近卵形。叶互生或2~5片簇生，革质，倒披针形、长披针形或倒卵状椭圆形，先端长渐尖，基部楔形；中脉在叶正面下凹，在背面突起，侧脉不明显；叶柄上部有不明显的狭翅。花粉红至深红，暗红色，腋生或近顶生，单生或2~3朵簇生；花梗细长；花被片10~15，最大的花被片长圆状椭圆形或宽椭圆形；雄蕊11~14个，药室明显突起；心皮通常7~9个，有时可达12个，花柱钻形。果梗长15~55mm；蓇葖果7~9，长12~20mm，宽5~8mm，厚3~4mm，先端明显钻形，细尖，尖头长3~5mm。花期4—6月；果期8—10月。

分　　布： 河南大别山、桐柏山和伏牛山南部均有分布；多见于山地沟谷、溪边、涧旁及山坡常绿阔叶林中。

功用价值： 有毒，易被当作八角误食导致中毒。

保护类别： 河南省重点保护野生植物。

枝、叶　　　　枝、叶背面　　　　花　　　　聚合果　　　聚合果

南五味子 *Kadsura longipedunculata* Finet et Gagnep. 　　冷饭藤属 *Kadsura* Kaempf. ex Juss.

形态特征： 常绿藤本。小枝褐色或紫褐色，有时剥裂。叶革质或近革质，有光泽，椭圆形或椭圆状披针形，长5~10cm，宽2~5cm，先端渐尖，基部楔形，边缘有疏锯齿；叶柄长1.5~3cm。花单生叶腋，黄色，芳香；花梗细长下垂；花被片8~17个；雄花雄蕊30~70个；雌花心皮40~60个。浆果深红色至暗蓝色，卵形，聚合成近球形聚合果，直径2.5~3.5cm。花期5—6月；果熟期9—10月。

分　　布： 河南伏牛山南部、大别山和桐柏山区均有分布；多见于山坡或山沟杂木林中。

功用价值： 茎、叶及果可提取芳香油；根、茎及果可入药，又可作兽药。

保护类别： 中国特有种子植物。

叶

花1

茎、叶、花

花2

五味子 *Schisandra chinensis* (Turcz.) Baill. 　　五味子属 *Schisandra* Michx.

形态特征： 落叶藤本，长达8m。小枝灰褐色，稍有棱。叶宽椭圆形、倒卵形或卵形，长5~10cm，宽2~5cm，先端急尖或渐尖，基部楔形，边缘疏生具腺细齿，表面光滑，背面幼时脉上有短柔毛；叶柄长1.5~4.5cm。花单生或簇生于叶腋；花被片6~9个，乳白或粉红色，芳香；雄花有雄蕊5个；雌花心皮17~40个，生于花后伸长的花托上，果时成穗状聚合果。浆果球形，深红色。花期5—6月；果熟期8—10月。

分　　布： 河南太行山、伏牛山、大别山和桐柏山区均有分布；多见于山坡或山沟林中。

功用价值： 茎、叶与果可提取芳香油；果实可入药，亦可作野果食用。

保护类别： 无危（LC）。

聚合果

聚合果

花

植株

雌花

花侧面

狭叶五味子 *Schisandra lancifolia* (Rehd. et Wils.) A. C. ┃ **五味子属** *Schisandra* Michx.

形态特征： 落叶藤本，长达2m。小枝棕褐色。叶革质或厚纸质，狭叶披针形或狭长卵形，长4~12cm，宽1~3cm，先端渐尖，基部圆形或宽楔形，边缘有疏齿，侧脉不明显；叶柄长约8mm。花小，黄绿色；雄花被6~9个，雄蕊6~9个；雌花被8~11个，雌花多数，在花期球形，花托在果时伸长，长3~7cm。浆果近球形，直径5~7mm，红色。花期5—6月；果熟期7—10月。

分　　布： 河南西峡、南召等县均有分布；多见于山坡及山沟林中。

功用价值： 根、茎藤及叶可入药；茎、叶及果实可提取芳香油，供调制椰子香料和其他香精用。

保护类别： 中国特有种子植物。

茎、叶、果实

聚合果

叶

花期

华中五味子 *Schisandra sphenanthera* Rehd. et Wils. ┃ **五味子属** *Schisandra* Michx.

形态特征： 落叶藤本。枝细长，红褐色，有皮孔。叶椭圆形、倒卵形或卵状披针形，长4~11cm，宽2~6cm，先端渐尖或短尖，基部楔形或圆形，边缘有疏齿；叶柄长1~3cm。花单生或2个生于叶腋，橙黄色；花被片5~9个，2~3轮；雄蕊10~15个；雌花心皮30~50个，花托伸长；花梗细，长2~4cm。穗状聚合果长6~9cm。浆果长6~9mm，红色。花期5月；果熟期8—9月。

分　　布： 河南各山区均有分布；多见于山沟及山坡湿润的杂木林中。

功用价值： 果实可入药，亦可作野果食用；种子榨油可供工业用。

保护类别： 中国特有种子植物。

聚合果

花

茎、叶、花

▶ 毛茛科 Ranunculaceae ||||||||||||||||||||||||||||||||||||||||||||||||||||

牛扁 *Aconitum barbatum* var. *puberulum* Ledeb.　　乌头属 *Aconitum* Linn.

形态特征： 多年生草本，高（40~）60~110cm。具直根。茎具反曲微柔毛。基生叶1~5个，与下部茎生叶具长柄，圆肾形，长5.5~15cm，宽10~22cm，两面被短伏毛，3全裂，中间裂片菱形，在裂片中部3裂，二回裂片具狭卵形小裂片。总状花序长10~17cm，密生反曲的微柔毛；花梗长3.5~14mm；小苞片生于花梗中部，线形；萼片5个，黄色，上萼片圆筒形，高1.9~2.2cm，粗4~5mm；花瓣2个，具长爪，距与花瓣近等长；雄蕊多数；心皮3个。蓇葖果3个，长约8mm。花期7—8月；果熟期9—10月。

分　　布： 河南太行山和伏牛山区均有分布；多见于山地林中或草地。

功用价值： 有毒。

基生叶　　植株　　聚合果　　花序

乌头 *Aconitum carmichaelii* Debeaux　　乌头属 *Aconitum* Linn.

形态特征： 多年生草本，高60~150cm。块根倒圆锥形，长2~4cm。叶五角形，长6~11cm，宽9~15cm；3深裂至全裂；中间裂片宽菱形或菱形，先端急尖，近羽状分裂，小裂片三角形，侧生裂片斜扇形，不等2深裂。总状花序狭长，密生短柔毛；萼片5个，蓝紫色，外面有微柔毛，上萼片高盔形，高2~2.6cm，花瓣2个，无毛，有长爪，距长1~2.5mm；心皮3~5个，通常有微柔毛。蓇葖果长1.5~1.8cm；种子有膜质翅。花期8—9月；果熟期9—10月。

分　　布： 河南太行山、伏牛山、大别山和桐柏山区均有分布；多见于海拔500m以上的山沟、山坡草地及灌丛。

功用价值： 根含多种乌头碱，可入药，有大毒（慎用），可作表面麻醉药；可灭蛆杀蝇，可作农药。

块根　　叶　　植株　　茎、叶、花　　花

瓜叶乌头 *Aconitum hemsleyanum* Pritz.   **乌头属** *Aconitum* Linn.

形态特征： 多年生缠绕草本。茎分枝，无毛。茎中部叶五角形，长约8cm，宽约10cm，3深裂，中间裂片梯状菱形，先端渐尖，3浅裂，上部边缘具粗齿，侧生裂片不等2浅裂，背面基部及叶柄有柔毛。花序有2~12朵花，花序轴与花梗无毛或疏生微柔毛；萼片5个，蓝紫色，外面无毛或疏生短柔毛，上萼片高盔形，高2~2.5cm，具短缘；花瓣2个，距长2mm；心皮5个，无毛，稀生微柔毛。蓇葖果长1.2~1.5cm。花期6—8月；果熟期8—9月。

分　　布： 河南伏牛山和桐柏山区均有分布；多见于海拔1000m以上的山坡灌丛、山谷溪旁和疏林中。

功用价值： 根可作农药。

块根　　叶　　茎、叶　　聚合蓇葖果　　花序　　茎、叶

花葶乌头 *Aconitum scaposum* Franch.   **乌头属** *Aconitum* Linn.

形态特征： 多年生草本，高35~60cm。根近圆柱形，长约10cm。茎具淡黄色短毛。基生叶3~4个，肾状五角形，长5.5~11cm，宽8.5~22cm，3裂稍过中部，中间裂片倒梯状菱形，侧生裂片不等2裂，两面散生短伏毛，背面沿脉较多；叶柄长13~40cm，基部具鞘；茎生叶2~4个，聚生在近茎基部处，大的长达7cm，具小叶片，叶柄鞘状，长1.2~3cm。花序长20~35cm，密生淡黄色柔毛；苞片披针形，小苞片生花梗基部；似苞片，较小；萼片5个，蓝紫色，上萼片圆筒形，高1.3~1.5cm；心皮3个，子房有长毛。蓇葖果不等大，疏被长毛。花期7—8月；果熟期9—10月。

分　　布： 河南伏牛山区分布；多见于海拔1000m以上的山谷阴湿处。

植株　　花　　花序　　叶

还亮草 Delphinium anthriscifolium Hance 　　　　翠雀属 Delphinium Linn.

形态特征： 一年生草本，高12~75cm。茎直立，无毛或上部疏生微柔毛，分枝。叶菱状卵形或三角状卵形，长5~11cm，宽4.5~8cm，二至三回羽状全裂，一回裂片斜卵形，长渐尖，二回裂片或羽状浅裂，或不分裂而呈狭卵形或披针形，宽2~4mm。总状花序具2~15花，花序轴和花梗有反曲的微柔毛，小苞片生花梗中部，线形；萼片5个，堇色，椭圆形或矩圆形，长达8mm，距钻形，长达1.2cm；花瓣2个，瓣片不等3裂；退化雄蕊2个，无毛，瓣片斧形，2深裂；心皮3个。蓇葖果长1.1~1.6cm。花期4—5月；果熟期5—6月。

分　　布： 河南伏牛山南部、大别山和桐柏山区均有分布；多见于林缘、山坡草地及灌丛中。

功用价值： 全草可入药。

花、聚合蓇葖果　花　花序、花侧面　茎、叶、花

河南翠雀花 Delphinium honanense W. T. Wang 　　　　翠雀属 Delphinium Linn.

形态特征： 茎高48~58cm，无毛，不分枝，等距地生叶。基生叶在开花时枯萎。茎下部及中部叶有较长柄；叶片五角形，3深裂至距基约8mm处，中央深裂片菱形，顶端急尖或短渐尖，中部以下全缘，中部之上边缘有三角形粗牙齿，不分裂或3浅裂，侧深裂斜扇形，不等2深裂，表面有少数糙毛，背面沿脉网疏被糙毛；叶柄长为叶片的1.5~2倍，有少数开展的糙毛。总状花序约有10花；下部苞片3裂，其他苞片披针状线形至线形，长0.8~1.7cm；轴和花梗被反曲的短柔毛和开展的黄色短腺毛；花梗斜上展，长0.8~2.6cm；小苞片生花梗中部或下部，线形；花近平展；萼片紫色，椭圆状卵形，外面疏被短柔毛，距钻形，稍向下弯曲；花瓣干时黄色，无毛；退化雄蕊紫色，瓣片近方形，2深裂，腹面有黄色髯毛，爪与瓣片近等长；雄蕊无毛；心皮3，无毛。花期5月。

分　　布： 河南伏牛山区分布；多见于山坡山谷林下阴湿地方。

保护类别： 中国特有种子植物；河南省重点保护野生植物。

植株　花、果序

全裂翠雀花 Delphinium trisectum W. T. Wang　　　**翠雀属 Delphinium Linn.**

形态特征： 茎高达50cm，被反曲柔毛。最下部叶开花时枯萎，下部叶具长柄；叶圆肾形，长（2.8~）4.5~6.8cm，宽（5.2~）7.5~12cm，3全裂，中裂片菱形，3深裂，二回裂片再深裂，侧裂片斜扇形，宽为中裂片2倍，两面疏被糙毛；叶柄长达17cm。总状花序具（5~）10~14花；序轴及花梗密被反曲柔毛。小苞片生于花梗上部或与花靠接，线形或钻形，长4~7mm；萼片蓝紫色，椭圆形或椭圆状倒卵形，长1.4~1.7cm，距稍长于萼片，圆筒状钻形，长1.6~2.1cm；花瓣黑褐色，无毛；退化雄蕊黑褐色，瓣片2浅裂，上部边缘具长柔毛，腹面中央被淡黄色髯毛，雄蕊无毛；心皮3，子房被柔毛。花期4—5月。

分　　布： 河南伏牛山南部、桐柏山和大别山区均有分布；多见于山坡林下。

功用价值： 根及全草可入药。

叶

聚合蓇葖果

植株

花序

花

花、距

升麻 Cimicifuga foetida Linn.　　　**升麻属 Cimicifuga Linn.**

形态特征： 多年生草本，高1~2m。根状茎粗壮。茎上部分枝，有短柔毛。基生叶和下部茎生叶为二至三回三出近羽状复叶；小叶菱形或卵形，长达10cm，宽达7cm，浅裂，边缘有不规则锯齿；叶柄长达15cm。花序圆锥状，长达45cm，密生灰色腺毛和短柔毛，萼片5个，白色，倒卵状椭圆形；退化雄蕊宽椭圆形，长约3mm，先端微凹或2浅裂；雄蕊多数；心皮2~5个，密生短柔毛，具短柄。蓇葖果长0.8~1.4cm。花期7—8月；果熟期9—10月。

分　　布： 河南伏牛山和太行山区均有分布；多见于山坡草地、灌丛或杂木林下。

功用价值： 根状茎可入药；根用水煎液，可防治马铃薯块茎蛾，也可杀蝇灭蛆。

叶

植株

花

聚合蓇葖果

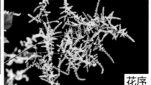

花序

小升麻 Cimicifuga japonica (Thunb.) Spreng.　　升麻属 Cimicifuga Linn.

形态特征： 多年生草本。根状茎横生。茎上部密生灰色短柔毛。叶1~2个，近基生，一回三出复叶，中间小叶卵状心脏形，长5~20cm，宽4~18cm，7~9掌状浅裂，边缘有锯齿，侧生小叶较小；叶柄长达32cm。花序细长，长10~25cm，花序轴密被微柔毛；花小，直径4mm，近无梗；萼片5个，白色，椭圆形，长3~5mm；退化雄蕊倒卵形，长约4.5mm，基部有蜜腺；雄蕊多数；心皮1~2个，无毛。蓇葖果长约10mm。花期6—7月；果熟期9~10月。

分　　布： 河南太行山、伏牛山和桐柏山区均有分布；多见于山沟林中阴湿处。

功用价值： 根可入药。

叶　　植株　　聚合蓇葖果　　花序

类叶升麻 Actaea asiatica Hara　　类叶升麻属 Actaea Linn.

形态特征： 多年生草本高30~80cm。具根状茎。茎不分枝，中部以上有短柔毛，基部有褐色鳞片。叶为二至三回三出复叶；小叶卵形或宽卵状菱形，长3.5~8.5cm，宽2~8cm，3裂，边缘具锐锯齿，叶柄长3~17cm。总状花序长2.5~4（~6）cm，密生短柔毛；苞片狭披针形；花梗长5~8mm，有柔毛；萼片4个，白色，倒卵形，长约2.5mm；退化雄蕊匙形，长2~2.5mm，雄蕊多数；心皮1个，浆果紫黑色，近球形，直径约6mm。花期5—6月；果熟期8—10月。

分　　布： 河南太行山和伏牛山区均有分布；多见于山沟林中阴湿处。

功用价值： 全草有毒，尤以浆果、根状茎为甚，不可食用。

果序　　植株　　花序

驴蹄草 *Caltha palustris* Linn.　　　　　驴蹄草属 *Caltha* Linn.

形态特征： 多年生草本，高达70cm。全株无毛，具有多数粗壮纤维根。茎上部分枝，中空。基生叶数个，有长柄；叶片圆肾形或圆形，长7~9cm，宽至15cm，基部心脏形，边缘具密生小牙齿；茎生叶肾形或三角状卵形，叶柄较短。单歧聚伞花序，常具2花，常有掌状分裂的苞叶；花梗长2~6cm；花金黄色，直径2~3cm；萼片5个，倒卵形，长1~2cm，宽6~12mm，顶端圆形；雄蕊多数，长4~8mm，花丝细长，花药长圆形。蓇葖果狭倒卵形，长8~10mm，具横脉，喙长约1mm；种子黑色，长圆形。花期5—7月；果熟期7—9月。

分　　布： 河南太行山和伏牛山区均有分布；多见于海拔1000m以上的山谷溪旁或杂木林下潮湿处。

功用价值： 全草有毒；全草可入药，有杀虫作用，可作农药；花黄色而有光泽，可作庭院观赏植物。

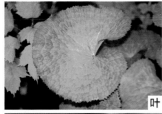
叶

花

植株、花序

聚合蓇葖果

纵肋人字果 *Dichocarpum fargesii* (Franch.) W. T. Wang et Hsiao　　　人字果属 *Dichocarpum* W. T. Wang et Hsiao

形态特征： 植株无毛。茎高达35cm，中部以上分枝。根状茎极短，直根长。叶基生及茎生，基生叶少数，具长柄，一回三出复叶；叶草质，卵圆形，宽1.8~3.5cm；顶生小叶肾形或扇形，先端具5浅牙齿，叶脉明显，侧生小叶斜卵形，上侧小叶斜倒卵形，下侧小叶卵圆形；叶柄长3~8cm，基部具鞘；茎生叶似基生叶，渐小，对生，最下部一对的叶柄长1.2~4.2cm。花径6~7.5mm；花瓣长约为萼片的1/2，瓣片近圆形，中部连成漏斗状；雄蕊10。蓇葖果线形，长约1.3cm，顶端尖，喙极短。种子椭圆状球形，具纵肋。花期5—6月；果期7月。

分　　布： 河南伏牛山南部分布；多见于山谷林下阴湿处。

保护类别： 中国特有种子植物。

叶背面
果实

植株

花

华北耧斗菜 *Aquilegia yabeana* Kitagawa　　耧斗菜属 *Aquilegia* Linn.

形态特征： 多年生草本，高达60cm。茎上部密生短腺毛。基生叶具长柄，为一至二回三出复叶，小叶菱状倒卵形、宽菱形或宽卵形，3浅裂至3深裂，表面无毛，背面疏生短柔毛；茎生叶较小。花下垂；萼片5个，紫色，狭卵形，长1.6~2.6cm；花瓣与萼片同色，顶端截形，距长1.7cm，较瓣裂为长，末端变狭，向内弯曲；雄蕊多数，长达1.2cm，退化雄蕊长5.5mm；子房密生短腺毛。蓇葖果约长1.7cm；种子黑色，光滑。花期5—6月；果熟期6—7月。

分　　布： 河南太行山和伏牛山区均有分布；多见于山坡草地、山沟、溪旁及林缘等地。

功用价值： 可酿酒；种子含油，可供工业用；可作庭院观赏植物。

保护类别： 中国特有种子植物。

花侧面1　　聚合蓇葖果　　植株　　花　　花侧面2　　叶

小木通 *Clematis armandii* Franch.　　铁线莲属 *Clematis* Linn.

形态特征： 常绿藤本，长达5m。小叶3个，革质，狭卵形至披针形，先端渐尖，基部圆形或浅心脏形，全缘，无毛，叶脉在表面隆起；叶柄长7~7.5cm。圆锥花序顶生或腋生，腋生花序基部具多数鳞片；总花梗长3.5~7cm；下部苞片矩圆形，常3裂，上部苞片小，钻形；花直径3~4cm；萼片4，展开，矩圆形至矩圆状倒卵形，外面边缘具短茸毛；雄蕊多数，无毛。瘦果椭圆形，扁，长3mm，疏生伸展柔毛，羽状花柱长达5cm。花期5—6月；果熟期7—8月。

分　　布： 河南伏牛山南部、大别山和桐柏山区均有分布；多见于山坡路旁或杂木林中。

功用价值： 茎藤、根与花均可入药；全草可作农药。

茎、叶　　花　　聚合果

短尾铁线莲 *Clematis brevicaudata* DC.　　　　　**铁线莲属** *Clematis* Linn.

形态特征： 落叶藤本。枝有棱，小枝疏生短柔毛或近无毛。一至二回羽状复叶或二回三出复叶，有5~15小叶，有时茎上部为三出叶；小叶片长卵形、卵形至宽卵状披针形或披针形，顶端渐尖或长渐尖，基部圆形、截形至浅心形，有时楔形，边缘疏生粗锯齿或牙齿，有时3裂，两面近无毛或疏生短柔毛。圆锥状聚伞花序腋生或顶生，常比叶短；花梗长1~1.5cm，有短柔毛；花直径1.5~2cm；萼片4，开展，白色，狭倒卵形，两面均有短柔毛，内面较疏或近无毛；雄蕊无毛，花药长2~2.5mm。瘦果卵形，长约3mm，宽约2mm，密生柔毛，宿存花柱长1.5~2（~3）cm。花期7—9月；果期9—10月。

分　　布： 河南大别山、桐柏山、太行山和伏牛山区均有分布；多见于山坡灌丛或疏林中。

功用价值： 茎、叶可入药。

叶　　花序　　植株　　花　　雌蕊、雄蕊

威灵仙 *Clematis chinensis* Osbeck　　　　　**铁线莲属** *Clematis* Linn.

形态特征： 藤本，枝叶暗绿色，干后变黑色。茎近无毛，有纵棱。奇数羽状复叶，长达20cm，小叶5个，狭卵形或三角状卵形，先端钝或渐尖，基部圆形或宽楔形，全缘，近无毛；叶柄长4.5~6.5cm。花序圆锥状，顶生或腋生，具多数花；花直径约1.4cm；萼片4个，白色，展开，矩圆形或狭倒卵形，长约6.5mm，外面边缘密生短柔毛；雄蕊多数，无毛，花药线形；心皮多数。瘦果狭卵形，扁，长约3mm，疏生紧贴柔毛，羽状花柱长达1.8cm。花期6—8月；果熟期8—10月。

分　　布： 河南大别山、桐柏山和伏牛山南部均有分布；多见于山坡灌丛、林缘或疏林中。

功用价值： 根及茎藤；全株可作农药。

植株　　花　　茎、叶　　雌蕊、雄蕊

粗齿铁线莲 *Clematis grandidentata* (Rehder et E. H. Wilson) W. T.　　**铁线莲属** *Clematis* Linn.

形态特征：藤本。小枝褐色，密生短柔毛。奇数羽状复叶，长达23cm；小叶5个，卵形或椭圆状卵形，边缘上部具少数粗牙齿，表面几无毛，背面有短柔毛；叶柄长3.5~6.5cm，密生短柔毛。腋生聚伞花序具3~5（~7）花；萼片4个，白色展开，矩圆形，长1~1.2cm，宽约5mm，顶端钝，外面具短柔毛；雄蕊与心皮多数。瘦果卵形，长约3mm，有柔毛，羽状花柱长达2.5cm。花期5—9月；果熟期8—10月。

分　　布：河南太行山、伏牛山、大别山和桐柏山区均有分布；多见于山坡灌丛、林缘或杂木林中。

功用价值：根可入药；茎、叶能杀虫解毒。

保护类别：中国特有种子植物。

叶　　果实　　聚合瘦果　　花　　植株　　花序

大叶铁线莲 *Clematis heracleifolia* DC.　　**铁线莲属** *Clematis* Linn.

形态特征：直立灌木，高达1m。茎粗壮，具明显的纵条纹，密生白色短毛，表皮呈纤维状剥落。三出复叶，叶柄粗壮，有白色短毛；顶生小叶具柄，宽卵形，不分裂或3浅裂，边缘有粗锯齿，两面均有微柔毛，侧生小叶较小，几无柄。聚伞花序腋生或顶生。花梗长1.5~2cm，花萼管状，长约1.5cm，萼片4个，蓝色，长约2cm，上部向外弯曲，外被白色短柔毛；雄蕊多数，有短柔毛，花丝线形。瘦果倒卵形，扁，长约4mm，具毛，羽毛状花柱长达2.8cm。花期6—7月；果熟期9—10月。

分　　布：河南太行山、伏牛山、大别山和桐柏山区均有分布；多见于山坡、谷地灌丛、林缘、沟边、溪旁或疏林下。

功用价值：根与茎可入药；种子可榨油，供油漆工业用。

花序　　叶　　花　　植株　　花序

太行铁线莲 *Clematis kirilowii* Maxim.

铁线莲属 *Clematis* Linn.

形态特征： 木质藤本，干后常变黑褐色。茎、小枝有短柔毛，老枝近无毛。一至二回羽状复叶，有5~11小叶或更多，基部一对或顶生小叶常2~3浅裂、全裂至3小叶，中间一对常2~3浅裂至深裂，茎基部一对为三出叶；小叶片或裂片革质，卵形至卵圆形，或长圆形，顶端钝、锐尖、凸尖或微凹，基部圆形、截形或楔形，全缘，有时裂片或第二回小叶片再分裂，两面网脉突出，沿叶脉疏生短柔毛或近无毛。聚伞花序或为总状、圆锥状聚伞花序，有花3至多朵或花单生，腋生或顶生；花序梗、花梗有较密短柔毛；花直径1.5~2.5cm；萼片4或5~6，开展，白色，倒卵状长圆形，顶端常呈截形而微凹，外面有短柔毛，边缘密生茸毛，内面无毛；雄蕊无毛。瘦果卵形至椭圆形，扁，长约5mm，有柔毛，边缘凸出，宿存花柱长约2.5cm。花期6—8月；果期8~9月。

分　　布： 河南太行山、伏牛山区均有分布；多见于山坡、林缘或疏林。

保护类别： 中国特有种子植物。

茎、叶

叶

植株

花

花序

植株

毛蕊铁线莲 *Clematis lasiandra* Maxim.

铁线莲属 *Clematis* Linn.

形态特征： 藤本。茎灰褐色，近无毛。叶为二回羽状复叶，长10~15cm，羽片通常两对，最下部的具3小叶；小叶卵形至披针形，长2~6cm，先端渐尖至长渐尖，边缘有锯齿；叶柄长4~5cm。聚伞花序有1~3花；苞片披针形；萼钟形，紫红色，萼片4个，狭卵形，长约1.5cm，先端急尖，外面无毛，边缘有短茸毛；雄蕊多数与萼片等长，花丝线形，密生长柔毛，花药无毛。瘦果椭圆形，扁，长约3mm，有紧贴短毛，羽毛状花柱长达2.5cm。花期7~9月；果熟期9~10月。

分　　布： 河南太行山、伏牛山、大别山和桐柏山区均有分布；多见于山坡路旁、灌丛和林缘。

功用价值： 在伏牛山区被当作中药材威灵仙的代用品。

叶、花

聚合果

花

茎、叶

长瓣铁线莲 *Clematis macropetala* Ledeb.   **铁线莲属** *Clematis* Linn.

形态特征： 木质藤本。枝无毛，或疏被毛，具4~6纵棱；芽鳞三角形，长0.2~1.8cm。二回三出复叶与1花自老枝腋芽中生出；小叶纸质，窄卵形、披针形或卵形，长2~5cm，先端渐尖，基部宽楔形或圆，具锯齿，不裂或2~3裂，两面疏被毛；叶柄长3~5.5cm。花单生，直径3~6cm。花梗长8~13cm；萼片4，蓝或紫色，斜展，斜卵形，长3~4cm，密被柔毛；退化雄蕊窄披针形，有时内层的线状匙形，与萼片近等长，被柔毛，雄蕊长1~1.4cm，花丝被柔毛，花药窄长圆形或线形，长2.5~4mm，背面被毛。瘦果倒卵圆形，长约4mm，疏被毛；宿存花柱长3.5~4cm，羽毛状。

分　　布： 河南伏牛山、太行山区均有分布；多见于山坡或林中多石处。

植株

叶、花

花侧面

花

花背面

绣球藤 *Clematis montana* Buch.-Ham. ex DC.   **铁线莲属** *Clematis* Linn.

形态特征： 木质藤本。枝被短柔毛或脱落无毛，具纵沟。三出复叶；小叶纸质，卵形、菱状卵形或椭圆形，先端渐尖，基部宽楔形或圆形，疏生牙齿，两面疏被短柔毛；叶柄长3~10cm。花2~4朵，与数叶自老枝腋芽生出，直径3~5cm。花梗长3~10cm；萼片4，白色，稀带粉红色，开展，倒卵形，长1.3~3cm，宽0.8~1.5cm，疏被平伏短柔毛，内面无毛，边缘无毛；雄蕊无毛，花药窄长圆形，长2~3mm，顶端钝。瘦果卵圆形，长4~5mm，无毛，宿存花柱长2.5~4cm，羽毛状。花期4—6月。

分　　布： 河南伏牛山南部、大别山、桐柏山区均有分布；多见于灌丛、林中、林缘或溪边。
功用价值： 根状茎可药用。

花

植株

茎、叶

聚合果

大花绣球藤 Clematis montana var. longipes W. T. Wang 铁线莲属 Clematis Linn.

形态特征： 与绣球藤的区别：小叶片为长圆状椭圆形、狭卵形至卵形，少数为椭圆形或宽卵形，长3~9cm，宽1~3.5（~5）cm，叶缘疏生粗锯齿至两侧各有1个牙齿以至全缘；花大，直径5~11cm，萼片长圆形至倒卵圆形，长2.5~5.5cm，宽1.5~3.5cm，顶端圆钝或凸尖，少数微凹，外面沿边缘密生短茸毛，中间无毛或少毛部分呈披针形至椭圆形或不明显，宽常在0.8~1.5cm。花期4—8月；果期7—8月。

分　　布： 河南伏牛山南部分布；多见于灌丛、林中、林缘或溪边。

功用价值： 根状茎可药用。

花侧面　　植株　　茎、叶　　果实　　花

秦岭铁线莲 Clematis obscura Maxim. 铁线莲属 Clematis Linn.

形态特征： 木质藤本，干时变黑。小枝疏生短柔毛，后变无毛。一至二回羽状复叶，有5~15小叶，茎上部有时为三出叶，基部两对常不等2~3深裂、全裂至3小叶；小叶片或裂片纸质，卵形至披针形，或三角状卵形，顶端锐尖或渐尖，基部楔形、圆形至浅心形，全缘，偶有1缺刻状牙齿或小裂片，两面沿叶脉疏生短柔毛或近无毛。聚伞花序3~5花或更多，有时花单生，腋生或顶生，与叶近等长或较短；花直径2.5~5cm；萼片4~6，开展，白色，长圆形或长圆状倒卵形，长1.2~2.5cm，顶端尖或钝，除外面边缘密生茸毛外，其余无毛；雄蕊无毛。瘦果椭圆形至卵圆形，扁，长约5mm，有柔毛，宿存花柱长达2.5cm，有金黄色长柔毛。花期4—6月；果期8—11月。

分　　布： 河南伏牛山区分布；多见于山坡林缘或疏林。

保护类别： 中国特有种子植物。

叶　　花　　聚合果　　雌蕊、雄蕊　　茎、叶、花序

钝萼铁线莲 *Clematis peterae* Hand.-Mazz. 铁线莲属 *Clematis* Linn.

形态特征： 藤本。小枝灰褐色，具纵沟槽，无毛或幼时具柔毛。奇数羽状复叶；小叶5个，卵形或狭卵形，长2~8cm，先端急尖或短渐尖，基部圆形或浅心脏形，全缘或边缘疏生1~4个小牙齿，表面几无毛，背面疏生短毛，老叶近无毛。圆锥花序具多花；总花梗与花梗有密生微柔毛；萼片4个，白色，展开，矩圆形，长0.7~1.1cm，顶端钝，两面有短柔毛，边缘有短茸毛；雄蕊多数，无毛，花丝狭线形；心皮多数，子房无毛。瘦果狭卵形，扁，长2~3mm，无毛，羽状花柱长达15cm。花期6月；果熟期8—9月。

分　　布： 河南太行山、伏牛山、大别山和桐柏山区均有分布；多见于山坡、山谷林下或路旁。

功用价值： 茎可入药。

保护类别： 中国特有种子植物。

聚合果

花

花序

茎、叶、花

圆锥铁线莲 *Clematis terniflora* DC. 铁线莲属 *Clematis* Linn.

形态特征： 藤本。茎和小枝幼时具疏生短柔毛，后变无毛。奇数羽状复叶，长10~15cm；小叶5个，宽卵形或卵形，长3.5~6.5cm，宽2~4.2cm，先端钝，基部圆形或宽楔形，几无毛，网脉明显；叶柄长2~5cm。花序圆锥状，顶生或腋生，常比叶稍短；总花梗长4~5.5cm，苞片小，披针形；萼片4个，展开，白色，矩圆形，长约1.2cm，外面边缘有短柔毛；雄蕊多数，无毛；心皮多数。瘦果倒卵形或椭圆形，扁，黄褐色，长6~9mm，宽4~5mm，有紧贴柔毛，羽状花柱长达3.6cm。花期6—7月；果熟期8—9月。

分　　布： 河南伏牛山、大别山和桐柏山区均有分布；多见于山坡灌丛、路旁、林缘或疏林中。

功用价值： 根可入药；可作庭院观赏植物。

叶
果实

植株

雌蕊、雄蕊

聚合果

花序

柱果铁线莲 Clematis uncinata Champ.　　　　**铁线莲属 Clematis Linn.**

形态特征：常绿藤本。茎中空，与叶无毛，干时常变黑色。奇数羽状复叶；小叶通常5个，薄革质，卵形或狭卵形，长5~11cm，宽2.5~4cm，先端急尖或渐尖，基部圆形或宽楔形，全缘，背面有白粉，网脉明显；有时为二回复叶，下部羽片具1小叶；叶柄长5~7.5cm。花序圆锥状；萼片4个，白色，展开，长约1.2cm，顶端急尖，仅在外面边缘有短柔毛；雄蕊多数，无毛，花丝线形；子房无毛。瘦果近圆柱状钻形，无毛，长约6mm，羽状花柱长达2cm。花期5—6月；果熟期8月。

分　　布：河南伏牛山南部、大别山和桐柏山区均有分布；多见于山坡林缘或疏林中。

功用价值：根可入药。

果序　　　　　　　　　　　　　　　　　　植株　　　叶、花　　茎、叶　　聚合果

禺毛茛 Ranunculus cantoniensis DC.　　　　**毛茛属 Ranunculus Linn.**

形态特征：多年生草本。茎高25~60（~90）cm，与叶柄密被伸展的淡黄色糙毛。叶全部或多数为三出复叶，基生叶和下部叶具长柄；叶片宽卵形，长、宽均约5cm，中央小叶具长柄，椭圆形或菱形，3裂，边缘具密锯齿，侧生小叶具较短柄，不等2或3深裂；叶柄长达14cm。花序具疏花；萼片5，船形，长约3mm；花瓣5，黄色，椭圆形，长约5.5mm，宽3mm，基部具蜜槽；雄蕊多数；心皮多数，无毛。聚合果球形，直径约1cm；瘦果扁，狭倒卵形，长约4mm。

分　　布：河南大别山、桐柏山和伏牛山区均有分布；多见于沟边或水田边。

功用价值：可作土农药；全草可入药，有解毒消炎作用；有毒植物。

植株　　　　　　　　　　花侧面　　聚合果　　花　　基生叶

茴茴蒜 *Ranunculus chinensis* Bunge　　　　毛茛属 *Ranunculus* Linn.

形态特征： 多年生草本，高15~50cm。茎与叶柄密生伸展的淡黄色长硬毛。叶为三出复叶；基生叶与茎生下部叶具长柄；叶宽卵形，长2.6~7.5cm，顶生小叶具长柄，3深裂，裂片狭长，上部具少数不规则锯齿，侧生小叶具短柄，不等2或3裂；茎上部叶渐变小。花序具疏花，萼片5个，淡绿色，船形，长约4mm，外面疏生柔毛；花瓣5个，黄色，宽倒卵形，长约12mm，基部具蜜槽；雄蕊与心皮均多数。聚合果矩圆形，长约1cm；瘦果扁，长约3.2mm，无毛。花期5—8月；果熟期6—9月。

分　　布： 河南各地均有分布；多见于水边、溪边湿地。

功用价值： 全草有毒，含有白头翁素，人畜不可食用。

植株　　　花　　　聚合果　　　基生叶　　　雌蕊、雄蕊

毛茛 *Ranunculus japonicus* Thunb.　　　　毛茛属 *Ranunculus* Linn.

形态特征： 多年生草本，高30~60cm。茎与叶柄有伸展的硬毛，基生叶与茎下部叶具长柄，五角形，长3.5~5.5cm，宽达7cm，基部心脏形，3深裂，中间裂片宽菱形或倒卵形，3浅裂，疏生锯齿，侧生裂片不等2裂，表面疏生伏毛；叶柄长达15cm；茎中部叶具短柄，上部叶无柄，3深裂，裂片狭窄。花序聚伞状，有数花；花直径达2cm；萼片5个，淡绿色，船形，长4~5mm，外面被柔毛；花瓣5个，黄色，倒卵形，长6.5~11mm，基部具蜜槽；雄蕊与心皮多数。聚合果近球形，直径4~5mm；瘦果长约2mm。花期4—7月；果熟期6—8月。

分　　布： 河南各地均有分布，以山区较多；分布在各地湿处，多见于山沟溪旁、水田边潮湿地。

功用价值： 有毒植物，含有原白头翁素。全草可作外用发泡药；可作农药。

叶　　　花序　　　基生叶　　　聚合果　　　雌蕊、雄蕊

伏毛毛茛 *Ranunculus japonicus* var. *propinquus* (C. A. Mey.) W. T. Wang

唐松草属 *Ranunculus* Linn.

形态特征： 多年生草本，高20~70cm。茎与叶柄被紧贴的微硬毛。基生叶具长柄，宽卵形，基部心脏形，3深裂，有时裂几至基部，中间裂片倒卵形或矩圆状菱形，3裂，裂片具锐牙齿，侧生裂片不等2中裂，两面被紧贴的微硬毛，叶柄长9~27cm；上部叶柄短或无柄，抱茎，3深裂，裂片披针形至线形。花序聚伞状；萼片船形，长约6mm，外被紧贴柔毛；花瓣黄色，倒卵形，长8.5~9mm，宽5~6.5mm，鳞片扇状长方形，长约1.5mm；心皮多数，无毛。聚合果近球形，直径约5mm，瘦果扁，倒卵形或椭圆形，长2.5~3.5mm。花期5—8月；果熟期7—9月。

分　　布： 河南太行山和伏牛山区均有分布；多见于山沟、溪旁和水田边潮湿处。

功用价值： 全草有毒，不可食。

植株

花、聚合果

基生叶

花期

贝加尔唐松草 *Thalictrum baicalense* Turcz.

唐松草属 *Thalictrum* Linn.

形态特征： 多年生草本，高50~120cm。茎下部叶为三回三出复叶；小叶宽倒卵形、宽菱形或有时宽心形，长1.8~4cm，宽1.2~5cm，3浅裂，裂片具粗牙齿，无毛，背面叶脉隆起。复单歧聚伞花序近圆锥状，长5~10厘，花白色或带绿色，直径约5mm；萼片椭圆形或卵形，长2~3mm；雄蕊10~20个，长2.5~5mm，花丝倒披针形；心皮3~5个，子房具短柄，花柱短，柱头椭圆形。瘦果具短柄，卵状球形，长2.5~3mm，纵肋8条，稍隆起。花期6—7月；果熟期8月。

分　　布： 河南太行山和伏牛山区均有分布；多见于山谷、山坡林下、林缘及山坡草地腐殖质土上。

功用价值： 根含小檗碱，可供药用。

花、聚合果

聚合果

花序

花侧面

雌蕊、雄蕊

茎、叶

大叶唐松草 *Thalictrum faberi* Ulbr.   唐松草属 *Thalictrum* Linn.

形态特征： 草本植物，植株全部无毛。根状茎短，下部密生细长的须根。茎高（35）45~110cm，上部分枝。基生叶在开花时枯萎。茎下部叶为二至三回三出复叶；叶片长达30cm；小叶大，坚纸质，顶生小叶宽卵形，有时近菱形，长5~10cm，宽3.5~9cm，顶端急尖或微钝，基部圆形、浅心形或截形，3浅裂，边缘每侧有5~10个不等粗齿，表面叶脉近平，背面叶脉隆起，脉网明显，小叶柄长1.5~4cm；叶柄长4.5~6cm，基部有鞘，托叶狭，全缘。花序圆锥状，长20~40cm；花梗细，长3~7mm；萼片白色，宽椭圆形，长3~3.5mm，早落；花柱与子房等长，稍拳卷，沿腹面生柱头组织。瘦果狭卵形，长5~6mm，约有10条细纵肋，宿存花柱长约1mm，拳卷。花期7~8月。

分　　布： 河南伏牛山、大别山区均有分布；多见于山坡和山沟杂林下。

功用价值： 根可入药。

保护类别： 中国特有种子植物。

聚合果 | 植株 | 植株 | 雄蕊 | 叶

西南唐松草 *Thalictrum fargesii* Franch. ex Finet et Gagnep.   唐松草属 *Thalictrum* Linn.

形态特征： 草本植物，植株通常全部无毛，偶而在茎上有少数短毛（四川西部的一些居群）。茎高达50cm，纤细，分枝。基生叶在开花时枯萎。茎中部叶有稍长柄，为三至四回三出复叶；叶片长8~14cm；小叶草质或纸质，顶生小叶菱状倒卵形、宽倒卵形或近圆形，长1~3cm，宽1~2.5cm，顶端钝，基部宽楔形、圆形，有时浅心形，在上部3浅裂，裂片全缘或有1~3个圆齿，脉在背面隆起，脉网明显，小叶柄长0.3~2cm；叶柄长3.5~5cm；托叶小，膜质。简单的单歧聚伞花序生分枝顶端；花梗细，长1~3.5cm；萼片4，白色或带淡紫色，脱落，椭圆形，长3~6mm；雄蕊多数；花柱直，柱头狭椭圆形或近线形。瘦果纺锤形，基部有极短的心皮柄，宿存花柱长0.8~2mm。花期5—6月。

分　　布： 河南伏牛山均有分布；多见于海拔500m以上的山谷水边、山坡草地及林下。

保护类别： 中国特有种子植物。

聚合果 | 叶、花序 | 叶 | 花

华东唐松草 *Thalictrum fortunei* S. Moore　　唐松草属 *Thalictrum* Linn.

形态特征：多年生草本，无毛。茎高20~66cm，分枝。基生叶和下部茎生叶具长柄，为二至三回三出复叶；小叶宽倒卵形或近圆形，宽1~2cm，不明显3浅裂，并具圆齿，背面脉隆起。单歧聚伞花序生茎和分枝顶端；花梗长0.6~3cm；花直径6~7mm；萼片4，白色，倒卵形；无花瓣；雄蕊多数，花丝上部倒披针形；心皮3~6，花柱顶端稍弯曲，腹面生柱头组织。瘦果圆柱状纺锤形，长4~5mm，粗0.8~1.5mm，纵肋8，宿存花柱长1~1.2mm，稍拳卷。花期3—5月。
分　　布：河南伏牛山、大别山和桐柏山区均有分布；多见于林下或阴湿处。
功用价值：全草可药用。
保护类别：中国特有种子植物。

叶

花序

花序

花

花背面

河南唐松草 *Thalictrum honanense* W. T. Wang et S. H. Wang　　唐松草属 *Thalictrum* Linn.

形态特征：多年生草本，高30~100cm。茎无毛。二至三回三出复叶；小叶宽卵形、近圆形或肾形，长3~4cm，宽3~4.5cm，上部具浅圆齿或不明显的3浅裂，基部心脏形，无毛，背面稍有白粉；茎顶端叶为3小叶，柄短或无柄。狭圆锥花序，无毛；萼片4个，淡紫红色，狭椭圆形，长3~4mm，宽1.5~2mm；雄蕊多数，花丝丝状；心皮2~3个，子房具短柄。瘦果狭卵形，先端具短喙。花期6—8月；果熟期8—9月。
分　　布：河南伏牛山和桐柏山区均有分布；多见于山谷溪旁或疏林中。
保护类别：中国特有种子植物。

叶

花序

茎、叶

长喙唐松草 *Thalictrum macrorhynchum* Franch.　　　　　　　**唐松草属** *Thalictrum* Linn.

形态特征： 草本，高达1.5m。根簇状，肉质。茎直立，无毛，具纵条纹。三回三出羽状复叶，茎上部为二回羽状三出复叶；叶柄粗短，基部具膜质托叶，小叶柄稍纤细，具小托叶；小叶片椭圆形或卵形，长约3.5cm，宽1.5~2.5cm，全缘，基部圆形或稍楔形，先端3浅裂，有时中央裂片再3裂，小裂片与侧裂片钝圆，聚伞花序，花白色，萼片4个；雄蕊多数，长约6mm，花丝由中部以上扩大，长约为花药的5倍；心皮通常6~14个，有时达19个。瘦果纺锤形，具9~11条肋纹，长约8mm，先端具细长而向外侧卷曲的喙。花期5—6月；果熟期7—8月。

分　　布： 河南太行山和伏牛山区均有分布；多见于海拔1000m以上的山谷、山坡及林下。

保护类别： 中国特有种子植物。

茎、叶　　　　植株　　　聚合果　花　叶

东亚唐松草 *Thalictrum minus* var. *hypoleucum* (Sieb. et Zucc.)　　　　**唐松草属** *Thalictrum* Linn.

形态特征： 多年生草本，高65~150cm。全株无毛。叶为三至四回三出复叶；小叶近圆形、宽倒卵形或楔形，长1.6~3.5（~5.5）cm，宽1~4cm，3浅裂，裂片全缘或具疏牙齿，背面有白粉，叶脉隆起。花序圆锥状，长10~35cm；花多数，绿白色，直径约7mm；萼片4个，狭卵形，长3~4mm，雄蕊多数，长约7mm，花丝丝状；心皮2~4个，柱头箭形。瘦果卵球形，长2~3mm，纵肋明显，宿存柱头长约0.6mm。花期6—7月；果熟期7—8月。

分　　布： 河南太行山和伏牛山区均有分布；多见于山坡、山谷、路旁或林下。

功用价值： 根可入药，有微毒。

茎、叶、花序　　　叶1　　　叶2　花、果

阿尔泰银莲花 *Anemone altaica* Fisch.

欧银莲属 *Anemone* L.

形态特征： 多年生草本。根状茎圆柱形，直径2~4mm，节间长。基生叶无或1，三出复叶；叶片长2~4cm，中央小叶3全裂，裂片深裂并具缺刻状牙齿；叶柄长4~9cm。花葶高11~20cm，无毛；总苞苞片3，具柄，叶状，长2.4~2.8cm，3全裂，中央裂片狭菱形，中部3浅裂。花单个，顶生；萼片8~10，白色，狭倒卵形或矩圆形，长1.5~2cm，无毛；无花瓣；雄蕊多数，花丝丝状；心皮约20，子房有短柔毛，具1胚珠。花期3—5月。

分　　布： 河南伏牛山、太行山区均有分布；多见于海拔1000m以上的山坡林下阴湿处。

功用价值： 根状茎可药用，土名"九节菖蒲"。

聚合果　花侧面　植株　根状茎　花

鹅掌草 *Anemone flaccida* Fr. Schmidt

欧银莲属 *Anemone* L.

形态特征： 植株高15~40cm。根状茎斜，近圆柱形，粗（2.5~）5~10mm，节间缩短。基生叶1~2，有长柄；叶片薄草质，五角形，长3.5~7.5cm，宽6.5~14cm，基部深心形，3全裂，中全裂片菱形，3裂，末回裂片卵形或宽披针形，有1~3齿或全缘，侧全裂片不等2深裂，表面有疏毛，背面通常无毛或近无毛，脉平；叶柄长10~28cm，无毛或近无毛。花葶只在上部有疏柔毛；苞片3，似基生叶，无柄，不等大，菱状三角形或菱形，长4.5~6cm，3深裂；花梗2~3，长4.2~7.5cm，有疏柔毛；萼片5，白色，倒卵形或椭圆形，长7~10mm，宽4~5.5mm，顶端钝或圆形，外面有疏柔毛；雄蕊长约为萼片的1/2，花药椭圆形，长约0.8mm，花丝丝状；心皮约8，子房密被淡黄色短柔毛，无花柱，柱头近三角形。花期4—6月。

分　　布： 河南伏牛山南部、大别山和桐柏山区均有分布；多见于山坡林下或山谷溪旁。

功用价值： 根状茎可入药。

根状茎　花　花侧面　植株　根状茎

大火草 *Anemone tomentosa* (Maxim.) Pei　　　　　银莲花属 *Anemone* L.

形态特征：多年生草本。基生叶3~4个，为三出复叶，间或1~2个为单叶；小叶卵形或宽卵形，长9~16cm，宽7~12cm，3裂，边缘有粗锯齿或小牙齿，表面有短伏毛，背面密生白色茸毛；叶柄长（6~）16~48cm，有白色茸毛。花葶高40~120cm，密生短茸毛，总苞片3个，叶状；聚伞花序长26~38cm，二至三回分枝；花梗密生茸毛，萼片5个，白色或粉红色，倒卵形，长1.5~2.2cm，宽1~2cm，背面具短茸毛；雄蕊多数，花丝丝状；心皮多数，子房具茸毛。聚合果球形，密生茸毛。花期7—9月；果熟期8—10月。

分　　布：河南太行山济源市、辉县及伏牛山区均有分布；多见于山坡草地、灌丛或山谷溪旁。

功用价值：根可入药，有毒，在伏牛山区被当作白头翁用。茎皮纤维可制绳索。

保护类别：中国特有种子植物。

叶

果期

植株

花序

花

白头翁 *Pulsatilla chinensis* (Bunge) Regel　　　　白头翁属 *Pulsatilla* Adans.

形态特征：多年生草本，具粗壮的圆锥状根。全株被白色茸毛。叶基生，宽卵形，长4.5~14cm，宽8.5~16cm，3全裂，中间裂片常具柄，3深裂，侧生裂片较小，不等3裂；叶柄长5~7cm。花葶1~2个，高15~35cm；总苞片2~3个，2~3裂，裂片线形；花梗长2.5~5.5cm；萼片6个，2轮，蓝紫色，狭卵形，长2.8~4.4cm，背面有绵毛；雄蕊与心皮均多数。聚合果球形；瘦果长3.5~4mm，宿存花柱羽毛状，长3~6.5cm。花期3~4月；果熟期5—6月。

分　　布：河南各地均有分布；多见于山坡、荒丘、沟边等干燥向阳地方。

功用价值：植物体含白头翁素和白头翁酸，有强大的抗菌作用；根及全株可入药，也可作农药。

植株（果期）

聚合果

花

植株（花期）

▶ 小檗科 Berberidaceae ||||||||||||||||||||||||||||||||||||||||||||||||||||||||||||||||||||||||||

黄芦木 Berberis amurensis Rupr.　　　　　　　　　　　　　　　　　　**小檗属 Berberis L.**

形态特征： 落叶灌木，高1~3m；枝灰黄色或灰色，微有棱槽；刺三分叉，长1~2cm。叶纸质，矩圆形、卵形或椭圆形，长5~10cm，宽2.5~5cm，先端急尖或圆钝，基部渐狭，边缘有40~60刺状细锯齿，齿距1~2mm，背面有时被白粉。总状花序长4~10cm，有花10~25朵；花淡黄色；花梗长5~7mm；小苞片2，三角形；萼片排列成2轮，花瓣状；花瓣长4.5~5mm，宽2.5~3mm，顶端微凹；子房有2枚胚珠。浆果椭圆形，长约10mm，直径6mm，红色，顶端无宿存花柱。花期4—5月；果期8—9月。

分　　布： 河南伏牛山区分布；多见于山坡或山谷溪旁。

功用价值： 根皮可药用。

枝、刺

枝、叶、花序

叶

植株

叶背面

花序

秦岭小檗 Berberis circumserrata (Schneid.) Schneid.　　　　　　　**小檗属 Berberis L.**

形态特征： 落叶灌木，高达1m。老枝黄色或黄褐色，具稀疏黑色疣点，具条棱，节间1.5~4cm；茎刺三分叉，长1.5~3cm。叶薄纸质，倒卵状长圆形或倒卵形，偶有近圆形，长1.5~3.5cm，宽5~25mm，先端圆形，基部渐狭，具短柄，边缘密生15~40整齐刺齿；正面暗绿色，背面灰白色，被白粉，两面网脉明显突起。花黄色，2~5朵簇生；花梗长1.5~3cm，无毛；萼片2轮，外萼片长圆状椭圆形，内萼片倒卵状长圆形；花瓣倒卵形，先端全缘，基部略呈爪，具2枚分离腺体；雄蕊长约4mm，药隔先端圆钝或平截，胚珠通常6~7枚，有时3或8枚。浆果椭圆形或长圆形，红色，具宿存花柱，不被白粉。花期5月；果期7—9月。

分　　布： 河南伏牛山区分布；多见于山坡灌丛中或林缘。

功用价值： 根皮可药用。

保护类别： 中国特有种子植物。

刺、叶背面

果实

花序

花

直穗小檗 *Berberis dasystachya* Maxim.　　　　　　　　　　　小檗属 *Berberis* L.

形态特征： 落叶灌木，高约2m。幼枝常带红色，2年生枝红褐色，有稀疏细小疣状突起；刺一至三叉，长5~15mm，有时无刺。叶厚，近圆形、矩圆形或宽椭圆形，长3~6cm，宽2.5~4cm，先端圆形或钝形，基部圆形，边缘有刺状细锯齿，刺长约1mm，齿距约5mm。两面网脉明显，背面无白粉；叶柄长2~3cm。总状花序长3.5~6cm；花黄色；萼片排列成2轮；花瓣倒卵形，全缘。果序直立，浆果椭圆形，长6~7mm，红色，无白粉。花期4—5月；果熟期8—9月。

分　　布： 河南太行山和伏牛山区均有分布；多见于山坡灌丛或山谷溪旁。

功用价值： 根及茎皮含小檗碱，可供药用。

保护类别： 中国特有种子植物。

花序　　　　果期　　　　植株　　　花

川鄂小檗 *Berberis henryana* Schneid.　　　　　　　　　　　小檗属 *Berberis* L.

形态特征： 落叶灌木，高2~3m。枝红褐色，微有槽；刺一至三叉，有时无刺。叶椭圆形或倒卵形，长2~5cm，宽0.8~3cm，先端圆钝，基部楔形，边缘有刺状细锯齿，齿长1~1.5mm，齿距1~3mm，背面有白粉，叶柄长3~12mm。总状花序有10~20朵花；花黄色，直径9~10mm；萼片倒卵形，排列成2轮；花瓣矩圆状倒卵形，长5~6mm，宽4~5mm，先端锐裂；子房有胚珠2枚。浆果矩圆形，长9mm，直径6mm，红色，略有白粉。花期4—5月；果熟期8—9月。

分　　布： 河南伏牛山南北坡均有分布；多见于山坡灌丛及疏林中。

功用价值： 根及树皮含小檗碱，可供药用。

保护类别： 中国特有种子植物。

花　　　　叶背面　　　果序　　　叶　　　枝、叶、刺

短柄小檗 Berberis brachypoda Maxim.

形态特征： 落叶灌木，高1~3m。老枝黄灰色，无毛或疏被柔毛，幼枝具条棱，淡褐色，无毛或被柔毛，具稀疏黑疣点；茎刺三分叉，稀单生，与枝同色，长1~3cm，腹面具槽。叶厚纸质，椭圆形、倒卵形或长圆状椭圆形，先端急尖或钝，基部楔形，正面暗绿色，有折皱，疏被短柔毛，背面黄绿色，脉上密被长柔毛，叶缘平展，每边具20~40刺齿；叶柄长3~10mm，被柔毛。穗状总状花序直立或斜上，通常密生20~50朵花，具花序梗，无毛；花梗疏被短柔毛或无毛；花淡黄色；小苞片披针形，常红色，2轮4个；萼片3轮，边缘具短毛；花瓣椭圆形，先端缺裂或全缘，裂片先端急尖，基部缢缩呈爪，具2枚分离腺体；雄蕊长约2mm，药隔不延伸，先端平截。浆果长圆形，鲜红色，顶端具明显宿存花柱，不被白粉。花期5—6月；果期7—9月。

分　　布： 河南产伏牛山、太行山区均有分布；多见于山坡灌木丛或山谷溪旁。

功用价值： 根及树皮可药用。

刺　叶　果实　叶背面　花序　枝、叶、果序

阔叶十大功劳 Mahonia bealei (Fort.) Carr.

形态特征： 常绿灌木，高达4m。全株无毛。奇数羽状复叶，长25~40cm，有叶柄；小叶7（3~）~15个，厚革质，侧生小叶无柄，卵形，顶生小叶较大，有柄，先端渐尖，基部宽楔形或近圆形，每边有2~8个刺锯齿，边缘反卷，表面蓝绿色，背面黄绿色。总状花序直立，长5~10cm，6~9个簇生；花褐黄色；萼3轮，花瓣状；花瓣6个，较内轮萼片小；子房有胚珠4~5枚。浆果卵形，有白粉，长约10mm，直径6mm，暗蓝色。花期9月至翌年1月；果期3　5月。

分　　布： 河南伏牛山南部、大别山和桐柏山区均有分布；多见于山坡灌丛中。

功用价值： 根含小檗碱，全株可入药；可作农药；可作庭院观赏树种。

保护类别： 中国特有种子植物。

植株（果期）　叶　花　花序

红毛七（类叶牡丹）*Caulophyllum robustum* Maxim. 红毛七属 *Caulophyllum* Michx.

形态特征： 多年生草本，高40~70cm，根状茎横生。二至三回三出复叶；小叶卵形、长椭圆形或宽披针形，长6~7cm，全缘，有时2~3裂，表面绿色，背面灰白色，基部三出脉，两面无毛；顶生小叶有柄，侧生小叶无柄或有短柄。顶生圆锥花序；花黄绿色，直径7~8mm；苞片3~4个；萼片3~6个，花瓣状；花瓣6个，小，蜜腺状；胚珠2枚。种子浆果状，长8mm，蓝黑色。花期5月；果期7—9月。

分　　布： 河南各山区均有分布；多见于山坡林下或山沟阴湿处。

功用价值： 根及根状茎可入药。

叶

花

植株

果实

果序

淫羊藿（短角淫羊藿）*Epimedium brevicornu* Maxim. 淫羊藿属 *Epimedium* Linn.

形态特征： 多年生草本，高20~60cm。二回三出复叶基生和茎生，具9个小叶；基生叶1~3个丛生，具长柄，茎生叶2个，对生；小叶纸质或厚纸质，卵形或阔卵形，先端急尖或短渐尖，基部深心形，顶生小叶基部裂片圆形，近等大，侧生小叶基部裂片稍偏斜，急尖或圆形，正面常有光泽，网脉显著，背面苍白色，光滑或疏生少数柔毛，基出7脉，叶缘具刺齿；花茎具2个生叶，圆锥花序长10~35cm，具20~50朵花，序轴及花梗被腺毛；花梗长5~20mm；花白色或淡黄色；萼片2轮，外萼片卵状三角形，暗绿色，内萼片披针形，白色或淡黄色；花瓣远较内萼片短，花距呈圆锥状，瓣片很小；雄蕊伸出，花药长约2mm，瓣裂。蒴果长约1cm，宿存花柱喙状，长2~3mm。花期5—6月；果期6—8月。

分　　布： 河南伏牛山及太行山区均有分布；多见于山坡林下、山谷或沟岸阴湿处。

功用价值： 全草可入药。

保护类别： 中国特有种子植物。

花

植株

花序

花、果

▶ 木通科 Lardizabalaceae ||||||||||||||||||||||||||||||||||||||||||||||||||||

木通 *Akebia quinata* (Houttuyn) Decaisne　　　木通属 *Akebia* Decne.

形态特征： 落叶藤本。枝有长、短之分，无毛。小叶5个，倒卵形或长倒卵形，先端圆而中间微凹，并有一细短尖，全缘，表面深绿色，背面带白色，无毛。雌花暗紫色；雄花紫红色，较小。浆果椭圆形，暗紫色，熟时纵裂；种子黑色。花期4—5月；果熟期8—9月。

分　　布： 河南伏牛山南部、大别山和桐柏山区均有分布；多见于山坡或疏林中。

功用价值： 茎、根与果可入药；种子含油，可榨油制肥皂；茎藤又可作编织的材料。

叶　　果实　　花序、雄花、雌花　　植株　　浆果

三叶木通 *Akebia trifoliata* (Thunb.) Koidz.　　　木通属 *Akebia* Decne.

形态特征： 落叶木质藤本。枝有长、短之分，无毛。小叶3个，卵圆形、宽卵圆形或长卵形，长宽变化较大，先端钝圆、微凹或具短尖，基部圆形或宽楔形，有时微呈心脏形，边缘浅裂或呈波状，侧脉通常5~6对；叶柄细瘦，长6~8cm。总状花序腋生，长约8cm；雄花生于上部，雄蕊6个；雌花生于下部，萼片紫色，花瓣状，具6个退化雄蕊。果肉质，长卵形，成熟后沿腹缝线开裂，种子多数，卵形，黑色。花期4—5月；果熟期8—9月。

分　　布： 河南太行山、伏牛山、大别山和桐柏山区均有分布；多见于山坡林中或灌丛中。

功用价值： 根、藤与果均可入药；叶、茎可作农药；果实可吃，也可酿酒；种子可榨油。

果实　　叶、果　　雌花　　花序　　茎、叶、花序　　雄花

鹰爪枫 *Holboellia coriacea* Deils   **八月瓜属** *Holboellia* **Diels**

形态特征： 常绿木质藤本，长3~5m。幼枝细，紫色。小叶3个，矩圆状倒卵形或卵圆形，厚革质，长5~15cm，宽2~6cm，先端渐尖，基部楔形或近圆形，表面深绿色，有光泽，背面浅黄绿色，全缘，无毛。雄花白色，萼片6个，长椭圆形，先端钝，雄蕊6个；雌花紫色。果矩圆形，肉质，紫色，长4~6cm或更长；种子多数，黑色，近圆形，扁。花期4—5月；果熟期8—9月。

分　　布： 河南伏牛山南部、大别山和桐柏山区均有分布；多见于山坡及山谷杂木林中。

功用价值： 果实含淀粉，可食，又可酿酒；副产品酒糟可制醋；种子可榨油，可供工业用；茎皮可入药。

保护类别： 中国特有种子植物。

叶　果实　果实横切面　植株　花序　花　茎、叶

▶ 防己科 Menispermaceae ‖‖‖‖‖‖‖‖‖‖‖‖‖‖‖‖‖‖‖‖‖‖‖‖‖‖‖‖

蝙蝠葛 *Menispermum dauricum* DC.   **蝙蝠葛属** *Menispermum* **Linn.**

形态特征： 落叶缠绕木质藤本，长达13m。小枝绿色，有细纵条纹。叶圆肾形或卵圆形，长宽均7~10cm，先端急尖或渐尖，基部心脏形或近于截形，近全缘或3~7裂，掌状脉5~7条，无毛；叶柄长6~12cm。花单性，雌雄异株；圆锥花序腋生，花黄绿色。果近圆形，直径8~10mm，紫黑色。花期5月；果熟期8~10月。

分　　布： 河南各山区均有分布；多见于浅山区的田边、路旁、灌丛或岩石上。

功用价值： 根、茎藤可供药用。茎皮纤维可代麻及作造纸原料；根、茎、叶均可作农药。

茎、叶　叶（盾形）　植株　花序

风龙 *Sinomenium acutum* (Thunb.) Rehd. et Wils. 　　风龙属 *Sinomenium* Diels

形态特征： 木质藤本，长5~7m。枝绿色，无毛，有细条纹。叶厚纸质，宽卵形，长7~12cm，宽5~10cm，先端渐尖，基部圆形、截形或心脏形，全缘，基部叶常5~7裂，上部叶稀3~5裂，表面浓绿色，背面苍白色，近无毛，基出脉5~7条；叶柄长6~10cm。圆锥花序腋生；花小，淡绿色。核果近球形，压扁，蓝黑色，长5~6mm。花期6月；果熟期8—9月。

分　　布： 河南伏牛山、大别山和桐柏山区均有分布；多见于山坡路旁、林缘及山谷杂木林中。

功用价值： 根藤可入药；茎藤去皮后供编制藤包、藤椅等日用品；嫩叶可作蔬菜食用。

茎横切面　　叶　　茎、叶、花序　　藤　　果序　　植株（果熟期）

木防己 *Cocculus orbiculatus* (L.) DC. 　　木防己属 *Cocculus* DC.

形态特征： 落叶木质藤本。小枝密生柔毛，具条纹。叶纸质，宽卵形或卵状椭圆形，长3~14cm，宽2~9cm，先端急尖、圆钝或微凹，全缘或有时3浅裂，两面有柔毛；叶柄长1~3cm。聚伞状圆锥花序腋生；花淡黄色，萼片与花瓣各6个；雄蕊6个，雌花有6个退化雄蕊，心皮6个，离生。核果近球形，直径6~8mm，蓝黑色。花期5—6月；果熟期8—9月。

分　　布： 河南各山区均有分布；多见于向阳山坡、路旁、灌丛中。

功用价值： 根、茎、叶可入药，也可作兽药；茎皮纤维可制绳索，也可作人造棉及纺织原料；茎藤柔软，可编制用；根含淀粉，可酿酒。

植株　　花序　　茎、叶　　核果　　花序（花）

▶ 马桑科 Coriariaceae|||||||||||||||||||||||||||||||||||||||||||||||||||||||||||||||||||||||

马桑 Coriaria nepalensis Wall.　　　　　　　　　马桑属 Coriaria L.

形态特征： 灌木，高1.5~2.5m。小枝四棱形或成四窄翅，幼枝疏被微柔毛，后变萼片卵形，边缘半透明，上部具流苏状细齿；无毛，老枝紫褐色，具突起的圆形皮孔。叶对生，纸质或薄革质，椭圆形或宽椭圆形，长2.5~8cm，先端急尖，基部圆，全缘，两面无毛或脉上疏被毛，基生三出脉，弧形伸至顶端；叶柄短，紫色，基部具垫状突起物。总状花序生于2年生枝上，雄花序先于叶开放，多花密集；花梗长约1mm，无毛；花瓣极小，卵形，长约0.3mm；花丝线形，开花时伸长，花药长圆形，药隔伸出，雌花序与叶同出，长4~6cm，序轴被腺状微柔毛；苞片稍大，长约4mm，萼片与雄花同；花瓣肉质，龙骨状。果球形；果期花瓣肉质增大包于果外，成熟时由红色变紫黑色，直径4~6mm，种子卵状长圆形。花期2—5月；果期5—8月。

分　　布： 河南大别山、桐柏山、伏牛山区均有分布；多见于山坡灌丛。
功用价值： 果可提取酒精；种子榨油可做油漆和油墨；茎叶可提烤胶；全株含马桑碱，有毒，可作土农药。

果实

植株

花序

雌花　雄花
果期

▶ 清风藤科 Sabiaceae|||||||||||||||||||||||||||||||||||||||||||||||||||||||||||||||||||||||

清风藤 Sabia japonica Maxim.　　　　　　　　　清风藤属 Sabia Colebr.

形态特征： 落叶攀缘木质藤本；嫩枝绿色，被细柔毛，老枝紫褐色，具白蜡层，常留有木质化成单刺状或双刺状的叶柄基部。芽鳞阔卵形，具缘毛。叶近纸质，卵状椭圆形、卵形或阔卵形，叶面深绿色，中脉有稀疏毛，叶背带白色，脉上被稀疏柔毛，侧脉每边3~5条；叶柄被柔毛。花先叶开放，单生于叶腋，基部有苞片4个，苞片倒卵形；萼片5，近圆形或阔卵形，具缘毛；花瓣5片，淡黄绿色，倒卵形或长圆状倒卵形，具脉纹；雄蕊5个，花药狭椭圆形，外向开裂；花盘杯状，有5裂齿；子房卵形，被细毛。分果片近圆形或肾形，直径约5mm；核有明显的中肋，两侧面具蜂窝状凹穴，腹部平。花期2—3月；果期4—7月。

分　　布： 河南大别山、桐柏山及伏牛山南坡均有分布；多见于山沟或山坡疏林中。
功用价值： 茎可入药。

木质化刺
茎、花序

植株

茎、叶、花序

花序

鄂西清风藤 Sabia campanulata subsp. ritchieae
(Rehd. et Wils.)Y. F. Wu

形态特征：落叶攀缘木质藤本植物；小枝淡绿色，有褐色斑点、斑纹及纵条纹，无毛。芽鳞卵形或阔卵形，先端尖，有缘毛。叶膜质，嫩时披针形或狭卵状披针形，成长叶，长圆形或长圆状卵形，长3.5~8cm，宽3~4cm，先端渐尖或尾状渐尖，基部楔形或圆形，叶面深绿色，有微柔毛，老叶脱落近无毛，叶背灰绿色，无毛或脉上有细毛；侧脉每边4~5条，在离叶缘4~5mm处开叉网结，网脉稀疏，侧脉和网脉在叶面不明显；叶柄长4~10mm，被长柔毛。花深紫色，花梗长1~1.5cm，花瓣长5~6mm，果时不增大、不宿存而早落；花盘肿胀，高长于宽，基部最宽，边缘环状。花期5月；果期7月。

分　　布：河南伏牛山区分布；多见于山坡林下。

叶

花

茎、花序、雌蕊

果实

茎、花

泡花树 Meliosma cuneifolia Franch.

形态特征：落叶灌木或乔木。单叶，倒卵形或窄倒卵状楔形，长8~12cm，宽2.5~4cm，具锐齿，正面初被短粗毛，背面被白色平伏毛，侧脉16~20对，劲直达齿尖，脉腋具髯毛；叶柄长1~2cm。圆锥花序顶生，被柔毛。花梗长1~2mm；萼片5，宽卵形，长约1mm，外面2片较窄小，具缘毛；外面3片花瓣近圆形，宽2.2~2.5mm，有缘毛，内面2片花瓣长1~1.2mm，2裂达中部，裂片窄卵形，具缘毛；花盘具5尖齿。核果扁球形，直径6~7mm；核二角状卵圆形，顶基扁，腹部近三角形，具不规则纵条突起或近平滑，中肋在腹孔一边显著隆起延至另一边，腹孔稍下陷。花期6—7月；果期9—11月。

分　　布：河南伏牛山、大别山区均有分布；多见于山坡或山谷溪旁。

功用价值：木材可作家具、农具等；根可入药。

保护类别：中国特有种子植物。

叶

花序

茎、叶

多花泡花树 *Meliosma myriantha* Sieb. et Zucc. 泡花树属 *Meliosma* Blume

形态特征： 落叶乔木，高达20m；树皮小块状脱落。幼枝及叶柄被褐色平伏柔毛。单叶，倒卵状椭圆形或长圆形，长8~30cm，先端渐锐尖，基部钝圆，基部至顶端有刺状锯齿，背面被疏长柔毛，侧脉20~25（~30）对，脉腋有髯毛。圆锥花序顶生，直立，被柔毛。花具短梗；萼片（4）5，卵形，长约1mm，有缘毛；外面3片花瓣近圆形，内面2片花瓣披针形，约与外花瓣等长。核果倒卵形或球形，直径4~5mm；核中肋稍钝隆起，两侧具细网纹。花期夏季；果期5—9月。

分　布： 河南伏牛山区分布；多见于湿润山谷、溪旁杂木林中。

功用价值： 木材可作家具、农具等用材；根可入药。

果实　枝、叶　花序

笔罗子 *Meliosma rigida* Sieb. et Zucc. 泡花树属 *Meliosma* Blume

形态特征： 乔木。芽、幼枝、叶背、叶柄及花序均被锈色茸毛。单叶，革质，倒披针形或窄倒卵形，长8~25cm，先端尾尖，基部渐窄楔形，全缘或中部以上有数个尖齿，正面中脉及侧脉被柔毛，背面被锈色茸毛，侧脉9~18对；叶柄长1.5~4cm。圆锥花序顶生，直立，花密生，直径3~4mm。萼片4或5，卵形或近圆形，背面基部被毛，有缘毛；外面3片花瓣白色，近圆形，内面2片花瓣，长约为花丝的1/2，2裂达中部，裂片锥尖，基部稍叉开，顶端具缘毛。核果球形，直径5~8mm；核球形，具细网纹。花期夏季；果期9—10月。

分　布： 河南伏牛山南部分布；多见于湿润山谷、溪旁杂木林中。

功用价值： 木材可作家具、农具等用材；根可入药。

叶　成熟果实　叶背面　果实　果序

垂枝泡花树 *Meliosma flexuosa* Pamp. 　　　泡花树属 *Meliosma* Blume

形态特征： 小乔木。芽、嫩枝、嫩叶中脉、花序轴均被淡褐色长柔毛。腋芽常两枚并生。单叶，倒卵形或倒卵状椭圆形，长6~12（~20）cm，先端渐尖或骤渐尖，中部以下渐窄下延，疏生粗齿，两面疏被柔毛，侧脉12~18对，脉腋髯毛不明显；叶柄基部包腋芽。圆锥花序弯垂，主轴及侧枝果时呈之形曲折。花白色；萼片5，卵形，外面1个小，具缘毛；外面3个花瓣近圆形，内面2片花瓣长0.5mm，2裂，裂片叉开，顶端有缘毛，有时3裂则中裂齿微小。果近卵形，长约5mm；核具细网纹，中肋锐突起，从腹孔一边延至另一边。花期5—6月；果期7—9月。

分　　布： 河南伏牛山区分布；多见于湿润山谷、海拔100~900m的溪边林中。

功用价值： 木材可作家具、农具等；根可入药。

保护类别： 中国特有种子植物。

叶背面　　果实　　叶　　花序　　茎、叶、花序

暖木 *Meliosma veitchiorum* Hemsl. 　　　泡花树属 *Meliosma* Blume

形态特征： 落叶乔木，高达15m，幼嫩部分有锈色柔毛。单数羽状复叶，连柄长60~90cm，叶柄、总轴、小叶柄有柔毛，后变无毛；小叶7~11，下部叶椭圆形或近圆形，宽6~7cm，上部叶卵状长椭圆形，长达20cm，全缘或有粗锯齿，侧脉6~12对，背面隆起。圆锥花序直立，狭尖锥形，长40~45cm或过之，分枝粗壮，密生木栓质的大皮孔；花白色，极多数，直径约3mm；花柄长约3mm，具节；萼片5，长椭圆形，钝头；花瓣倒心形；花盘高、厚，浅5裂；发育雄蕊2；子房有毛。核果球形，直径10~12mm，熟时黑色。花期5月；果期8—9月。

分　　布： 河南伏牛山区分布；多见于海拔1200m以上的山谷杂木林中。

功用价值： 木材可作建筑用材。

保护类别： 中国特有种子植物；河南省重点保护野生植物。

果实　　果序　　枝、叶　　树皮　　枝叶背面　　植株

珂楠树 Meliosma alba (Schlechtendal) Walpers　　泡花树属 *Meliosma* Blume

形态特征： 乔木，高可达25m，胸径达2m，当年生枝被褐色短茸毛，2年生枝淡灰白色。羽状复叶连柄长15~35cm，小叶5~13片，纸质，卵形或狭卵形，顶端的卵状椭圆形，先端渐尖，基部阔楔形或圆钝，偏斜，有稀疏小锯齿，很少近全缘，脉腋有明显的黄色髯毛；侧脉每边8~10条，远离叶缘开叉网结，顶端的小叶柄具节。圆锥花序生于枝上部叶腋，常数个集生近枝端，开展而下，具2（3）次分枝，被褐色柔毛；花淡黄色；萼片4，卵形；内面2片花瓣约与花丝等长；发育雄蕊长约2mm；雌蕊长约2.5mm，子房无毛。核果球形，核扁球形，腹部平，三角状圆形，侧面平滑，中肋圆钝隆起，腹孔三角形，具三角形的填塞物。花期5—6月；果期8—10月。

分　　布： 河南伏牛山、桐柏山、大别山区均有分布；多见于山谷疏林。

功用价值： 木材可作建筑用材。

保护类别： 河南省重点保护野生植物。

叶背面　　成熟果实

叶　　枝、叶、果序　　花序　　植株

红柴枝 Meliosma oldhamii Maxim.　　泡花树属 *Meliosma* Blume

形态特征： 落叶乔木。腋芽密被淡褐色柔毛。羽状复叶，小叶7~15，叶总轴、小叶柄及叶两面均被褐色柔毛，小叶薄纸质，下部的卵形，长3~5cm，中部的长圆状卵形、窄卵形，顶端1片倒卵形或长圆状倒卵形，长5.5~8（~10）cm，先端尖或渐锐尖，基部圆、宽楔形或窄楔形，疏生锐齿，侧脉脉腋有髯毛。圆锥花序直立，具3次分枝，被褐色柔毛。花白色；萼片5，椭圆状卵形，外1片较窄小，具缘毛；外面3片花瓣近圆形，内面2片花瓣稍短于花丝，2裂达中部，有时3裂而中间裂片微小，侧裂片窄倒卵形，先端有缘毛；子房被黄色柔毛。核果球形，直径4~5mm；核具网纹，中肋隆起。花期5—6月；果期8—9月。

分　　布： 河南伏牛山南部、桐柏山、大别山区均有分布；多见于湿润山谷、溪旁杂木林中。

功用价值： 木材可作家具、农具等用材。

叶背面　　枝

植株　　叶　　花　　花序

▶ 罂粟科 Papaveraceae ‖‖‖‖‖‖‖‖‖‖‖‖‖‖‖‖‖‖‖‖‖‖‖‖‖‖‖‖‖‖‖‖‖‖‖

小果博落回 Macleaya microcarpa (Maxim.) Fedde | 博落回属 Macleaya R. Br.

形态特征： 多年生草本，茎直立，高1~2.5m，具白粉。叶卵圆状心脏形，掌状分裂，边缘具粗齿，表面浅黄色，背面具白粉。圆锥花序顶生；萼片2个，花瓣状，矩圆形，长4~5mm，黄绿色，具白色膜质边缘，花开而落；雄蕊多数，花丝短，长约为花药的1/2；子房上位，柱头2裂。蒴果圆形，有1枚种子。花期6—7月；果熟期7—8月。

分　　布： 河南伏牛山、大别山和桐柏山区均有分布；多见于低山、河边、沟岸或路旁等地。

功用价值： 全草可入药，也可作农药。

保护类别： 中国特有种子植物。

果实　　　　　果序　　　　　植株　　　　　植株（花果期）

荷青花 Hylomecon japonica (Thunb.) Prantl et Kundig | 荷青花属 Hylomecon Maxim.

形态特征： 多年生草本，全株含黄色汁液。茎高15~30cm，不分枝或上部有分枝，近无毛。基生叶1~2，比茎稍短，有长柄，羽状全裂，裂片倒卵状菱形或近椭圆形，长3~7（~9.5）cm，边缘有不规则锯齿，有时浅裂，近无毛；茎生叶生于茎上部，似基生叶，但较小。花1~3朵生于茎顶；萼片2，狭卵形，长约1.5cm，早落；花瓣4，黄色，长1.5~2.8cm；雄蕊多数；雌蕊无毛。蒴果长3~8cm，纵裂成2片，有多数种子。花期4—7月；果期5—8月。

分　　布： 河南伏牛山、大别山区均有分布；多见于山地林下、林边或沟边。

功用价值： 根状茎可药用，治劳伤过度。

果实　　　　　植株　　　　　花

秃疮花 *Dicranostigma leptopodum* (Maxim.) Fedde　秃疮花属 *Dicranostigma* Hook. f. et Thoms.

形态特征： 二年生草本，有黄色汁液。茎多数丛生，高达25cm，疏生长柔毛，上部分枝。叶大部基生，具柄，呈莲座状，羽状全裂或深裂，长10~20cm，裂片对生，具牙齿或缺刻，背面有白粉，疏生粗毛；茎生叶小，无柄，羽状全裂。花茎数个，生于叶丛，有毛；花1~3朵，聚伞花序，花梗长2~7cm；萼片2个，椭圆形，先端细尖，绿色，外面有粗毛，早落；花瓣4个，鲜黄色，倒卵形，长约1.5cm；雄蕊多数，雌蕊1个。蒴果细圆柱形，略弯曲，长4~5cm，直径约4mm。花期3—4月；果熟期5月。

分　　布： 河南伏牛山、太行山区，以及豫西丘陵地均有分布；多见于路边、荒地、草坡、农田等处。

功用价值： 根或全草可药用。

保护类别： 中国特有种子植物。

植株

茎、花、果实

果期

花

基生叶

白屈菜 *Chelidonium majus* Linn.　白屈菜属 *Chelidonium* Linn.

形态特征： 多年生草本，有黄色汁液。主根粗壮，圆锥形，土黄色或暗褐色，密生须根。茎高30~100cm，直立，多分枝。叶有长柄，一至二回羽状分裂，裂片倒卵形，先端钝，边缘具不整齐缺刻，表面近无毛，背面疏生短柔毛，有白粉。花黄色，数朵生于枝端成伞形花序，花梗细长；萼片2个，椭圆形，长约5mm，疏生柔毛，早落；花瓣倒卵形，或长圆状倒卵形，长8~16mm，宽6~10mm。蒴果长2~4cm，直径2~3mm，纵裂；种子卵形，暗褐色，表面有网纹和鸡冠状突起。花期6—8月；果熟期7—10月。

分　　布： 河南各山区均有分布；多见于山坡、路旁、林缘。

功用价值： 根及全草可入药，也可制农药。

果实

花序

植株　叶、花

花

陕西紫堇 *Corydalis shensiana* Liden. 　　　　紫堇属 *Corydalis* DC.

形态特征：草本，高达35cm。根极少膨大，呈窄纺锤状圆柱形，极多成簇。茎1~4，不分枝。基生叶少，叶柄长7~9cm，叶3全裂，全裂片近无柄，2~3深裂，有时掌状全裂，小裂片线状长圆形或窄倒卵形；茎生叶1~4，互生，近无柄，掌状5~7全裂，长1.5~5cm。总状花序顶生，具10~15花；最下部苞片3~5全裂，其余窄披针形，全缘。下部花梗短于苞片，上部花梗长于苞片；萼片近圆形，具缺刻；花瓣蓝色，上花瓣长1.4~1.6cm，具浅波状齿，背部鸡冠状突起，距与瓣片近等长，上弯，下花瓣匙形，具浅波状齿，爪与瓣片近等长，内花瓣爪宽线形，与瓣片近等长；雄蕊花丝窄椭圆形；胚珠1列，花柱短于子房，柱头具8乳突。蒴果长圆状线形，长1~1.3cm，反折，种子3~6。花果期6—8月。
分　　布：河南西部有分布；多见于山坡草地或林下。
保护类别：中国特有种子植物。

叶　　　　植株　　　　花

延胡索 *Corydalis yanhusuo* W. T. Wang 　　　　紫堇属 *Corydalis* DC.

形态特征：多年生草本，高10~30cm。块茎圆球形，直径（0.5~）1~2.5cm，质黄。茎直立，常分枝，基部以上具1鳞片，有时具2鳞片，通常具3~4个茎生叶，鳞片和下部茎生叶常具腋生块茎。叶二回三出或近三回三出，小叶3裂或3深裂，具全缘的披针形裂片；下部茎生叶常具长柄；叶柄基部具鞘。总状花序疏生5~15花。苞片披针形或狭卵圆形，全缘，有时下部的稍分裂。花梗长约1cm；果期长约2cm。花紫红色。萼片小，早落。外花瓣宽展，具齿，顶端微凹，具短尖。上花瓣瓣片与距常上弯；距圆筒形。下花瓣具短爪，向前渐增大成宽展的瓣片。内花瓣长8~9mm，爪长于瓣片。柱头近圆形，具较长的8乳突。蒴果线形，长2~2.8cm，具1列种子。花期3—5月。
分　　布：河南伏牛山南部、桐柏山及大别山区均有分布；多见于山坡、草地或灌丛等潮湿地。
功用价值：块茎含生物碱，可入药。
保护类别：中国特有种子植物。

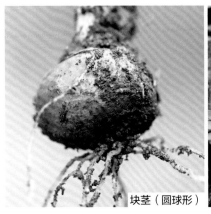  

块茎（圆球形）　　　　叶　　　　花

小药八旦子 *Corydalis caudata* (Lam.) Pers.　　　　　紫堇属 *Corydalis* DC.

形态特征： 多年生草本，块茎圆球形或长圆形，长8~20mm，宽8~12mm。茎基以上具1~2鳞片，鳞片上部具叶，枝条多发自叶腋，少数发自鳞片腋内。叶一至三回三出，具细长的叶柄和小叶柄；叶柄基部常具叶鞘；小叶圆形至椭圆形，有时浅裂，下部苍白色。总状花序具3~8花，疏离。苞片卵圆形或倒卵形，下部的较大。花梗明显长于苞片。萼片小，早落。花蓝色或紫蓝色。上花瓣长约2cm，瓣片较宽展，顶端微凹；距圆筒形，弧形上弯；蜜腺体约贯穿距长的3/4，顶端钝。下花瓣长约1cm，瓣片宽展，微凹，基部具宽大的浅囊。内花瓣长7~8mm。柱头四方形，上端具4乳突，下部具2尾状的乳突。蒴果卵圆形至椭圆形，长8~15mm，具4~9枚种子。种子光滑，直径约2mm，具狭长的种阜。花期3—5月。

分　　布： 河南大别山、桐柏山、伏牛山、太行山区均有分布；多见于山坡林下。

功用价值： 块茎可药用。

保护类别： 中国特有种子植物。

植株　　　　花　　　　块茎　　　　花序

黄堇 *Corydalis pallida* (Thunb.) Pers　　　　　紫堇属 *Corydalis* DC.

形态特征： 草本无毛，具直根。茎高18~60cm。叶片背面有白粉，轮廓卵形，长达20cm，二至三回羽状全裂，二回或三回裂片卵形或菱形，浅裂，稀深裂，小裂片卵形或狭卵形。总状花序长达25cm；苞片狭卵形至条形；萼片小；花瓣淡黄色，正面花瓣长1.5~1.8cm；距圆筒形，长6~8mm。蒴果串珠状，长达3cm；种子黑色，扁球形，直径约1.5mm，密生圆锥状小突起。花期3—5月；果期6月。

分　　布： 河南大别山及伏牛山南部均有分布；多见于山地林下或沟边潮湿处。

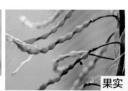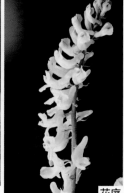

叶　　　　果实　　　　花

花序、苞片　　　　花序　　　　茎、叶、花

小花黄堇 *Corydalis racemosa* (Thunb.) Pers 紫堇属 *Corydalis* DC.

形态特征： 丛生草本，高达50cm。具主根。茎具棱，分枝，具叶。枝花莛状，对叶生。基生叶具长柄，常早枯萎；茎生叶具短柄，叶二回羽状全裂，一回羽片3~4对，具短柄，二回羽片1~2对，宽卵形，长约2cm，二回3深裂，裂片圆钝。总状花序长3~10cm，多花密集；苞片披针形或钻形，与花梗近等长。花梗长3~5mm；萼片卵形；花冠黄或淡黄色，外花瓣较窄，无鸡冠状突起，先端稍圆，具短尖，上花瓣长6~7mm，距短囊状，长1.5~2mm，蜜腺长约距1/2；子房与花柱近等长，柱头具4乳突。蒴果线形，种子1列。种子近肾形，具短刺状突起，种阜三角形。花期3—4月；果期4—5月。
分　　布： 河南伏牛山和大别山区均有分布；多见于山地沟边、多石潮湿草地。
功用价值： 全草可药用。

植株　　花序　　果实

刻叶紫堇 *Corydalis incisa* (Thunb.) Pers. 紫堇属 *Corydalis* DC.

形态特征： 一年生草本。块茎狭椭圆形，长约1cm，粗约5mm，密生须根。茎高15~45cm。叶基生并茎生；叶片轮廓三角形，长达6.5cm，二或三回羽状全裂，一回裂片2~3对，具细柄，二或三回裂片缺刻状分裂。总状花序长3~10cm；苞片轮廓菱形或楔形，一或二回羽状深裂，小裂片狭披针形或钻形，锐尖；萼片小；花瓣紫色，上面花瓣长1.6~2cm，距长0.7~1.1cm，末端钝，下面花瓣基部稍呈囊状。蒴果椭圆状条形，长约1.5cm，宽约2mm；种子黑色，光滑。花期4—5月；果期5—6月。
分　　布： 河南各地均有分布；多见于宅畔、田间、草地或疏林下。
功用价值： 全草可入药。

果实　　植株　　花

紫堇 *Corydalis edulis* Maxim.　　　　　**紫堇属** *Corydalis* DC.

形态特征：一年生无毛草本，具细长直根。茎高10~30cm，下部常有分枝。基生叶和茎生叶有柄；叶三角形，长3~9cm，二或三回羽状全裂；一回裂片2~3对，二或三回裂片倒卵形，羽状分裂，末回裂片狭卵形，先端钝。总状花序长3~10cm；苞片卵形或狭卵形，全缘或疏生小齿；萼片小；花紫色，上面花瓣长1.5~1.8cm，距长达5mm，末端稍下弯。蒴果线形，长约3cm，宽约1.5mm；种子黑色，扁球形，直径约1.2mm，密生小凹点。花期4—7月；果熟期6—8月。

分　　布：河南各地均有分布；多见于田间、荒地阴湿地方。

功用价值：全草可入药。

花　　果实　　植株　　根

▶ 连香树科 Cercidiphyllaceae ‖‖‖‖‖‖‖‖‖‖‖‖‖‖‖‖‖‖‖‖‖‖‖‖‖‖‖‖‖‖‖‖

连香树 *Cercidiphyllum japonicum* Sieb. et Zucc.　　　　**连香树属** *Cercidiphyllum* Siebold et Zucc.

形态特征：落叶乔木，高达40m。树皮灰色或棕灰色。小枝无毛。叶纸质，宽卵形或近圆形，长4~7cm，宽3.5~6cm，先端急尖，基部心脏形，边缘具腺钝锯齿，掌状基出脉5~7，背面粉白色，脉上略有毛。花先叶开放；雄花4朵簇生，近无梗，雌花2~6朵簇生，有总梗。蓇葖果2~4个，长10~18mm，直径2~3mm，褐色或黑色，微弯曲；种子卵形，褐色，顶端有透明翅。花期4月；果熟期9—10月。

分　　布：河南伏牛山和太行山区均有分布；多见于海拔1000m以上的山谷杂木林中。

功用价值：木材可供建筑、家具、枕木、图版、雕刻等用；树皮可提制栲胶。

保护类别：无危（LC）；国家二级重点保护野生植物；国家二级珍贵树种。

叶　　枝、果实　　果期　　枝、叶　　植株

▶ 领春木科 Eupteleaceae ‖‖‖‖‖‖‖‖‖‖‖‖‖‖‖‖‖‖‖‖‖‖‖‖‖‖‖‖‖‖‖‖‖‖

领春木 *Euptelea pleiosperma* Hook. f. et Thomson 　　领春木属 *Euptelea* Siebold et Zucc.

形态特征： 落叶乔木，高达15m。小枝暗灰褐色，无毛。叶卵形或椭圆形，长5~14cm，宽3~9cm，先端渐尖，基部楔形，边缘具疏锯齿，近基部全缘，两面无毛，背面有或无乳头状突起，侧脉6~1一对。花6~12朵簇生，早春叶先开放；雄蕊6~14个，药隔顶端延长成附属物；心皮6~12个，成1轮，子房歪斜，有长柄。翅果长5~15mm，棕色，扁平，果柄长8~10mm；有1~2枚种子，卵形，黑色。花期3—4月；果熟期6—7月。

分　　布： 河南太行山和伏牛山区均有分布；多见于海拔1000m以上的山谷杂木林中。

保护类别： 河南省重点保护野生植物。

花序

叶

果序、果实
枝、叶

▶ 金缕梅科 Hamamelidaceae ‖‖‖‖‖‖‖‖‖‖‖‖‖‖‖‖‖‖‖‖‖‖‖‖‖‖‖‖‖‖

牛鼻栓 *Fortunearia sinensis* Rchd. et Wils. 　　牛鼻栓属 *Fortunearia* Rehder et E. H. Wilson

形态特征： 灌木或小乔木，高2~6m。小枝密生星状柔毛。叶倒卵形至倒卵状长椭圆形，先端短尖，基部圆形、截形或楔形，边缘有不等的波状齿（齿端有突尖），表面无毛，背面沿脉有星状毛；叶柄长3~8mm。总状花序有星状柔毛；花梗长1~2mm；萼筒倒圆锥形，长约1mm，裂片5个，长圆状卵形，长1.5mm；花瓣5个，较萼齿稍短；花柱2个，分离，较雄蕊长，向外卷曲。蒴果2瓣裂，卵圆形，长1~1.2cm，褐色，被瘤状皮孔；果梗粗壮；种子淡棕色，长约9mm。花期4—5月；果熟期7—8月。

分　　布： 河南伏牛山南部、大别山及桐柏山区均有分布；多见于海拔1000m以下山坡或山谷杂林中。

功用价值： 木材可做家具、器具；枝条可做牛鼻栓；种子榨油可制肥皂；枝叶可入药。

保护类别： 中国特有种子植物。

枝、干

果序

枝、叶、花序
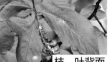
成熟果实

枝、叶背面
叶、果实

山白树 Sinowilsonia henryi Hemsl. | 山白树属 Sinowilsonia Hemsl.

形态特征： 落叶小乔木，高达8m；小枝有星状毛。叶倒卵形或椭圆形，顶端锐尖，基部圆形或浅心形，边缘生小锯齿，背面密生柔毛，侧脉7~9对；托叶条形，长8mm。花单性，雌雄同株，无花瓣；雄花排列呈柔荑花序状；萼筒壶形，萼齿5，条状匙形；雄蕊5，与萼齿对生，花丝极短；退化子房不存在。雌花组成的总状花序长6cm；萼筒壶形，萼齿5，匙形，有星状毛；退化雄蕊5；子房上位，有毛，2室，每室具1下垂胚珠，花柱2，伸出萼筒。果序长达20cm，有灰黄色毛；蒴果卵圆形，有毛，长1cm，为宿存萼筒包裹，室背及室间裂开；种子长8mm。花期3—5月；果期6—8月。

分　　布： 河南太行山、伏牛山区均有分布；多见于山沟或山坡杂木林中。

功用价值： 种子可榨油；木材可做家具。

保护类别： 中国特有种子植物；河南省重点保护野生植物。

叶、花序　　果期　　枝、叶　　成熟果实

水丝梨 Sycopsis sinensis Oliv. | 水丝梨属 Sycopsis Oliv.

形态特征： 常绿乔木，高达14m；小枝有鳞毛。叶革质，矩圆状卵形，长7~14cm，宽3~5.5cm，顶端渐尖，基部圆或钝，全缘或中部以上有数个小齿，背面无毛，侧脉约6对。雄花组成的短穗状花序近无梗，长约1.5cm；萼筒壶形，花后增大；雄蕊8~10，花药红色，药隔突出；退化子房具有短花柱。雌花6~14朵排列成头状花序；总花梗短；萼筒壶形，萼齿长1mm，有毛；花瓣不存在；子房上位，密生长柔毛。果序头状；蒴果近圆球形，木质，2瓣裂开，基部1/3为增大的萼筒所包裹。花期4—5月。

分　　布： 河南伏牛山南部分布；多见于海拔1000m以下的山沟杂木林中。

保护类别： 中国特有种子植物。

叶背面　　果实　　枝、叶　　植株　　雌花序　　雄花序

▶ 杜仲科 Eucommiaceae ||||||||||||||||||||||||||||||||||||||||||||||||||||||||||||||||||||||||||||

杜仲 *Eucommia ulmoides* Oliv.　　　　　　　　　　　　　杜仲属 *Eucommia* Oliv.

形态特征： 落叶乔木，高达20m。树皮灰色，折断有银白色细胶丝。小枝淡褐色或黄褐色，无毛。叶椭圆形或椭圆状卵形，长6~18cm，宽4~6cm，先端锐尖，基部宽楔形或圆形，边缘有细锯齿，侧脉6~9对，表面无毛，背面沿脉有长柔毛；叶柄长1~2cm。花单性，雌雄异株，无花被，常先叶开放，生于小枝基部；雄花雄蕊6~10个，花药线形，花丝极短；雌子房狭长，顶端有二叉状花柱。具翅坚果，狭椭圆形，先端有凹口，内有1枚种子。花期4月；果熟期9—10月。

分　　布： 河南各地均有栽培；多见于山坡或山沟土层较厚处。

功用价值： 树皮、叶与果可提取硬橡胶；木材可供制家具、舟车及建筑等用。种子可榨油，出油率高，供制肥皂；树皮可入药。

保护类别： 中国特有种子植物。

叶　　　　　　　　　　果实　　　　　　　　　　植株　　　　　　　　　　胶丝、叶背面

▶ 榆科 Ulmaceae ||||||||||||||||||||||||||||||||||||||||||||||||||||||||||||||||||||||||||||||||||||||

兴山榆 *Ulmus bergmanniana* Schneid.　　　　　　　　　　榆属 *Ulmus* Linn.

形态特征： 落叶乔木，高10~30m。树皮暗灰色，浅裂成鳞片状剥落。小枝灰褐色，无毛。叶倒卵状长圆形至椭圆形，长5~13cm，宽2.5~5cm，先端渐尖或尾状渐尖，基部楔形，不对称，边缘具重锯齿，表面微粗糙，无毛，背面仅脉腋有须状簇毛，侧脉14~23对；叶柄长3~5mm，无毛。翅果倒卵形，长1.2~2cm，宽1.3~1.5cm，顶端浅凹或近圆形，基部楔形，两面近无毛；种子位于中部。花期3—4月；果熟期5月。

分　　布： 河南伏牛山、太行山和大别山区均有分布；多见于山坡或山谷杂木林中。

功用价值： 树皮纤维含胶质，木材坚硬，果可食。

保护类别： 中国特有种子植物。

叶背面　　　　　　　　　　果实　　　　　　　　　　枝、叶

春榆 *Ulmus davidiana* var. *japonica* (Rehd.) Nakai 　　　　　**榆属** *Ulmus* Linn.

形态特征： 落叶乔木或灌木状，高达15m，胸径30cm；树皮色较深，纵裂成不规则条状，幼枝被或密或疏的柔毛，当年生枝无毛或多少被毛。叶倒卵形或倒卵状椭圆形，稀卵形或椭圆形。花在去年生枝上排成簇状聚伞花序。翅果倒卵形或近倒卵形，长10~19mm，宽7~14mm，翅果无毛，位于翅果中上部或上部，上端接近缺口，宿存花被无毛，裂片4，果梗被毛，长约2mm。花果期4—5月。

分　　布： 河南太行山和伏牛山区均有分布；多见于山坡或山谷灌丛或杂木林中。

功用价值： 树皮含胶质，可作糊料；叶含鞣质，可提制栲胶；可供制绳索、人造棉等；木材可供建筑、枕木等用。

植株

小枝、叶

果实

叶背面

枝、木栓质翅

榆树 *Ulmus pumila* L. 　　　　　**榆属** *Ulmus* Linn.

形态特征： 落叶乔木，高达25m，胸径1m。小枝无木栓翅。冬芽内层芽鳞边缘具白色长柔毛。叶椭圆状卵形、长卵形、椭圆状披针形或卵状披针形，长2~8cm，先端渐尖或长渐尖，基部一侧楔形或圆，一侧圆或半心形，正面无毛，背面幼时被短柔毛，后无毛或部分脉腋具簇生毛，具重锯齿或单锯齿；侧脉9~16对，叶柄长0.4~1cm；花在去年生枝叶腋成簇生状。翅果近圆形，稀倒卵状圆形，长1.2~2cm，仅顶端缺口柱头面被毛，余无毛；果核位于翅果中部，其色与果翅相同；宿存花被无毛，4浅裂，具缘毛；果柄长1~2mm。花果期3—6月（东北较晚）。

分　　布： 河南各地均有分布；多见于村旁、庭院或山坡。

功用价值： 树皮含纤维，拉力强，又含胶质，可作造纸糊料；叶可作农药；嫩叶与果可食或作饲料，为著名的救荒植物；木材坚硬。

果实

枝、叶

植株

旱榆 *Ulmus glaucescens* Franch.　　　榆属 *Ulmus* Linn.

形态特征： 落叶乔木或灌木状，高达18m。幼枝被毛，小枝无木栓翅及木栓层。冬芽内层芽鳞被毛，边缘密生锈黑色或锈褐色长柔毛。叶卵形、菱状卵形、椭圆形、长卵形或椭圆状披针形，长2.5~5cm，两面无毛，稀背面被极短毛，具钝而整齐单锯齿，侧脉6~14对；叶柄长5~8mm。花自混合芽抽出，散生于新枝基部或近基部，或自花芽抽出，3~5数在2年生枝上呈簇生状。翅果长2~2.5cm，仅顶端缺口柱头面被毛，余无毛，果翅两侧之翅宽，位于翅果中上部；宿存花被钟形，无毛，4浅裂，裂片具缘毛；果柄长2~4mm，密被短毛。花果期3—5月。

分　　布： 河南各地均有分布。

功用价值： 木材坚实、耐用，可作器具、农具、家具等用材。

果实

枝、叶

植株

榔榆 *Ulmus parvifolia* Jacq.　　　榆属 *Ulmus* Linn.

形态特征： 落叶乔木，高达25m，胸径1m；树皮灰或灰褐色，呈不规则鳞状薄片剥落，内皮红褐色。1年生枝密被短柔毛。冬芽无毛。叶披针状卵形或窄椭圆形，稀卵形或倒卵形，基部楔形或一边圆，正面中脉凹陷处疏被柔毛，余无毛，背面幼时被柔毛，后无毛或沿脉疏被毛，或脉腋具簇生毛，单锯齿，侧脉10~15对。秋季开花，3~6朵成簇状聚伞花序，花被上部杯状，下部管状，花被片4，深裂近基部，常脱落或残留。翅果椭圆形或卵状椭圆形，顶端缺口柱头面被毛，余无毛，果翅较果核窄，果核位于翅果中上部。花果期8—10月。

分　　布： 河南各地均有分布；多见于平原、丘陵、山坡或谷地。

功用价值： 树皮含纤维，拉力强，又含胶质，可作造纸糊料；叶可作农药，能防治棉蚜虫；嫩叶可作饲料；木材坚硬。

果实

枝、叶

树皮

植株

大叶榉树 *Zelkova schneideriana* Hand.-Mazz. 榉属 *Zelkova* Spach

形态特征： 乔木，高达35m，胸径达80cm；树皮灰褐色至深灰色，呈不规则的片状剥落。当年生枝灰绿色或褐灰色，密生伸展的灰色柔毛；冬芽常2个并生，球形或卵状球形。叶厚纸质，大小形状变异很大，卵形至椭圆状披针形，先端渐尖、尾状渐尖或锐尖，基部稍偏斜，圆形、宽楔形，稀浅心形，叶面绿，干后深绿至暗褐色，被糙毛，叶背浅绿，干后变淡绿至紫红色，密被柔毛，边缘具圆齿状锯齿，侧脉8~15对；叶柄粗短，长3~7mm，被柔毛。雄花1~3朵簇生于叶腋，雌花或两性花常单生于小枝上部叶腋。核果与榉树相似。花期4月；果期9—11月。

分　　布： 河南太行山、伏牛山、大别山、桐柏山区均有分布；多见于山坡疏林中。

功用价值： 木材坚硬，可供建筑、车辆、家具等用。

保护类别： 近危（NT）；中国特有种子植物；国家二级重点保护野生植物；国家二级珍贵树种。

果实、叶背面　　果实　　枝、叶、果实　　枝、叶　　树皮　　植株

榉树（光叶榉）*Zelkova serrata* (Thunb.) Makino 榉属 *Zelkova* Spach

形态特征： 乔木，高达30m，胸径1m；树皮灰白或褐灰色，呈不规则片状剥落。1年生枝疏被短柔毛，后渐脱落。叶卵形、椭圆形或卵状披针形，先端渐尖或尾尖，基部稍偏斜，圆或浅心形，稀宽楔形，正面幼时疏被糙毛，后渐脱落，背面幼时被柔毛，后脱落或主脉两侧疏被柔毛，圆齿状锯齿具短尖头，侧脉（5~）7~14对。雄花梗极短，花被裂至中部；雌花近无梗，花被片4~5（6），被细毛。核果斜卵状圆锥形，正面偏斜，凹下，具背腹脊，网肋明显，被柔毛，花被宿存，几无柄。花期4月；果期9—11月。

分　　布： 河南伏牛山南部、大别山、桐柏山区均有分布；多见于山坡山谷疏林中。

功用价值： 木材坚硬，可供建筑、车辆、家具等用。

枝、叶、果实　　树皮　　果实　　叶

大果榉 *Zelkova sinica* Schneid.　　　　　　　　　　　　榉属 *Zelkova* Spach

形态特征： 乔木，高达17m。树皮呈块状剥落。小枝通常无毛。叶卵形或卵状长圆形，先端尖，基部圆形，边缘锯齿钝尖，背面脉腋有簇毛，侧脉7~10对；叶柄长2~4mm，密生柔毛。核果较大，单生叶腋，几无柄，斜三角状，直径5~7mm，无毛，不具突起的网肋。花期4月；果熟期10月。

分　　布： 河南太行山、伏牛山、大别山及桐柏山区均有分布；多见于山坡、丘陵。

功用价值： 长寿树种；制造家具的贵重用材。

保护类别： 中国特有种子植物；河南省重点保护野生植物。

叶

叶背面

果实

树皮

植株

青檀 *Pteroceltis tatarinowii* Maxim.　　　　　　　　青檀属 *Pteroceltis* Maxim.

形态特征： 乔木，高达20m以上；树皮灰色或深灰色，老时呈不规则的长片状剥落。小枝黄绿色，干时变栗褐色，疏被短柔毛，后渐脱落，皮孔明显，椭圆形或近圆形；冬芽卵形。叶纸质，宽卵形至长卵形，先端渐尖至尾状渐尖，基部不对称，楔形、圆形或截形，边缘有不整齐的锯齿，基部三出脉，侧出的一对近直伸达叶的上部，侧脉4~6对，叶面绿，幼时被短硬毛，后脱落常残留有圆点，光滑或稍粗糙，叶背淡绿，在脉上有稀疏的或较密的短柔毛，脉腋有簇毛，其余近光滑无毛。翅果状坚果近圆形或近四方形，黄绿色或黄褐色，翅宽，稍带木质，有放射线条纹，下端截形或浅心形，顶端有凹缺，果实外面无毛或多少被曲柔毛，常有不规则的皱纹，有时具耳状附属物，具宿存的花柱和花被，果梗纤细，长1~2cm，被短柔毛。花期3—5月；果期8—10月。

分　　布： 河南太行山、伏牛山、桐柏山和大别山区均有分布；多见于山谷溪流两岸或岩石附近。

功用价值： 茎皮纤维优良，可作宣纸和人造棉的原料；嫩叶可作野菜食用；木材坚实、致密耐用。

保护类别： 中国特有种子植物；河南省重点保护野生植物。

枝、叶、果实

树干、树皮

植株

枝、叶

叶背面

紫弹树 *Celtis biondii* Pamp. 朴属 *Celtis* Linn.

形态特征： 乔木，高达18m。小枝密生柔毛。叶卵形或卵状椭圆形，先端急尖，基部圆形，不对称，边缘中部以上具钝锯齿，幼时两面被散生毛，表面较粗糙，背面沿脉及脉腋毛较多，老叶几无毛；叶柄长3~7mm，有毛。核果常2~3个腋生，橙红色，近球形，直径4~6mm，果柄长1.5~2cm，有毛；果核有网纹和脊棱。花期4月；果熟期8—9月。

分　　布： 河南伏牛山南部、大别山和桐柏山区均有分布；多见于山坡或溪沟边的疏林中或林缘。

功用价值： 枝条纤维可作造纸及人造棉的原料；种子含油；木材坚硬；枝、叶与根皮可入药。

果期

枝、叶

果实

叶背面

植株

珊瑚朴 *Celtis julianae* Schneid. 朴属 *Celtis* Linn.

形态特征： 乔木，高达25m。树皮灰色，平滑。小枝密生黄色茸毛及粗毛。叶厚，宽卵形至卵状椭圆形，长4~16cm，宽3~8cm，先端短渐尖或呈尾状，基部偏楔形或近圆形，表面粗糙，或有粗毛，背面黄绿色，密被黄色茸毛，边缘中部以上有钝齿，有时近全缘，脉纹显著突起；叶柄长1~5cm，粗壮，密生黄色茸毛。核果橘红色，卵球形，直径10~13mm，无毛，果核有不明显的凹穴和突肋；果柄长1.5~2.5cm。花期3—4月；果熟期8—9月。

分　　布： 河南伏牛山南部、大别山和桐柏山区均有分布；多见于山坡、山谷疏林中或林缘。

功用价值： 树皮纤维可代麻或作造纸和人造棉的原料；木材可供建筑、家具等使用。

保护类别： 中国特有种子植物。

叶背面

枝、叶

果实

植株

大叶朴 *Celtis koraiensis* Nakai

形态特征： 乔木，高达12m。树皮暗色，微裂。小枝浅褐色，无毛或幼时被柔毛，散生淡褐色皮孔。叶倒卵形、宽倒卵形或卵圆形，先端截形或圆形，有突尾状尖和不整齐齿牙状裂，基部偏斜，圆形或宽楔形，边缘具锯齿，表面绿色，无毛，背面淡绿色，无毛或有时沿脉有短毛；叶柄长5~15mm，疏生粗毛。核果椭圆状球形，长约1cm，暗橙红色；果核凹凸不平；果柄长1.5~2.5cm。花期4—5月；果熟期9—10月。

分　　布： 河南太行山、伏牛山、大别山和桐柏山区均有分布；多见于山坡或山沟杂木林。

功用价值： 枝条纤维可代麻用，也可作造纸或人造棉的原料；木材坚硬；种子含油；根可入药；嫩叶可食，或晒干菜。

果实

枝、叶

植株

朴树 *Celtis sinensis* Pers.

形态特征： 乔木，高达20m。树皮灰褐色，粗糙不开裂。幼枝密生短毛。叶卵形至狭卵形，长3~7cm，宽1.5~4cm，先端急尖或长渐尖，基部圆形或宽楔形，偏斜，边缘中部以上有浅锯齿，幼时两面有毛，后脱落，表面深绿色，无毛，背面淡绿色，微有毛；叶柄长3~10mm。核果常单生，近球形，直径4~5mm，红褐色；果核有凹穴和脊肋；果柄与叶柄近等长。花期4月；果熟期9—10月。

分　　布： 河南伏牛山南部、大别山和桐柏山区均有分布；多见于山坡或山谷。

功用价值： 树皮含纤维，可制绳索或作造纸及人造棉的原料；种子含油；木材坚硬；树皮与叶可入药。

叶背面、枝

果实

叶

枝、叶

▶ 大麻科 Cannabaceae ||||||||||||||||||||||||||||||||||||||||||||||||||||||||||||||||||

葎草 Humulus scandens (Lour.) Merr.　　　　　　葎草属 Humulus Linn.

形态特征： 缠绕草本，茎、枝、叶柄均具倒钩刺。叶纸质，肾状五角形，掌状5~7深裂，稀为3裂，长宽7~10cm，基部心脏形，表面粗糙，疏生糙伏毛，背面有柔毛和黄色腺体，裂片卵状三角形，边缘具锯齿；叶柄长5~10cm。雄花小，黄绿色，圆锥花序，长15~25cm；雌花序球果状，直径约5mm，苞片纸质，三角形，顶端渐尖，具白色茸毛；子房为苞片包围，柱头2，伸出苞片外。瘦果成熟时露出苞片外。花期在春夏季；果期在秋季。

分　　布： 河南各地均有分布；多见于沟边、路旁、荒地。

功用价值： 茎纤维可造纸和纺织；种子含油；全草可入药，亦可作农药。

叶　　　　枝、叶　　　　雌株　　　　雄株

▶ 桑科 Moraceae ||||||||||||||||||||||||||||||||||||||||||||||||||||||||||||||||||||||||||||||

柘 Maclura tricuspidata Carriere　　　　　　橙桑属 Maclura Nutt.

形态特征： 落叶灌木或小乔木，高1~7m；树皮灰褐色，小枝无毛，略具棱，有棘刺，刺长5~20mm；冬芽赤褐色。叶卵形或菱状卵形，偶为3裂，端渐尖，基部楔形至圆形，表面深绿色，背面绿白色，无毛或被柔毛，侧脉4~6对。雌雄异株，雌雄花序均为球形头状花序，单生或成对腋生，具短总花梗；雄花序直径0.5cm，雄花有苞片2个，附着于花被片上，花被片4，肉质，先端肥厚，内卷，内面有黄色腺体2个，雄蕊4，与花被片对生，花丝在花芽时直立，退化雌蕊锥形；雌花序直径1~1.5cm，花被片与雄花同数，花被片先端盾形，内卷，内面下部有2黄色腺体，子房埋于花被片下部。聚花果近球形，直径约2.5cm，肉质，成熟时橘红色。花期5—6月；果期6—7月。

分　　布： 河南各山区均有分布；多见于向阳山坡和灌丛中。

功用价值： 茎皮可作造纸原料；根皮可入药，也可作兽药；叶可养蚕；果实可食与酿酒；木材心部黄色，质坚硬细致。

雄花序　　雌花序

枝、叶、刺　　　　枝、叶、聚花果　　　　聚花果

异叶榕 Ficus heteromorpha Hemsl.　　　　榕属 *Ficus* Linn.

形态特征: 落叶灌木或小乔木。幼枝常被黏质锈色硬毛。叶倒卵状矩圆形、倒卵形或琴形3裂，长7~18cm，宽3~8cm，先端长渐尖或急尖，基部圆形或近心脏形，全缘或边缘具少数锯齿，两面粗糙，基部三出脉，侧脉5~7对；叶柄长1.5~4cm。花序单生或成对着生在当年生枝上部，无梗，球形，直径6~8mm。雄花和瘿花同生于一花序托中，雌花生于另一花序托；萼片均5个，雄蕊3个。聚花果紫褐色。花期6—7月；果熟期8—9月。

分　　布: 河南伏牛山、大别山和桐柏山区均有分布；多见于山谷或山坡林中。

功用价值: 茎皮纤维是造纸和人造棉的原料；果可食；叶可作饲料；根可入药。

叶　聚花果　叶　植株

薜荔 Ficus pumila L.　　　　榕属 *Ficus* Linn.

形态特征: 攀缘或匍匐灌木。小枝有棕色茸毛。叶二型，营养枝上叶小而薄，心脏卵形，长约2.5cm，或更短，基部偏斜；在结果枝上较大，革质，卵状椭圆形，长4~10cm；先端圆钝，基部圆形或近心脏形，表面无毛，背面有短柔毛，网脉突起成蜂窝状。花序单生叶腋，具短梗；梨形或倒卵形，长约5mm；基生苞片3个；雄花与瘿花同生在一花序托内，雌花生于另一花序托内；雄蕊2个；瘿花较雌花花柱短。聚花果紫褐色。花期6月；果熟期9—10月。

分　　布: 河南伏牛山南部、大别山和桐柏山区均有分布；常以不定根攀缘于墙壁或树干上。

功用价值: 果可做凉粉；根、藤、叶和果可入药。

聚花果　茎、叶、聚花果　茎、叶

珍珠莲 Ficus sarmentosa var. henryi (King et Oliv.) Corner　　榕属 Ficus Linn.

形态特征： 常绿攀缘灌木。幼枝具褐色柔毛，后变无毛。叶近革质，矩圆形或披针状矩圆形，先端尾状急尖或渐尖，基部圆形，表面无毛，背面有柔毛，侧脉7~1一对，网脉在背面突起呈蜂窝状。花序单生或成对腋生，无梗，近球形，直径1.2~1.5cm；基部有苞片3个；雄花与瘿花同生于一花序托内，雌花生于另一花序托内；雄花萼片4个，雄蕊2个。聚花果带紫色。花期5月；果熟期9—10月。

分　　布： 河南伏牛山南部、大别山和桐柏山区均有分布；多见于山沟疏林中或攀缘于岩石上。

功用价值： 果实可制淀粉或酿酒；茎皮纤维可制人造棉或造纸；全藤可制绳索；根与藤可入药，有祛风除湿之效，治风湿腰腿痛。

果实

叶背面

植株

聚花果横切

隐头花序

爬藤榕 Ficus sarmentosa var. impressa (Champ.) Corner　　榕属 Ficus Linn.

形态特征： 常绿攀缘灌木。幼枝及芽有棕色茸毛。叶革质，披针形或椭圆状披针形，长5~9cm，宽1~3cm，先端渐尖或长渐尖，基部圆形或楔形，表面光滑，背面灰白色，网脉突起成蜂窝状；叶柄长4~7mm，密生棕色毛。花序单生或成对腋生，或簇生于老枝上，球形，直径4~7mm，有短梗，近无毛，雄花与瘿花同生于一花序托内。雌花生于另一花序托内，雄花萼片3~4个，雄蕊2个。聚花果带褐紫色。花期5月；果熟期8—10月。

分　　布： 河南伏牛山南部、大别山和桐柏山区均有分布；多攀缘于石灰岩陡坡或树干。

功用价值： 茎皮纤维可作人造棉和造纸原料；全藤可制绳索；根及藤可入药。

枝、叶、果实

叶

聚花果

桑 *Morus alba* L.　　　　　　　　　　　　桑属 *Morus* Linn.

形态特征： 乔木。树皮黄褐色，浅裂。幼枝有毛或光滑。叶卵形或宽卵形，先端尖或钝，基部圆形或浅心脏形，边缘具粗钝齿或有时不规则分裂，各方面无毛，背面脉上或脉腋有毛。花雌雄异株，成腋生穗状花序；雄花序长1~2.5cm，雌花序长5~10mm；雄花萼片与雄蕊各4个；雌花柱头2裂，无柄，宿存。聚花果长1~2.5cm，黑紫色或白色。花期4月，果熟期6—7月。

分　　布： 原产于我国中部及北部，现东北至西南各地区均有栽培；河南各地均有分布；常栽培于路旁、渠岸及住宅周围。

功用价值： 树皮纤维细柔，可制衣或造纸，还可制人造棉；根皮、嫩枝、叶及果实可入药；叶为养蚕的主要饲料，也可作农药；果可生食或酿酒、制蜜饯等；木材坚硬，可制农具、乐器、器具等。

叶背面　　　枝、叶　　　叶、聚花果　　　聚花果　　　雌花序

华桑 *Morus cathayana* Hemsl.　　　　　　　桑属 *Morus* Linn.

形态特征： 乔木，高达8m。树皮灰色。小枝微有毛。叶纸质，卵形或宽卵形，长5~10cm或有时达20cm，先端长尖或短尖，基部截形或近心脏形，边缘具粗钝齿，有时3裂，表面疏生粗伏毛，背面密生短柔毛；叶柄长1.5~5cm。雄花序长3~5cm，雌花序长2cm；萼片4个，黄绿色，有短毛；雄蕊4个；雌花柱头2裂，有短柄。聚花果窄圆柱形，长2~3cm，白、红或黑色。花期5月；果熟期6月。

分　　布： 河南伏牛山、大别山和桐柏山区均有分布；多见于向阳山坡、沟旁或杂木林中。

功用价值： 茎皮纤维可制蜡纸、绝缘纸、皮纸和人造棉；果可食，也可酿酒。

植株　　　雄花序　　　聚花果　　　枝、叶　　　枝、叶背面

蒙桑 *Morus mongolica* (Bur.) Schneid.

形态特征： 灌木或小乔木，高3~8m。小枝褐色，冬芽先端尖。叶卵形至椭圆状卵形，长8~18cm，宽4~8cm，先端长渐尖或尾状渐尖，基部心脏形，不分裂或3~5裂，边缘有粗锯齿，齿端有毛刺状尖头，两面无毛；叶柄长4~6cm。花柱明显。聚花果红色或黑色，花期5月；果熟期6—7月。

分　　布： 河南各山区均有分布；多见于向阳山坡或疏林。

功用价值： 茎皮纤维可制高级纸，也可作混纺和单纺原料；根皮入药；果可食用或酿酒；木材可作家具用材。

枝、叶

枝、叶背面

枝、叶、聚花果

聚花果

藤构 *Broussonetia kaempferi* var. *australis* Suzuki

形态特征： 蔓生藤状灌木；树皮黑褐色；小枝显著伸长，幼时被浅褐色柔毛，成长脱落。叶互生，螺旋状排列，近对称的卵状椭圆形，先端渐尖至尾尖，基部心形或截形，边缘锯齿细，齿尖具腺体，不裂，稀为2~3裂，表面无毛，稍粗糙；叶柄长8~10mm，被毛。花雌雄异株，雄花序短穗状，长1.5~2.5cm，花序轴约1cm；雄花花被片3~4，裂片外面被毛，雄蕊3~4，花药黄色，椭圆球形，退化雌蕊小；雌花集生为球形头状花序。聚花果直径1cm，花柱线形，延长。花期4—6月；果期5—7月。

分　　布： 河南伏牛山南部、大别山区均有分布；多见于山谷灌丛或沟边山坡路旁。

功用价值： 韧皮纤维可作造纸优良原料。

枝、叶

雄花序

雌花序

聚花果

楮 *Broussonetia kazinoki* Sieb. ｜ **构属** *Broussonetia* L'Hér. ex Vent.

形态特征： 灌木，枝蔓生或攀缘。叶卵形或卵状椭圆形，长6~12cm，宽2~5cm，先端渐尖，基部近心脏形，边缘有锯齿，表面有糙伏毛，背面有细柔毛；叶柄长1~2cm。花单性，雌雄同株；雄花序柔荑状，长约1cm，萼片与雄蕊各4个，雌花序头状，直径5~6mm，苞片高脚碟状，花柱丝状，有刺。聚花果球形，直径5~6mm，肉质，成熟时红色。花期4—5月；果熟期6—7月。

分　　布： 河南伏牛山、大别山和桐柏山区均有分布；多见于山坡灌丛、沟边或次生杂林。

功用价值： 茎皮纤维供造纸和人造棉的原料；根与叶可入药。

聚花果

枝、叶、聚花果

枝、叶、雌花序

雌花序、雄花序

构树 *Broussonetia papyrifera* (Linn.) L' Hér. ex Vent. ｜ **构属** *Broussonetia* L'Hér. ex Vent.

形态特征： 乔木，高达16m。树皮浅灰色。小枝粗壮，密生灰色长毛。叶互生或有时对生，宽卵形，长7~20cm，宽6~15cm，先端锐尖，基部浅心脏形，边缘具粗齿，幼树叶多深裂，两面均有厚柔毛，表面粗糙；叶柄长2.5~8cm。花单性，雌雄异株；雄花序柔荑状，腋生，下垂，长6~8cm，雌花序头状，直径1.2~1.8cm。聚花果球形，直径约3cm，肉质，红色。花期3—4月；果熟期8—9月。

分　　布： 河南各地均有分布；多见于山沟或沟边。

功用价值： 树皮纤维细长，是造各种纸的上等原料，可混纺，也可制人造棉；果可生食，也可酿酒；果实、根皮、树皮及白色汁液均可入药；种子可榨油供制肥皂、油漆等；叶可作农药；木材富有韧性。

雌株枝、叶、雌花序（球形头状花序）

雄株枝、叶、雄花序（柔荑花序）

植株

聚花果

▶荨麻科 Urticaceae

宽叶荨麻 *Urtica laetevirens* Maxim.　　　荨麻属 *Urtica* Linn.

形态特征： 多年生草本，高40~100cm。茎不分枝或分枝，疏生螫毛和微柔毛。叶狭卵形至宽卵形，长4~9cm，宽2.5~4.5cm，先端短渐尖至渐尖，基部宽楔形或圆形，边缘有锐牙齿，两面疏生短毛；叶柄长1~3cm；托叶离生，线状披针形。花雌雄同株；雄花序生于茎上部，长约达8cm，雄花萼片与雄蕊均为4个；雌花序生于雄花序之下，较短，雌花萼4片，柱头画笔状。瘦果卵形，稍扁，长达1.5mm。花期6—7月；果熟期7—8月。

分　　布： 河南太行山和伏牛山区均有分布；多见于林下或山谷水边湿地。

功用价值： 茎皮纤维可供纺织及制绳索；全草可入药。

叶

植株、花序

花点草 *Nanocnide japonica* Bl.　　　花点草属 *Nanocnide* Bl.

形态特征： 多年生草本，高10~20cm。茎直立或斜上，常具匍匐茎，具向上弯曲的短伏毛。叶菱状卵形、三角形至扇形，长1~2.5cm，宽1~3cm，先端钝，基部宽楔形、截形或心脏形，边缘有圆齿，两面疏生短柔毛和少数螫毛，表面有点状突起；叶柄长0.3~2cm。花雌雄同株或异株，雄花序常有长梗，分枝较稀疏，雄花直径约2mm，淡紫红色，萼片与雄蕊均为5个；雌花序具短梗或几无梗，分枝短而密集，萼片4个，长约1mm，柱头画笔头状。瘦果卵形，有点状突起。花期4—5月；果熟期6—7月。

分　　布： 河南伏牛山南部、大别山和桐柏山区均有分布；多见于山沟林下、溪旁阴湿地方。

功用价值： 全草可入药。

叶背面

叶、花

花序

珠芽艾麻 *Laportea bulbifera* (Sieb. et Zucc.) Wedd.　　　**艾麻属** *Laportea* Gaudich.

形态特征： 多年生草本，高40~80cm。根纺锤形，肉质。茎具短毛和疏稀螫毛。叶腋有近球形珠芽，直径达5mm。叶卵形或椭圆形，先端短渐尖，无凹裂，基部宽楔形或圆形，边缘密生小牙齿，背面疏生短与螫毛；叶柄长达6cm，有螫毛。花雌雄同株；雄花序腋生，长达4cm，雄花萼片4~5个，白色，雄蕊与萼片同数而对生，退化子房杯状；雌花序顶生，长达15cm，花梗稍扁具翅，雌花长约0.7mm，萼片4个，不等大，子房最初直立，后斜生。瘦果扁平，淡黄色，平滑。花期7—9月；果熟期8—10月。

分　　布： 河南伏牛山区分布；多见于山坡或山谷林下阴湿处。

功用价值： 茎皮纤维可代麻，也可作造纸和人造棉的原料；种子可榨油；可供食用或药用。

植株

雌花序

艾麻 *Laportea cuspidata* (Wedd.) Friis　　　**艾麻属** *Laportea* Gaudich.

形态特征： 多年生草本，高50~100cm。茎具螫毛及反曲微柔毛。叶宽卵形或近圆形，长6.5~20cm，宽4.5~18cm，先端凹裂成尾状骤尖，基部圆形或浅心脏形，边缘有粗牙齿，两面疏生短毛，或近无毛；叶柄长达11cm。花雌雄同株，雄花序生于雌花序之下，长达15cm，雄花直径约1.5mm，萼片5个，雄蕊5个；雌花序生于茎梢叶腋，萼片4个，不等大，在果时增大，柱头线形。瘦果斜卵形，扁，长约2.2mm。花期7—8月；果熟期9—10月。

分　　布： 河南太行山、伏牛山和大别山区均有分布；多见于山谷林下或溪旁阴湿地方。

功用价值： 茎皮纤维可制麻布和绳索。

植株、雄花序

茎、叶、雌花序

121

大蝎子草 *Girardinia diversifolia* (Link) Friis　　　　　　　**蝎子草属** *Girardinia* Gaudich.

形态特征： 多年生草本，高50~200cm。全体伏生粗毛和粗螫毛。叶阔卵形至扁圆形，长8~15cm，宽7~14cm，先端3~5裂，基部圆形、截形或微心脏形，边缘具粗大锯齿，表面深绿色，密布点状钟乳体，两面均伏生粗毛和淡黄色粗螫毛；托叶合生，先端2裂，卵状披针形，长1~1.2cm，膜质，淡褐色，早落。花序腋生，穗状；雄花序较短，位于茎的下部；雌花萼2裂，有粗伏毛和粗螫毛。瘦果扁圆形，直径约2mm，基部为宿存花被片抱托，花柱宿存。花期8—9月；果熟期9—10月。

分　　布： 河南伏牛山南部西峡、南召、淅川等县均有分布；多见于山坡或山沟林下阴湿地。

功用价值： 茎皮纤维可代麻制绳索；种子可榨油制肥皂。

叶

植株

茎、叶、花序

螫刺

蝎子草 *Girardinia diversifolia* subsp. *suborbiculata* (C. J. Chen) C. J. Chen et Friis　　　　　　**蝎子草属** *Girardinia* Gaudich.

形态特征： 一年生草本，高25~80cm。茎伏生粗糙硬毛与大形刺状螫毛，长达6mm。叶宽卵形，长达18cm，宽达15cm，先端渐尖或成尾状，基部近截形，边缘具缺刻状大牙齿，两面疏生短伏毛；叶柄长3~10cm，具伏毛与螫毛；托叶三角状。花雌雄同株，花序较叶短；雄花直径约1mm，萼片与雄蕊均4个；雌花萼2齿裂，不等大，具糙毛，柱头线形，果时反卷。瘦果宽卵形，扁，长约2mm，光滑。花期7—8月；果熟期9—10月。

分　　布： 河南太行山和伏牛山区均有分布；多见于林下及沟边阴湿地。

功用价值： 茎皮纤维可供纺织和制绳索；种子可榨油制肥皂。

叶

植株

螫刺

山冷水花 *Pilea japonica* (Maxim.) Hand.-Mazz.　　　　冷水花属 *Pilea* Lindl.

形态特征： 草本。茎无毛，高达30（~60）cm。叶对生，茎部叶近轮生，同对叶不等大，菱状卵形或卵形，稀披针状，长1~6（~10）cm，先端尖，稀钝尖或短尾尖，基部楔形，稀近圆或近平截，下部全缘，上部具数对圆锯齿或纯齿，基部三出脉，侧生一对伸达叶中上部齿尖，侧脉2~3（~5）对，钟乳体线形；叶柄无毛，托叶长圆形。花单性，雌雄同株，常混生，或异株；雄聚伞花序具细梗，常成头状，长1~1.5cm；雌聚伞花序连同总梗长1~3（~5）cm，团伞花簇常成头状，1~2或数枚疏生花枝。雄花花被片5，覆瓦状排列，合生至中部。雌花花被片5，长圆状披针形，其中2~3个背面龙骨状，先端疏生刚毛。瘦果卵圆形，稍扁，灰褐色，有疣状突起，几乎被宿存花被包裹。花期7—9月；果期8—11月。

分　　布： 河南伏牛山、大别山、桐柏山、伏牛山区均有分布；多见于山坡林下、山谷溪边草丛中、石缝或树干长苔藓的阴湿处，常成片生长。

功用价值： 全草可药用。

叶、花序　　　　叶背面　　　　植株

粗齿冷水花 *Pilea sinofasciata* C. J. Chen　　　　冷水花属 *Pilea* Lindl.

形态特征： 草本，高达1m。叶同对近等大，椭圆形、卵形、椭圆状或长圆状披针形，长（2~）4~17cm，先端长尾尖，基部楔形或钝圆，有10~15对粗牙齿，正面沿中脉常有2条白斑带，钟乳体在背面沿细脉排成星状，基部三出脉；叶柄长1~5cm，有短毛，托叶三角形，长约2mm，宿存。花雌雄异株或同株；花序聚伞圆锥状，具短梗，长不过叶柄。雄花花被片4，合生至中下部，椭圆形，其中2枚近先端有不明显短角。雌花花被片3，近等大。瘦果卵圆形，顶端歪斜，有疣点，宿存花被片下部合生，宽卵形，边缘膜质，长约果的1/2。花期6—7月；果期8—10月。

分　　布： 河南大别山、伏牛山区均有分布；多见于山沟林下阴湿处。

叶　　　　雄株　　　　雌花序

苎麻 *Boehmeria nivea* (L.) Hook. f. et Arn. | **苎麻属** *Boehmeria* Jacq.

形态特征： 亚灌木，高达2m。茎多分枝，密生粗长毛。叶互生，卵形或宽卵形，长5~16cm，宽3.5~13cm；先端渐尖，基部宽楔形或截形，边缘密生粗钝齿，表面绿色，粗糙，背面灰白色，密生交织的白色柔毛；叶柄长2~11cm，密生长毛。花雌雄同株花序圆锥状，雄花序位于雌花序之下；雄花小，萼片与雄蕊均为4个，有退化雌蕊；雌花簇球形，直径约2mm，萼管状。瘦果小，椭圆形，密生短毛，宿存柱头丝状。花期5—6月；果熟期9月。

分　　布： 河南伏牛山南部、大别山和桐柏山区；有野生或栽培；多见于山沟、路旁、宅旁阴湿处。

功用价值： 茎皮纤维为制布、人造棉、人造丝、优质纸的原料，并能与羊毛、棉花混纺；根、叶可供药用；叶可养蚕或作饲料。种子含油，可榨油供食用和制肥皂。

叶背面

茎、叶、花序

赤麻 *Boehmeria silvestrii* (Pamp.) W. T. Wang | **苎麻属** *Boehmeria* Jacq.

形态特征： 多年生草本，高50~90cm。茎直立，通常丛生，不分枝，红褐色，上部疏生短伏毛。叶对生，草质，卵形或宽卵形，先端3~5裂，具3~5个骤尖，基部宽楔形或截形，适缘具粗牙齿，两面疏生短毛或背面几无毛。花雌雄异株或同株，成腋生穗状花序，长9~16cm；雄花淡黄白色，直径约1.5mm，萼片与雄蕊均为4~5个；雌花小，淡红色，柱头丝状，长达2mm。瘦果宽倒卵形，长约1mm，上部具短毛。花期5—6月；果熟期8—9月。

分　　布： 河南伏牛山、太行山和大别山区均有分布；多见于山沟溪间和林缘空地。

功用价值： 茎皮纤维可作麻布、造纸等制作原料。

叶

植株

花序

小赤麻 Boehmeria spicata (Gaudich.) Endl.

苎麻属 Boehmeria Jacq.

形态特征： 多年生草本，高60~90cm。茎常分枝，幼时具短伏毛。叶对生，宽卵形，长3~11cm，宽1.5~7.5cm，先端长渐尖，基部圆形或宽楔形，边缘具粗牙齿，两面疏生糙伏短硬毛；叶柄长1~8cm，有伏毛；托叶披针形，长3~4mm。花雌雄异株或同株；穗状花序1~2个腋生；花序轴疏生白色短柔毛；雌花簇球形，直径约2mm。瘦果倒卵形或菱状倒卵形，长0.5~1mm，上部疏生短毛，宿存柱头丝状。花期6—7月；果熟期8—9月。

分　　布： 河南各山区均有分布；多见于山沟林缘、溪旁、阴坡草地和灌丛中。

功用价值： 茎皮纤维可作绳索原材料，也可作麻刀、人造棉和纺织原料。

叶　　植株　　茎、叶、花序

悬铃叶苎麻 Boehmeria tricuspis (Hance) Makino

苎麻属 Boehmeria Jacq.

形态特征： 多年生草本，高1~1.5m。茎直立，常丛生，不分枝，密生短糙毛。叶对生，坚纸质，近圆形或宽卵形，长6~14cm，宽5~17cm，先端3裂，具3个骤尖，基部宽楔形或截形，边缘具不整齐的粗牙齿，上部常为重牙齿，两面密生粗糙短毛；叶柄长1~9cm；托叶披针形。花雌雄同株，成腋生穗状或穗状圆锥花序，通常较叶长；雌花簇直径约2.5mm。瘦果狭倒卵形或狭椭圆形，长约1mm，有短硬毛，宿存柱头丝状。花期6—7月；果熟期8—9月。

分　　布： 河南各山区均有分布；多见于山谷溪旁、路边与林缘。

功用价值： 茎皮纤维可作纺织与高级纸的原料，根与叶可入药；种子可榨油，供制肥皂和食用；叶可作饲料。

叶、花序　　叶　　植株

▶ 胡桃科 Juglandaceae ||||||||||||||||||||||||||||||||||||||||||||||||||||||||||||||||

化香树 *Platycarya strobilacea* Sieb.et Zucc.　　　化香树属 *Platycarya* Sieb. et Zucc.

形态特征： 乔木或小乔木，高10~20m。树皮黑褐色，纵裂。幼枝褐色，初被细毛，后脱落。奇数羽状复叶长15~35cm；小叶5~19个，卵状披针形或长圆状披针形，先端长渐尖，基部圆，微偏斜，边缘有重锯齿，表面幼时生密毛，后脱落，背面脉腋有毛，侧脉12~20对，先端2歧。花序聚生于当年生枝顶，或生叶腋，雄花密生褐色茸毛；苞片披针形，长3~5mm，表面密生褐色茸毛；雄蕊通常8个，花药2室。雌花序密生褐色茸毛，苞片宽卵形，长约5mm，雌蕊与2个小苞合生成翅，花柱短，柱头2裂。果序球果状，长椭圆形，暗褐色；果鳞披针形，长达12mm；小坚果扁平，圆形，具2狭翅，长约5mm。花期5—6月；果熟期10—11月。

分　　布： 河南伏牛山、大别山和桐柏山区均有分布；多见于山坡，有时为纯林。

功用价值： 根皮、树皮、叶与果序均富含鞣质，可提制栲胶供鞣皮用；果序可作黑色染料；树皮纤维能代麻供纺织或搓绳用；树皮可入药；叶可作农药。

枝、叶、花序

果序、苞片
花序

植株

雄花序

青钱柳 *Cyclocarya paliurus* (Batal.) Iljinsk.　　　青钱柳属 *Cyclocarya* Iljinsk.

形态特征： 落叶乔木，高达30m。裸芽具柄，密被锈褐色腺鳞。枝条髓部薄片状分隔。奇数羽状复叶具（5~）7~9（~11）小叶，叶柄长3~5cm；小叶长椭圆状卵形或宽披针形，长5~14cm，基部歪斜，宽楔形或近圆，具锐锯齿，正面被腺鳞，背面被灰色及黄色腺鳞，侧脉10~16对，沿脉被短柔毛，背面脉腋具簇生毛。雌雄同株；雌、雄花序均柔荑状。雄花序具极多花，束生于叶痕腋内；雌花序单生枝顶，具雌花约20，雌花几无梗或具短梗，雄花花被片4，雄蕊20~30；雌花苞片与2小苞片愈合，贴生雌花，花被片4，花柱短，柱头2裂，裂片羽毛状，子房下位，基部不完全2室。果具短柄，果翅革质，圆盘状，被腺鳞，顶端具宿存花被片。花期4—5月；果期7—9月。

分　　布： 河南伏牛山、大别山区均有分布；多见于山地林中。

功用价值： 树皮含鞣质，可提取栲胶，亦可作纤维原料；木材细致。

保护类别： 中国特有种子植物；河南省重点保护野生植物。

叶
叶背面

花序

果序

植株

果实

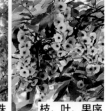
枝、叶、果序

湖北枫杨 *Pterocarya hupehensis* Skan　　　　　枫杨属 *Pterocarya* Kunth

形态特征： 乔木，树皮灰色纵裂。冬芽裸露。叶轴不具翅；小叶5~11个，长椭圆形至卵状椭圆形，先端尖，基部圆形，偏斜，边缘有锯齿，表面有细小疣状突起及稀疏盾状腺体，中脉疏生星状毛，背面有极小灰色鳞片及稀疏盾状腺体，脉腋有簇生星状毛，无小叶柄。果序长10~45cm，下垂，序轴具疏生星状毛。果实无毛，果翅半圆形，长10~15mm，宽12~15mm，与果体同具鳞片状腺体。花期6月；果熟期9月。

分　　布： 河南伏牛山、大别山和桐柏山区均有分布；多见于山谷、河滩。

功用价值： 木材可供建筑、家具等用；树皮纤维拉力强，可造纸、制绳索及人造棉，并含有鞣质，可提制栲胶供鞣皮用；种子含油，可供制肥皂。

保护类别： 中国特有种子植物。

叶　　　　枝、叶、果序　　　　植株　雌花序　　　果实

枫杨 *Pterocarya stenoptera* C. DC.　　　　　枫杨属 *Pterocarya* Kunth

形态特征： 乔木，高达30m。树皮褐灰色，浅纵裂。幼枝及叶柄常具细毛。冬芽裸露，暗褐色。复叶长达40cm，顶生小叶有时不存在，叶轴有狭翅，翅有时具锯齿，小叶11~25个，先端钝或短尖，基部偏斜，边缘有细锯齿，背面沿脉有褐色细毛。雄花序侧生于上年生枝上，雄花具有1个延长苞片及2个小苞片，花被片1~2个，雄蕊9~18个，花丝短；雌花序生于当年生枝端，成直立穗状，雌花单生苞腋，左右各具1小苞片，后发育成果翅，花被4片。果序下垂，长20~45cm，果序轴有毛；果长圆形，长6~7mm，果翅2个，长圆形至线状长圆形，长12~20mm，宽3~6mm。花期4月；果熟期8—9月。

分　　布： 河南各山区均有分布；多见于山沟溪旁、河滩低湿地方；平原有栽培。

功用价值： 树皮与根皮入药；树皮纤维可制绳索和人造棉，并含鞣质，可提制栲胶；种子含油量高，供制肥皂或润滑油；叶含水杨酸，可制农药及绿肥；木材可作建筑、家具等原材料用。

叶　　果序、果实　　　　果期　　　　植株　　雄花序

胡桃楸 *Juglans mandshurica* Maxim.   胡桃属 *Juglans* Linn.

形态特征： 乔木，高达25m。幼枝有毛，顶芽裸露，有黄褐色毛。羽状复叶达80cm，叶柄与叶轴有毛，小叶9~19个，卵状椭圆形或椭圆状长圆形，长6~18cm，宽3~7cm，先端渐尖，基部圆形或浅心脏形，边缘有细锯齿，表面初有疏毛，后仅中脉有毛，背面有贴生短柔毛和星状毛。雄花序长9~20cm，雄蕊12个；雌花序穗状，有4~10花，密被毛。果卵形或椭圆形，长3.5~7cm，直径3~5cm，果核有8条纵棱，各棱间有不规则皱折及凹沉。花期4—5月；果熟期8—9月。

分　　布： 河南伏牛山及桐柏山区均有分布；多见于山谷及山坡疏林。

功用价值： 可作胡桃砧木，可制枪托及贵重家具；树皮可入药；种仁含油，可供食用；外果皮及树皮含鞣质，可制栲胶；内果皮可制活性炭。

保护类别： 河南省重点保护野生植物；国家二级珍贵树种。

雌花序

枝、叶、雌花序　　果实　　枝、叶、雄花序　　雄花序

胡桃（核桃） *Juglans regia* L.   胡桃属 *Juglans* Linn.

形态特征： 乔本，高达35m。树皮灰白色，浅纵裂。枝条髓部片状，幼枝先端具细柔毛，2年生枝常无毛。羽状复叶长25~30（~50）cm，小叶5~9个，稀13个，椭圆状卵形至椭圆形，顶生小叶通常较大，长6~15cm，宽3~6cm，先端急尖或渐尖，基部圆或楔形，有时为心脏形，全缘或有不明显钝齿，表面深绿色，无毛，背面仅脉腋有微毛；小叶柄极短或无。雄性柔荑花序长5~10cm，有雄蕊6~30个，萼3裂；雌花1~3朵聚生，花柱短，花柱2裂，赤红色。果实球形，直径约5cm，灰绿色，幼时具腺毛，老时无毛，内部坚果球形，黄褐色，表面有不规则槽纹。花期3—4月；果熟期8—9月。

分　　布： 河南各处均有栽种。原产欧洲与中亚，我国新疆也有分布，全国各地普遍栽培。

功用价值： 果供生食及榨油，种仁含油量60%，为优良的食用油，亦可药用；外果皮及叶可作农药；果壳可制活性炭；树皮及外果皮含鞣质，可提制栲胶；果实和叶是提取维生素的原料；木材坚韧，纹理细致，光滑而美观可供做枪托及贵重家具，也可供雕刻等用。

雄花序

雌花

叶、果实　　植株

▶ 壳斗科 Fagaceae ||||||||||||||||||||||||||||||||||||||||||||||||||

水青冈 *Fagus longipetiolata* Seem. 　　水青冈属 *Fagus* L.

形态特征： 乔木，高达25m。冬芽长达20mm，小枝的皮孔狭长圆形或兼有近圆形。叶顶部短尖至短渐尖，基部宽楔形或近于圆，有时一侧较短且偏斜，叶缘波浪状，有短的尖齿，侧脉每边9~15条，直达齿端，开花期的叶沿叶背中、侧脉被长伏毛，其余被微柔毛，结果时因毛脱落变无毛或几无毛。总梗长1~10cm；壳斗4（3）瓣裂，裂瓣长20~35mm，稍增厚的木质；小苞片线状，向上弯钩，位于壳斗顶部的长达7mm，下部的较短，与壳壁相同均被灰棕色微柔毛，壳壁的毛较长且密，通常有坚果2个；坚果比壳斗裂瓣稍短或等长，脊棱顶部有狭而略伸延的薄翅。花期4—5月；果期9—10月。

分　　布： 河南伏牛山区分布；多见于海拔1200m以上的山坡或山谷杂木林中。

功用价值： 木材可供建筑、家具使用；种子含淀粉，可酿酒，也可作饲料。

壳斗

植株

枝、叶

树皮

栗 *Castanea mollissima* Blume 　　栗属 *Castanea* Mill.

形态特征： 乔木，高达20m。树皮灰褐色，纵裂。幼枝具灰色星状茸毛。叶长椭圆形至长椭圆状披针形，长10~21cm，宽4~6cm，先端渐尖，基部圆形或宽楔形，边缘疏生具短刺芒状尖锯齿，背面密生灰白色星状毛，侧脉10~18对；叶柄长1~2cm；托叶卵状披针形，早落。雄花序长5~15cm。壳斗（总苞）径5~9cm，密生针刺，刺上有星状毛，内有2~3个果实；坚果扁球形或近球形，深褐色，先端具茸毛。花期4—5月；果熟期9—10月。

分　　布： 河南太行山、伏牛山、大别山和桐柏山区均有分布；多见于山坡或山谷向阳处。

功用价值： 品种较多，为我国主要干果之一；木材纹理直，质坚硬；幼枝、叶、树皮等部位均可入药；叶可饲养柞蚕。

枝、叶、雄花序

植株

花果期

雌花序、总苞片

壳斗、坚果

茅栗 *Castanea seguinii* Dode
栗属 *Castanea* Mill.

形态特征： 乔木或灌木。树皮暗灰色，纵裂。幼枝密被短柔毛，老枝褐色，无毛，冬芽小。叶长椭圆形或长圆状倒卵形；长6~14cm，宽4~6cm，先端短渐尖或渐尖，基部圆形、宽楔形或略呈心脏形，边缘疏生刺尖锯齿，表面具光泽，背面幼时有毛，后无毛，具鳞片状腺点；侧脉10~18对；叶柄长1~1.5cm。总苞近球形，直径3~4cm，密生针刺，刺上疏生毛，成熟时4裂，通常有3个坚果；坚果近球形，暗褐色，直径1~1.5cm。花期4—5月；果熟期9—10月。

分　　布： 河南伏牛山、大别山和桐柏山区均有分布；多见于向阳山坡或山谷。

功用价值： 种子可食；壳斗和树皮可提制栲胶；木材可作家具原料；可作嫁接板栗的砧木。

保护类别： 中国特有种子植物。

壳斗、总苞片
雌花序、壳斗、总苞片
叶背面

植株

枝、叶

花期

栓皮栎 *Quercus variabilis* Bl.
栎属 *Quercus* Linn.

形态特征： 落叶乔木，高达25m。树皮灰褐色，深纵裂，木栓层甚厚。小枝淡黄褐色，初被疏毛，后无毛。叶长圆状披针形至椭圆形，长8~15cm，宽3~5.5cm，先端渐尖，基部圆形或宽楔形，边缘有刺芒状尖锯齿，表面暗绿色，无毛，背面密被灰白色星状毛层；叶柄长1.5~3.5cm。壳斗碗形，鳞片锥形，反曲，有毛；坚果卵圆形或短柱状球形，长约1.5cm，约1/2以上包于壳斗中。花期4—5月；果熟期翌年9—10月。

分　　布： 河南太行山、伏牛山、大别山和桐柏山区均有分布；多见于向阳山坡。

功用价值： 木材优质，木栓为工业原料；种子含淀粉，可作饲料；壳斗含鞣质，可作黑色染料或提制栲胶；树干可养木耳；叶可饲养柞蚕。

叶背
枝、叶

壳斗、总苞片、坚果
栓皮

雄花
枝、叶、雄花序

植株

麻栎 *Quercus acutissima* Carruth.

栎属 *Quercus* Linn.

形态特征： 落叶乔木，高15~20m。树皮暗灰色，粗糙，不规则纵裂，小枝黄褐色。幼时密生毛，老枝无毛。叶卵状披针形，长9~16cm，宽2~5cm，先端渐尖，基部圆形或宽楔形，边缘有刺芒状尖锯齿，侧脉12~16对，表面绿色，无毛，有光泽，背面初被灰色短毛，后脱落，仅脉上残留细毛；叶柄长2~3cm，具细毛。壳斗碗形，鳞片锥形，反曲，有毛；坚果卵状长圆柱形，栗褐色，长约2.5cm，直径1~15cm，1/2以上包于壳斗中。花期4—5月；果熟期翌年10月。

分　　布： 河南太行山、伏牛山、大别山和桐柏山区均有分布；多见于海拔1000m以下的山坡或山沟。

功用价值： 种子含淀粉，可提取供浆纱或酿酒原料；树皮、壳斗含鞣质，可提制栲胶；叶可饲养柞蚕；木材淡黄色，质地坚硬，能耐腐朽；树皮可入药。

壳斗、坚果

枝、叶背面

植株

槲栎 *Quercus aliena* Blume

栎属 *Quercus* Linn.

形态特征： 落叶乔木，高达30m；树皮暗灰色，深纵裂。老枝暗紫色，具多数灰白色突起的皮孔；小枝灰褐色，近无毛，具圆形淡褐色皮孔；芽卵形，芽鳞具缘毛。叶片长椭圆状倒卵形至倒卵形，顶端微钝或短渐尖，基部楔形或圆形，叶缘具波状钝齿，叶背被灰棕色细茸毛，侧脉每边10~15条，叶面中脉侧脉不凹陷；叶柄长1~1.3cm，无毛。雄花序长4~8cm，雄花单生或数朵簇生于花序轴，微有毛，花被6裂，雄蕊通常10个；雌花序生于新枝叶腋，单生或2~3朵簇生。壳斗杯形，包着坚果约1/2，直径1.2~2cm，高1~1.5cm；小苞片卵状披针形，长约2mm，排列紧密，被灰白色短柔毛。坚果椭圆形至卵形，果脐微突起。花期4—5月；果期9—10月。

分　　布： 河南伏牛山、大别山、太行山、桐柏山区均有分布；多见于海拔300m以上向阳山坡，有时呈纯林。

功用价值： 种子含淀粉，可酿酒，也可制凉粉、粉条，做豆腐及酱油等；树皮、壳斗含鞣质，可提制栲胶；叶可饲养柞蚕；木材坚硬，耐磨力强。

叶背面、雄花序

果期枝叶

叶

壳斗、总苞片、坚果

植株

锐齿槲栎 *Quercus aliena* var. *acutiserrata* Maxim. ex Wenz　　栎属 *Quercus* Linn.

形态特征： 本变种与原变种的区别：叶缘具粗大锯齿，齿端尖锐，内弯，叶背密被灰色细茸毛，叶片形状变异较大。花期3—4月；果期10—11月。

分　　布： 河南伏牛山、大别山和桐柏山区均有分布；多见于海拔700m以上的山坡，有片状纯林。

功用价值： 木材坚硬，可供建筑、家具等用；种子含淀粉，可酿酒，制粉条、凉粉等；栲皮、壳斗含鞣质，可提制栲胶。

叶 ｜ 壳斗、坚果 ｜ 枝、叶、雄花序 ｜ 植株

槲树 *Quercus dentata* Thunb.　　栎属 *Quercus* Linn.

形态特征： 落叶乔木，高达25m。树皮暗灰色，有深纵沟。小枝粗壮，被黄色星状茸毛。叶倒卵形至倒卵状楔形，长10~30cm，宽6~18（~20）cm，先端钝圆或钝尖，基部楔形或耳形，边缘具4~10对波状缺刻或浅裂，裂片先端钝或具钝尖头，幼时有毛，老时仅背面有灰白色星状毛和柔毛，侧脉8~10对；叶柄长2~5mm，密被茸毛。壳斗鳞片披针形，红褐色，长达2.5cm，排列疏松，显著反曲；坚果卵圆形，长1.5~2cm，2/5~1/2包于壳斗中。花期4—5月；果熟期9月。

分　　布： 河南太行山、伏牛山、大别山和桐柏山区均有分布；多见于向阳山坡。

功用价值： 树皮、壳斗含鞣质，为提制栲胶的重要原料；种子含淀粉，可供酿酒，并可制粉条；树皮及种子可入药；叶可饲养蚕；木材坚实，可作家具、建筑、地板等原料。

壳斗、总苞片 ｜ 果序 ｜ 壳斗、坚果 ｜ 枝、叶、雌花序 ｜ 植株 ｜ 雄花序

白栎 *Quercus fabri* Hance　　栎属 *Quercus* Linn.

形态特征： 落叶乔木或灌木状，高达20m，树皮灰褐色，深纵裂。小枝密生灰色至灰褐色茸毛；冬芽卵状圆锥形，芽鳞多数，被疏毛。叶片倒卵形、椭圆状倒卵形，长7~15cm，宽3~8cm，顶端钝或短渐尖，基部楔形或窄圆形，叶缘具波状锯齿或粗钝锯齿，幼时两面被灰黄色星状毛，侧脉每边8~12条，叶背支脉明显；叶柄长3~5mm，被棕黄色茸毛。雄花序长6~9cm，花序轴被茸毛，雌花序长1~4cm，生2~4朵花，壳斗杯形，包着坚果约1/3，直径0.8~1.1cm，高4~8mm；小苞片卵状披针形，排列紧密，在口缘处稍伸出。坚果长椭圆形或卵状长椭圆形，直径0.7~1.2cm，高1.7~2cm，无毛，果脐突起。花期4月；果期10月。

分　　布： 河南伏牛山、大别山和桐柏山区均有分布；多见于山坡。

功用价值： 木材坚硬，可供建筑、家具等用；种子含淀粉，淀粉植物，可作饲料。

保护类别： 中国特有种子植物。

叶背面

坚果、壳斗

叶

枝、叶、果实

果序、壳斗

枹栎 *Quercus serrata* Thunb.　　栎属 *Quercus* Linn.

形态特征： 落叶乔木，高达25m。幼枝略有毛，后无毛。叶长圆状倒卵形，长7~15cm，宽3~8cm，先端尖或渐尖，基部楔形或圆形，边缘有粗锯齿，具腺尖，背面疏生平伏灰白色毛，侧脉7~12对；叶柄长1~2.5cm。壳斗浅杯状，鳞片短披针形，覆瓦状紧贴，褐色，外被细毛；坚果长椭圆形，先端渐尖，基部纯圆，长约1.8cm，1/4~1/3包于壳斗中。花期4—5月；果熟期9—10月。

分　　布： 河南伏牛山、大别山和桐柏山区均有分布；多见于山坡或山沟。

功用价值： 种子含淀粉，可酿酒；树皮含鞣质，可提制栲胶；木材可供制家具、器具等用。

枝、叶

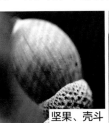

坚果、壳斗

叶、果序

雄花序

植株

133

匙叶栎 Quercus dolicholepis A. Camus

栎属 Quercus Linn.

形态特征： 常绿乔木，高达16m。小枝幼时被灰黄色星状柔毛，后渐脱落。叶革质，叶片倒卵状匙形、倒卵状长椭圆形，长2~8cm，宽1.5~4cm，顶端圆形或钝尖，基部宽楔形、圆形或心形，叶缘上部有锯齿或全缘，幼叶两面有黄色单毛或束毛，老时叶背有毛或脱落，侧脉每边7~8条；叶柄长4~5mm，有茸毛。雄花序长3~8cm，花序轴被苍黄色茸毛。壳斗杯形，包着坚果2/3~3/4，连小苞片直径约2cm，高约1cm；小苞片线状披针形，长约5mm，赭褐色，被灰白色柔毛，先端向外反曲。坚果卵形至近球形，直径1.3~1.5cm，高1.2~1.7cm，顶端有茸毛，果脐微突起。花期3—5月；果期翌年10月。

分　　布： 河南伏牛山和大别山区均有分布；多见于山坡杂木林。

功用价值： 木材坚硬、耐久，可作车辆、家具用材；种子含淀粉，树皮、壳斗含单宁可提取栲胶。

保护类别： 中国特有种子植物。

叶背面

壳斗、坚果

枝、叶

植株

巴东栎 Quercus engleriana Seem.

栎属 Quercus Linn.

形态特征： 常绿乔木。幼枝有黄色茸毛，老枝无毛。冬芽细锥形，长1~1.2cm，鳞片红褐色，内层有毛。叶卵状椭圆形或椭圆状披针形，长6~13cm，宽3~5.5cm，先端渐尖，基部圆形或宽楔形，边缘1/3以上具尖锐锯齿，幼时背面密生黄色星状茸毛，后无毛，或仅基部脉上有毛，表面侧脉微凹下，侧脉10~13对，脉间微隆起，使叶面微皱状；叶柄长约1cm。壳斗浅碗状，密生灰色短毛，鳞片三角形，紧密排列，上部红褐色，几无毛；坚果卵圆形。花期4—5月；果熟期9—10月。

分　　布： 河南伏牛山南部的西峡、南召、内乡等县均有分布；多见于阳坡混交林中。

功用价值： 树皮、壳斗含鞣质，可提制栲胶；木材坚硬，可作车辆、家具等。

保护类别： 中国特有种子植物。

坚果

叶背面

叶

果序、壳斗、总苞片

枝、叶

植株

岩栎 *Quercus acrodonta* Seem.

栎属 *Quercus* Linn.

形态特征： 常绿小乔木或灌木。小枝灰褐色，密生星状毛。叶革质，常集生枝端，椭圆状卵形或椭圆状倒卵形，长2~4cm，宽1~2.5cm，先端尖，基部圆形或近心脏形，边缘中部以上有尖锯齿，表面光亮，背面密生灰白色星状茸毛层，星状毛约有15个辐射枝。壳斗浅碗状，鳞片卵形，排列紧密，先端栗褐色，背面密生灰白色毛；坚果长圆形，长约15cm，基部2/5包于壳斗中。花期4—5月；果熟期9—10月。

分　　布： 河南伏牛山和大别山区均有分布；多见于山坡或山谷。

功用价值： 木材坚硬，耐摩擦，为优良的车辆及农具柄用材；种子含淀粉，可酿酒或食用；壳斗可提制栲胶。

叶背面

壳斗、坚果

枝、叶

生境

乌冈栎 *Quercus phillyraeoides* A. Gray

栎属 *Quercus* Linn.

形态特征： 常绿灌木或小乔木，高达10m。小枝纤细，灰褐色，幼时有短茸毛，后渐无毛。叶片革质，倒卵形或窄椭圆形，长2~6（~8）cm，宽1.5~3cm，顶端钝尖或短渐尖，基部圆形或近心形，叶缘中部以上具疏锯齿，两面同为绿色，老叶两面无毛或仅叶背中脉被疏柔毛，侧脉每边8~13条；叶柄长3~5mm，被疏柔毛。雄花序长2.5~4cm，纤细，花序轴被黄褐色茸毛；雌花序长1~4cm，花柱长1.5mm，柱头2~5裂。壳斗杯形，包着坚果1/2~2/3，直径1~1.2cm，高6~8mm；小苞片三角形，长约1mm，覆瓦状排列紧密，除顶端外被灰白色柔毛，果长椭圆形，高1.5~1.8cm，直径约8mm，果脐平坦或微突起，直径3~4mm。花期3—4月；果期9—10月。

分　　布： 河南伏牛山区分布；多见于山坡杂木林。

功用价值： 木材坚硬，可做器具；种子含淀粉，可酿酒及食用。

叶背面

坚果、壳斗、总苞片

枝、叶

青冈 *Quercus glauca* Thunb.

栎属 *Quercus* Linn.

形态特征： 常绿乔木，高达20m。树皮淡灰褐色，幼时平滑，老侧浅裂。冬芽鳞片边缘有毛。小枝褐色，无毛。叶倒卵状长椭圆形或长圆形，长7~15cm，宽2.5~6cm，先端渐尖，基部近圆形或宽楔形，适缘中部以上有粗尖锯齿，表面有光泽，背面淡灰白色，有平伏毛，侧脉9~13对；叶柄长1.5~3cm，无毛。壳斗浅碗状，直径7~11mm，灰褐色，被短毛，鳞片结合成4~8个同心坏状轮层，环边全缘；坚果卵状长圆形，长1~1.6cm，先端尖，无毛，基部1/3~1/2包于壳斗中。花期4月；果熟期9—10月。

分　　布： 河南伏牛山南部、大别山和桐柏山区均有分布；多见于海拔500~1300m的山坡或山谷杂木林中。

功用价值： 木材坚韧，可作建筑、农具等用材；种子含淀粉，可供食用或浆纱、酿酒用；树皮、壳斗含鞣质，可提制栲胶。

枝、叶

叶背面

植株

坚果、总苞

小叶青冈（青栲） *Quercus myrsinifolia* Blume

栎属 *Quercus* Linn.

形态特征： 常绿乔木，高达10m。树皮暗灰褐色，不裂。小枝褐色，无毛。叶披针形至长圆状披针形，长5~11cm，宽1.5~4cm，先端渐尖或短尾尖，基部楔形或宽楔形，边缘1/3~1/2以上有尖细锯齿，无毛，背面灰白色，侧脉11~14对；叶柄长1~2.5cm。壳斗浅碗状，鳞片结合成数个同心环状轮层；坚果卵状长圆形，顶端略有毛，基部1/3包于壳斗中。花期4月；果熟期10—11月。

分　　布： 河南伏牛山南部、大别山和桐柏山区均有分布；多见于山谷杂木林中。

功用价值： 种子含淀粉可供酿酒；木材可供建筑、车辆等用；壳斗与树皮可提制栲胶。

叶背面

枝、叶正面

植株

细叶青冈 *Quercus shennongii* C. C. Huang et S. H. Fu

栎属 *Quercus* Linn.

形态特征： 常绿乔木，高20m，胸径达1m。小枝无毛，被突起淡褐色长圆形皮孔。叶卵状披针形或椭圆状披针形，长6~11cm，宽1.8~4cm，顶端长渐尖或短尾状，基部楔形或近圆形，叶缘中部以上有细锯齿，侧脉每边9~14条，常不达叶缘，叶背支脉不明显，叶面绿色，叶背粉白色，干后为暗灰色，无毛；叶柄长1~2.5cm，无毛。雄花序长4~6cm；雌花序长1.5~3cm。坚果卵形或椭圆形，直径1~1.5cm，高1.4~2.5cm，无毛，顶端圆，柱座明显，有5~6条环纹；果脐平坦，直径约6mm。

分　　布： 河南大别山、桐柏山及伏牛山南部均有分布；多见于温暖山谷中。

功用价值： 种子含淀粉可供酿酒；木材供制作建筑、车辆等；壳斗与树皮可提制栲胶。

保护类别： 中国特有种子植物。

植株

叶

叶背面

▶ 桦木科 Betulaceae

白桦 *Betula platyphylla* Suk.

桦木属 *Betula* L.

形态特征： 乔木。树皮白色。叶卵状三角形、菱状三角形、三角形或卵状菱形，长3~9cm，先端渐尖，有时呈短尾状，基部截形至楔形，有时几心形或近圆形，边缘有或多或少重锯齿，无毛；叶柄长1~2.5cm。果序单生，圆柱状；果苞长3~7mm，中裂片三角形，侧裂片通常开展至向下弯；翅果狭椭圆形，膜质翅与果等宽或较果稍宽。

分　　布： 河南伏牛山、太行山区均有分布；多见于海拔1000m以上的山坡或山梁，可形成小片纯林。

功用价值： 木材可供建筑等用；树皮可提取栲胶和用作人造纤维原料；木材和叶可制作黄色染料。

枝、叶、花序

树干

植株

树皮

坚桦 Betula chinensis Maxim. 桦木属 *Betula* L.

形态特征： 乔木或灌木状。幼枝被长柔毛，后脱落。叶卵形、宽卵形或卵状椭圆形，长1.5~6cm，先端尖，基部圆形或宽楔形，正面幼时被长柔毛，背面被长柔毛，有时被树脂腺点，具不规则重锯齿，侧脉8~9对；叶柄长0.2~1cm，密被长柔毛。雌花序近球形，稀长圆形，序梗长1~2mm；苞片长5~9mm，被柔毛，裂片顶端外弯，中裂片披针形，侧裂片卵形，开展，长及中裂片1/3~1/2。小坚果倒卵形或卵形，翅极窄。花期4~5月；果期8月。

分　布： 河南伏牛山、太行山区均有分布；多见于海拔1500m以上石质山坡或沟谷林中。

功用价值： 木材坚重致密，可制车轴，为北方优良用材树种。

枝、叶、雌花序　　枝、叶　　植株　　花期　　雄花序

糙皮桦 Betula utilis D. Don 桦木属 *Betula* L.

形态特征： 乔木。树皮红褐色，呈薄层片状剥裂；小枝密生黄色或棕色树脂状腺体和短柔毛。叶卵形至矩圆形，稀宽卵形，长4~9cm，正面无毛，背面沿脉腋密生黄色短须状毛，两面均密生腺点，侧脉8~14对；叶柄长8~20mm。果序单生或2~4个排成总状，圆柱状；果苞长5~8mm；翅果卵形，长2~3mm，翅为果宽的1/2或近等宽。花期6—7月；果期7—8月。

分　布： 河南伏牛山区分布；多见于向阳山坡或杂木林中。

功用价值： 木材可用于建筑；树皮可提栲胶。

植株　　叶、果序　　树干、树皮

亮叶桦 *Betula luminifera* H. Winkl.　　　　桦木属 *Betula* L.

形态特征： 乔木，高达25m；树皮光滑。幼枝密被黄色柔毛及稀疏树脂腺体。叶卵状椭圆形、长圆形或长圆状披针形，长4.5~10cm，先端渐尖或尾尖，基部圆、近心形或宽楔形，幼时密被柔毛，后脱落，下面密被树脂腺点，具不规则刺毛状重锯齿，侧脉12~14对；叶柄长1~2cm，密被长柔毛及树脂腺体。雌花序单生，细长圆柱形，序梗长1~2mm，密被柔毛及树脂腺体。果苞中裂片长圆形或披针形，侧裂片长为中裂片1/4。小坚果倒卵形，长约2mm，疏被柔毛，膜质翅宽为果1~2倍，部分露出苞片。花期3月下旬至4月上旬；果期5月至6月上旬。

分　　布： 河南伏牛山区分布；多见于海拔1000m左右阳坡林中。

功用价值： 材质坚韧细致，干燥性能良好；树皮可提取栲胶及炼制桦焦油。

保护类别： 中国特有种子植物。

叶背面、果序

枝、叶、雄花序

树皮

枝、叶、雌花序

植株

红桦 *Betula albosinensis* Burkill　　　　桦木属 *Betula* L.

形态特征： 乔木，高达30m，胸径1m；树皮橙红色，有光泽，纸质，薄片剥落。小枝无毛，有时疏被树脂腺体。叶卵形、卵状椭圆形或卵状长圆形，长3~8cm，先端渐尖或近尾尖，基部圆或微心形，正面无毛，背面密被树脂腺点及稀疏长柔毛，具不规则骤尖重锯齿，侧脉10~14对。雌花序单生或2~4个呈总状，长圆形或长圆状圆柱形，长3~4cm，序梗长约1cm；苞片中裂片长圆形或披针形，侧裂片开展，近圆形，长及中裂片1/3。小坚果卵形，长2~3mm，膜质翅与果近等宽。花期4—5月；果期6—7月。

分　　布： 河南太行山、伏牛山区均有分布；多见于海拔1000m以上山坡林中。

功用价值： 材质坚韧，结构细；树皮含鞣质及芳香油；种子可榨油供工业用。

保护类别： 中国特有种子植物。

枝、叶

植株

雌花序

树皮

榛 *Corylus heterophylla* Fisch. ex Trautv. 榛属 *Corylus* Linn.

形态特征： 灌木或小乔木，高1~7m。树皮灰褐色。小枝红褐色或灰白色，被腺毛。叶卵圆形至宽圆卵形，长4~13cm，先端近平截，骤尖，常浅裂，基部心脏形，边缘有不规则重锯齿，表面几无毛，背面沿脉有短柔毛，侧脉3~5对；叶柄长1~2cm。果1~6个簇生；扁球形，直径8~15mm，淡褐色，上部露出，总苞叶状或钟形，先端有不规则裂片，近基部有6~9个锐三角形具疏齿的裂片。花期3—4月；果熟期8—9月。

分　布： 河南太行山、伏牛山、大别山和桐柏山区均有分布；多见于山坡、沟谷。

功用价值： 为干果之一，可食；种仁含油高，可供食用，又可提取榛子乳和榛子粉，供药用；树皮、枝、叶可提制栲胶及生物碱。

坚果、总苞片　　　枝、叶　　　雄花序

川榛 *Corylus heterophylla* var. *sutchuanensis* Franchet 榛属 *Corylus* Linn.

形态特征： 灌木或小灌木。小枝黄褐色，密生短柔毛，有事有少数刺毛状腺体，密生皮孔。也矩圆形或宽倒卵形，长4~13cm，先端短渐尖，表面有短柔毛，背面常无毛或几无毛，侧脉3~7对；叶柄长1~2cm，有短柔毛。果1~6个簇生；总苞叶状，长或短于坚果，外面木生短柔毛，有事密生刺毛状腺体，裂片又粗齿，稀全缘；坚果直径7~15mm。花期4—5月；果熟期8—9月。本变种与模式种的区别：叶椭圆状倒卵形、宽卵形或近圆形，先端短尾尖；果苞顶端裂片常具锯齿及浅裂。

分　布： 河南伏牛山、大别山区均有分布；多见于山坡。

功用价值： 种子可食或榨油。

坚果、总苞片　　　枝、叶　　　雄花序

华榛 *Corylus chinensis* Franch. 　　　　　　　　　　**榛属 *Corylus* Linn.**

形态特征： 大乔木，高达40m，胸径2m。小枝疏被长柔毛及刺状腺体。叶卵形、卵状椭圆形或倒卵状椭圆形，长8~18cm，先端骤尖或短尾状，基部斜心形，具不规则重锯齿，背面脉腋具髯毛；叶柄长1~2.5cm，密被长柔毛及刺状腺体。雄花序4~6簇生；苞片被柔毛。雌花序2~6成头状。果苞管状，长2~6cm，具多数纵肋，疏被柔毛及刺状腺体，在坚果以上缢缩，裂片线形，顶端分叉；坚果内藏，卵球形，直径1~1.5cm，无毛。果期9—10月。

分　　布： 河南伏牛山区分布；多见于海拔1000m以上山沟杂木林。

功用价值： 木材暗红褐色，坚韧细致；种仁味美，为优良用材及干果树种。

保护类别： 中国特有种子植物；河南省重点保护野生植物。

叶　　树皮　　果序、总苞　　植株

千金榆 *Carpinus cordata* Bl. 　　　　　　　　**鹅耳枥属 *Carpinus* Linn.**

形态特征： 乔木，高15m。树皮暗灰褐色，纵裂。幼枝淡褐色，具细毛，老枝褐色，无毛。冬芽大，长1~2cm，黄褐色。叶卵形至长圆状卵形，稀倒卵形，长5~15cm，宽3.5~7cm，先端渐尖或急渐尖，基部心脏形，略偏斜，边缘有不规则具刺芒尖的重锯齿，侧脉15~20对，叶柄长1~2cm。果序长5~12cm，下垂；果苞宽卵状长圆形，长约2.5cm，排列紧密，外缘内折，内缘基部具1个大而内折的裂片，覆盖小坚果；小坚果长圆形，长4~6mm，具肋多条。花期5月；果熟期9—10月。

分　　布： 河南太行山、伏牛山和大别山区均有分布；多见于山地阴坡或山谷杂木林中。

功用价值： 木材淡黄白色，质坚而重；种子含油，可供制肥皂及润滑油；树皮含鞣质，可提制栲胶。

雄花序　　果期　　枝、叶背面　　枝、叶

川陕鹅耳枥 *Carpinus fargesiana* H. Winkl.　　**鹅耳枥属** *Carpinus* Linn.

形态特征： 乔木，高20m。小枝幼时有毛。叶长卵形，或椭圆形，长5~6.5cm，宽1.5~3cm，先端渐尖，基部圆形或近心脏形，边缘有重锯齿，表面被丝状长柔毛，背面较稀疏，侧脉12~15对；叶柄长6~10mm，有丝状长柔毛。果序长约4cm；果苞宽半卵形，长1.3~1.5cm，内缘全缘，直，基部微内折，外缘有牙齿状锯齿，有时几成小裂片状，正面疏被长柔毛，背面沿肋被明显长柔毛；小坚果宽卵形，长约4mm，具有8~10条肋纹，具树脂状腺点，顶端被丝状长柔毛。花期4月；果熟期9月。

分　　布： 河南伏牛山区分布；多见于山谷或山坡杂木林中。

功用价值： 木材可制作建筑、家具等；树皮可提制栲胶。

保护类别： 中国特有种子植物。

叶　　果序、苞片　　枝、叶背面

川鄂鹅耳枥 *Carpinus henryana* (H. Winkler) H. Winkler　　**鹅耳枥属** *Carpinus* Linn.

形态特征： 乔木。小枝被绢毛。叶窄披针形或椭圆状披针形，长5~8cm，宽2~3cm，先端渐尖或尾尖，基部圆或近心形，正面疏被绢毛，背面沿脉被绢毛，脉腋具髯毛，被腺点，具微内弯单锯齿，侧脉14~16对；叶柄长1~1.7cm。雌花序长6~7cm，序梗被柔毛；苞片半卵形，沿脉被长柔毛，外缘具不规则疏齿，内缘全缘，基部具内折耳突。小坚果卵球形，长约4mm，顶端疏被长柔毛，具纵肋。花期5—6月；果期7—8月。

分　　布： 河南伏牛山山区分布；多见于海拔1000m以上的山坡杂木林中。

功用价值： 树皮可提制栲胶；木材可作建筑、家具用材。

保护类别： 中国特有种子植物。

枝、叶　　苞片、果实　　叶　　枝、叶、果序　　叶背面

湖北鹅耳枥 *Carpinus hupeana* Hu   鹅耳枥属 *Carpinus* Linn.

形态特征： 乔木，高约18m。幼枝密被黄色长柔毛，后脱落。叶卵状披针形、卵状椭圆形或椭圆状披针形，先端尖或渐尖，基部圆或近心形，正面疏被长柔毛，背面被树脂腺点，沿脉被绢毛，脉腋具髯毛，具重锯齿，侧脉（11）13~16对；叶柄长0.7~1.5cm，被长柔毛。雌花序长6~11cm，花序梗长1.5~2cm，密被长柔毛；苞片半卵形，长1~1.6cm，沿脉疏被长柔毛，外缘疏生齿或缺齿，内缘全缘，基部具内折耳突。小坚果宽卵球形，长约5mm，顶端被长柔毛，具纵肋。花期5—6月；果期7—8月。

分　　布： 河南伏牛山、大别山、桐柏山区均有分布；多见于山坡林地。

功用价值： 树皮可提制栲胶；木材可作建筑、家具用材。

保护类别： 中国特有种子植物；河南省重点保护野生植物。

叶背面

果序

植株

枝、叶

苞片、果实

多脉鹅耳枥 *Carpinus polyneura* Franch.   鹅耳枥属 *Carpinus* Linn.

形态特征： 乔木，高达15m。小枝疏被白色柔毛或无毛。叶椭圆状披针形或卵状披针形，稀椭圆形，长4~8cm，先端渐尖或尾状，基部楔形或近圆，正面沿脉密被长柔毛，背面沿脉密被柔毛，脉腋具髯毛，具刺毛状重锯齿，侧脉16~20对；叶柄长0.5~1cm，疏被柔毛或无毛。雌花序长3~6cm，序梗长约2cm，疏被柔毛；苞片半宽卵形，长0.8~1.5cm，沿脉疏被长柔毛，外缘疏生齿，基部无裂片，内缘全缘，基部具内折小耳突。小坚果宽卵球形，长2~3mm，疏被柔毛，顶端被长柔毛，具纵肋。花期5—6月；果期7—9月。

分　　布： 河南伏牛山区卢氏、嵩县、西峡等县均有分布；多见于海拔600m以上山坡杂林。

功用价值： 木材可供制家具、农具等；树皮可提制栲胶。

保护类别： 中国特有种子植物。

叶

植株

果序

枝、叶背面

鹅耳枥 *Carpinus turczaninowii* Hance

鹅耳枥属 *Carpinus* Linn.

形态特征： 小乔木或乔木。叶卵形、宽卵形、卵状椭圆形或卵状菱形，长2.5~5cm，背面沿脉通常被柔毛，脉腋具须状毛，侧脉8~12对；叶柄长4~10mm；托叶有时宿存，条形。果序长3~5cm；果苞变异大，宽半卵形至卵形，长6~20mm，先端急尖或钝，基部有短柄，内缘近全缘，具一内折短裂片，外缘具不规则缺刻状粗锯齿或2~3个深裂片；小坚果卵形，具树脂腺体。花期5—7月；果期7—9月。

分　　布： 河南太行山、伏牛山、桐柏山及大别山区均有分布；多见于海拔500m以上的山坡疏林中，常和栎树类混生。

功用价值： 木材淡黄色，特坚硬，为制农具和家具良材；树皮及叶含鞣质，可提制栲胶；种子含油。

枝、叶、果序

叶

枝、叶背面

苞片

小叶鹅耳枥 *Carpinus stipulata* H. Winkler

鹅耳枥属 *Carpinus* Linn.

形态特征： 乔木，高达10m。树皮灰褐色。枝暗红色，初具细毛，后脱落。冬芽红褐色，长2~4mm，鳞片卵形，边缘具细纤毛。叶卵形或卵状披针形，长2.5~4cm，宽1.5~3cm，先端渐尖或短尖，基部圆形或心脏形，边缘具单锯齿，稀为重锯齿，表面深绿色，沿脉疏生细毛，背面淡绿色，侧脉6~14对；叶柄长6~10mm，具细毛。果序长5~6cm；序梗长约1cm，序轴生密毛；苞片半卵形，长18~20mm，宽6~8mm，先端急尖，外缘具6~7个小牙齿，内缘全缘，基部内卷，裂片不显著，两面沿脉处有细毛；小坚果球形，略扁，长3~4mm，顶端具长毛，下部疏生细毛及腺点。花期4—5月；果熟期9—10月。

分　　布： 河南伏牛山区灵宝、卢氏、南召、西峡等县均有分布；多见于海拔500m以上山坡疏林。

保护类别： 中国特有种子植物。

叶

枝、叶背面

果序、苞片

枝、叶、果序

铁木 *Ostrya japonica* Sarg.　　　　　　铁木属 *Ostrya* Scop.

形态特征： 乔木。叶矩圆状卵形至矩圆状披针形，长3.5~12cm，边缘具不规则重锯齿，背面沿脉密被短柔毛，脉腋具细须状毛，侧脉10~15对，脉间相距5~10mm；叶柄细，密被短柔毛，长1~1.5cm。果4个至多个聚生成直立或下垂的总状果序；总苞膜质，膀胱状，倒卵状矩圆形或椭圆形，长1~2cm，宽6~12mm，先端具短尖，被平贴软毛，基部被长硬毛；小坚果矩圆状卵形，长约6mm，淡褐色，有光泽。花期5—7月；果期7—9月。

分　　布： 河南伏牛山、太行山区均有分布；多见于生山坡林中。

功用价值： 木材较坚硬，可作家具和建筑材料。

保护类别： 河南省重点保护野生植物。

枝、叶背面、果序

枝、叶

树皮

植株

▶ 商陆科 Phytolaccaceae

商陆 *Phytolacca acinosa* Roxb.　　　　　商陆属 *Phytolacca* Linn.

形态特征： 多年生草本，高达1m，全株无毛。根肥厚，圆锥形，分叉，外皮淡黄色，断面粉红色。茎直立，圆柱形，绿色或带紫红色，肉质。叶椭圆形或长椭圆形，长10~25cm，宽5~15cm，质薄，先端急尖或钝尖，基部楔形而下延，全缘，背面中脉隆起；叶柄粗壮，长1.5~3cm。花两性，总状花序直立，顶生或侧生，常与叶对生，长10~20cm；总花梗长2~4cm；总苞片与苞片线状披针形，长约1.5mm；花梗细，长约7mm；萼片5个，白色，后期变成粉红色，椭圆形，长3~4mm，宽2.3~2.5mm，先端圆钝；雄蕊8个，花丝锥形，白色，花药椭圆形，粉红色；心皮8~10个，离生。果实扁球形，紫黑色，直径约4mm；种子肾形，黑色。花期5—7月；果熟期8—9月。

分　　布： 河南太行山、伏牛山、大别山和桐柏山区均有分布；多栽培或逸生于山沟溪旁、林下、灌丛中、村边或路旁。

功用价值： 有毒，慎用；全草可作农药。

果序

花序

植株

垂序商陆 *Phytolacca americana* Linn.　　　　　　　**商陆属** *Phytolacca* Linn.

形态特征： 多年生草本，高1~2m。根粗大，肉质。茎直立，圆柱形，无毛，常紫红色。叶卵状长圆形至长圆状披针形，长10~30cm，两端尖。总状花序长5~20cm；花白色，直径6mm；萼片5个；雄蕊10个；心皮10个，合生，花柱10个。果穗下垂，浆果球形，红紫色。花期6—8月；果熟期8—9月。

分　　布： 河南各地均有分布；原为药用栽培，现逸为野生。原产拉丁美洲。

功用价值： 根可入药，毒性较大，曾有误食中毒者；全草可作农药；在郑州被当作红参栽培，两者形态与功用差异甚大，不可共用。

叶、花序　　　　　果序　　　　　　植株　　　　　花序

▶ 藜科 Chenopodiaceae ||||||||||||||||||||||||||||||||||||||||||||||||

千针苋 *Acroglochin persicarioides* (Poir.) Moq.　　　　　**千针苋属** *Acroglochin* Schrad.

形态特征： 一年生草本。茎通常单一，直立，高30~80cm，具条棱及条纹，上部分枝；枝斜伸。叶卵形至狭卵形，长3~7cm，宽2~5cm，先端急尖，基部楔形，边缘不整齐羽状浅裂，裂片具锐锯齿；叶柄长2~4cm。复二歧聚伞花序腋生，长1~6cm，直立或斜上，最末端的花序分枝针刺状。花着生在花序分枝的杈间，几无梗；花被直径约1mm，5裂至近基部，裂片长卵形至近圆形，先端钝或急尖，边缘膜质，背面稍肥厚并具微纵隆脊；雄蕊通常1；柱头2，果为盖果，顶基扁，圆形；果皮厚膜质，淡黄褐色，成熟时盖裂。种子横生，黑色，直径约1.5mm；胚环形，有胚乳。花果期8—10月。

分　　布： 河南伏牛山区分布；多见于山坡路旁、河谷及田间。

叶　　　　　　叶背面　　　　　植株　　　　　花序、刺

藜 *Chenopodium album* Linn.

形态特征： 一年生草本，高60~120cm，茎直立，粗壮，有棱和绿色或紫色条纹，多分枝，枝上升或开展。基生和茎下部叶有长柄，菱状卵形，长3~6cm，宽2.5~5cm，先端急尖或微钝，基部宽楔形，边缘有不整齐锯齿，背面灰绿色，有粉粒；茎上部叶较小，叶柄短，披针形，有时全缘。花两性，黄绿色，数个集成团伞花簇，多数花簇排列成腋生或顶生圆锥花序；花被片5个，宽卵形或椭圆形，具纵隆脊和膜质边缘，先端钝或微凹；雄蕊5个；柱头2个。胞果完全包于花被内或稍露出，果皮薄，与种子紧贴。种子横生，双凸镜形，光亮，表面有不明显沟纹及洼点。花期6—8月；果熟期7—9月。

分　　布： 河南各地均有分布；多见于田间、荒地、村边、山坡草地。

功用价值： 嫩茎叶可食，因含少量咔啉物质，不宜多食和长期食用；全草可入药；种子可榨油供工业用及食用。

叶背面　　叶　　植株　　花

▶ 苋科 Amaranthaceae |||||||||||||||||||||||||||||||||||||||||||||||||||||

反枝苋 *Amaranthus retroflexus* Linn.

形态特征： 一年生草本，高20~80cm。茎直立，稍有钝棱，密生短柔毛。叶菱状卵形或椭圆状卵形，具小芒尖，基部楔形性，全缘，略呈波状，两面均有短柔毛，以背面较密；叶柄长3~5cm，有毛。花单性或杂性，集成顶生的圆锥花序；苞片与小苞片干膜质，钻形，有芒针；花被片5个、白色，膜质，具一淡绿色中脉；雄蕊5个，较花被片稍长；雌花花柱3个，内侧有小齿。胞果扁球形、盖裂；种子直立，卵状状，两面突起，光亮而黑。花期6—8月；果熟期8—9月。

分　　布： 河南各地均有分布；多见于荒地、路旁、田间。

功用价值： 幼嫩茎叶可作野菜，也可作饲料。

叶、花序　　植株　　花

青葙 *Celosia argentea* Linn.

形态特征： 一年生草本，高30~100cm。全株无毛。茎直立，有分枝。叶矩圆状披针形至披针形，长5~8cm，宽1~3cm，先端渐尖，基部渐狭而下延成界限不清的叶柄，全缘，两面绿色。有时具红色斑点。穗状花序圆柱形，长3~10cm；苞片、小苞片与花被片干膜质，光亮，淡红色；雄蕊花丝下部结合成杯状；花柱细长，线形。胞果卵形，长3~3.5mm，盖裂，种子肾状圆形，黑色，有光泽。花期7—9月；果熟期8—10月。

分　布： 河南各地均有分布；多见于路边、堤边、田间、山坡荒地、河滩。

功用价值： 全株可入药，幼嫩茎叶可作蔬菜；种子含油，可供食用及工业用。

植株　　花　　茎、叶、花序

牛膝 *Achyranthes bidentata* Bl.

形态特征： 多年生草本，高70~120cm。根粗壮，圆柱形，土黄色。茎直立，四棱形，节部膝状膨大，有分枝，几无毛。叶卵形至椭圆形或椭圆状披针形，长4.5~12cm，宽2~6cm，先端渐尖，基部宽楔形，边缘波状或全缘，两面均有短柔毛；叶柄短，长0.5~3cm。穗状花序腋生和顶生；花后总花梗伸长，花向下折而紧贴于花序轴；苞片宽卵形，先端渐尖；小苞片贴生于花被基部，刺状，基部有卵形小裂片；花被片5个，绿色；雄蕊5个，退化雄蕊顶端平圆，波状；花柱线形。胞果椭圆形，长2~2.5mm；种子长圆形。花期7—9月；果熟期9—10月。

分　布： 河南各山区均有分布；多见于山沟林下、林缘及山坡灌丛。武陟、温县、博爱、沁阳、辉县等县有栽培，原怀庆府栽培历史较久，故有"怀牛膝"之称。

功用价值： 根可入药，又可作兽药；全草可作农药。

果期　　植株　　花序　　茎、节、叶

▶ 马齿苋科 Portulacaceae ||||||||||||||||||||||||||||||||||||||||||||||||||||||

马齿苋 Portulaca oleracea Linn.　　　　　　　马齿苋属 Portulaca Linn.

形态特征： 一年生草本，常匍匐、肉质，无毛。茎圆筒形，光亮带紫色。叶楔状矩圆形或倒卵形，长10~25mm，宽5~15mm。花3~5朵生枝端，直径3~4mm，无梗；苞片2~5个，膜质；萼片2个；花瓣5个，黄色；柱头4~6裂，子房半下位，1室。蒴果盖裂；种子多数，肾状卵形，直径不足1cm，黑色有小疣状突起。花期5—9月；果熟期6—10月。

分　　布： 河南各地均有分布；多见于田间、路旁或宅畔，为常见杂草之一。

功用价值： 全草可入药，可作兽药，亦可作农药；嫩茎叶可作蔬菜和饲料。

叶、花　　　植株

▶ 土人参科 Talinaceae ||||||||||||||||||||||||||||||||||||||||||||||||||||||

土人参 Talinum paniculatum (Jacq.) Gaertn.　　　土人参属 Talinum Adans.

形态特征： 一年生或多年生草本，高达60cm。肉质，全株无毛。主根粗壮，分枝如人参，棕褐色。叶倒卵形或倒卵状披针形，长5~7cm，宽2.5~3.5cm，全缘。圆锥花序顶生或侧生，常2歧分枝；花小，直径约6mm，淡红色；萼片2个，卵形，早落；花瓣长椭圆形，长6~12mm，先端圆钝，稀微凹；雄蕊15~20个，较化瓣短；花柱线形，基部具关节，长约2mm，柱头3裂稍开展，子房卵圆形，长约2mm，蒴果近球形，长约5mm，3瓣裂；种子多数，扁豆形，长约1mm，黑褐色或黑色，有光泽。花期7—8月；果熟期9—10月。

分　　布： 河南各地有零星栽培，原产拉丁美洲，逸为野生。

功用价值： 根可入药；可作庭院观赏植物。

果实　　　　根　　　植株　　　　　花

▶石竹科 Caryophyllaceae ||||||||||||||||||||||||||||||||||||||||||||||||||||

无心菜 Arenaria serpyllifolia Linn. | **无心菜属 Arenaria Linn.**

形态特征: 一年生或二年生草本。茎多数簇生,稍铺散,密生白色短柔毛。叶卵形,无柄,长4~7mm,宽2~3mm,具睫毛,两面疏生柔毛,全缘。聚伞花序疏生枝端;苞片与小苞片草质,卵形,密生柔毛;花梗细,长6~8mm,有时达1cm,密生柔毛或腺毛;萼片5个,披针形,有3脉,具短柔毛;花瓣5个,倒卵形,白色,全缘;雄蕊10个,较萼片短;子房卵形,花柱3个。蒴果卵形,与萼片近等长;种子肾形,淡褐色。花期4月;果熟期5月。

分　　布: 河南各地均有分布;多见于荒地、路旁、地边、田间。

功用价值: 幼苗可作蔬菜;全草叫入约。

植株

花序

花

簇生泉卷耳 Cerastium fontanum subsp. vulgare (Hartm.) Greuter et Burdet | **卷耳属 Cerastium Linn.**

形态特征: 一年生或多年生草本,多数被柔毛或腺毛。叶对生,叶片卵形或长椭圆形至披针形。二歧聚伞花序,顶生;萼片5,稀为4,离生;花瓣5,稀4,白色,顶端2裂,稀全缘或微凹;雄蕊10,稀5,花丝无毛或被毛;子房1室,具多数胚珠;花柱通常5,稀3或4,与萼片对生。蒴果圆柱形,薄壳质,露出宿萼外,顶端裂齿为花柱数的2倍;种子多数,近肾形,稍扁,常具疣状突起。

分　　布: 河南各山区均有分布;多见于林缘、田边、路旁。

功用价值: 幼苗可作蔬菜;全草可入药。

花序

花

茎、叶

缘毛卷耳 *Cerastium furcatum* Cham. et Schlecht. **卷耳属** *Cerastium* Linn.

形态特征： 多年生草本，高10~55cm，茎单一或簇生，有疏或密生长柔毛，并混生腺毛。茎下部叶近匙形，中上部叶卵状矩圆形或狭倒卵形，长1~3cm，宽5~11mm，有柔毛。聚伞花序顶生，有5~10花；花梗细，长1~3.5cm，密生腺毛和柔毛；果期常下弯；萼片5个，矩圆状披针形，长约5mm，边缘膜质；花瓣5个，白色，矩圆形，较萼片长，2深裂；雄蕊10枚，花丝下部有白色柔毛；花柱5个，线形。蒴果圆柱形，长为萼片2~3倍；种子扁圆形，褐色，有瘤状突起。花期5—8月；果熟期8—9月。

分　　布： 河南太行山和伏牛山区均有分布；多见于海拔1000m以上的山坡草地或灌丛中。

花侧面

茎、叶

花序

花

鹅肠菜 *Myosoton aquaticum* (Linn.) Moench **鹅肠菜属** *Myosoton* Moench

形态特征： 二年生或多年生草本。茎多分枝，下部伏卧，上部直立。叶膜质，卵形或宽卵形，长2.5~5.5cm，宽1~3cm，先端锐尖，基部近心脏形；叶柄长5~10mm，疏生柔毛，上部叶无柄或柄极短。花单生叶腋或成聚伞花序；花梗细长，有毛；萼片5个，基部稍连合，外面有短柔毛；花瓣5个，白色，较萼片长，先端2深裂；花柱5个，线形。蒴果卵圆形，5瓣裂，每裂瓣顶端2裂。花期3—8月；果熟期6—9月。

分　　布： 河南各地均有分布；多见于田间、路旁、地埂、渠边、山野或阴湿处。

功用价值： 全草可入药；幼苗可作蔬菜或饲料。

植株

花序

花

蔓孩儿参 *Pseudostellaria davidii* (Franch.) Pax　　孩儿参属 *Pseudostellaria* Pax

形态特征：多年生草本。块根纺锤形，有分枝细根。茎细长，伏卧蔓生，有2行毛，先端特细，叶极小而柄短。叶卵形，长1~3cm，宽0.8~2cm，有睫毛；叶柄长3~5mm，有柔毛。花二型；普通花单生枝端叶腋；花梗细长，有毛，萼片5个，披针形，有柔毛；花瓣5个，白色，矩圆状披针形，长为萼片的2倍；雄蕊10枚与花柱3个均较花瓣短。闭锁花1~2个腋生，花梗较短，长约1cm；萼片4个；无花瓣；雄蕊多退化。蒴果卵形，稍长于萼；种子近球形，有乳头状小突起。花期4—5月；果熟期5—6月。

分　　布：河南太行山济源市、辉县及伏牛山区均有分布；多见于海拔1000m以上的山谷林下阴湿地方。

花侧面

植株　　花　　茎、叶

异花孩儿参 *Pseudostellaria heterantha* (Maxim.) Pax　　孩儿参属 *Pseudostellaria* Pax

形态特征：多年生草本，高8~15cm。块根单生，纺锤形，有分枝细根。茎直立，近基部有分枝，具2行柔毛。近基部的叶倒披针形，中部以上的叶卵状矩圆形，长2~2.5cm，宽8~12mm，基部疏生缘毛。花二型；普通花在枝端或二分枝杈间单生；花梗细，长3~3.5cm，有短柔毛；萼片5个；披针形，外面有短柔毛；花瓣5个，矩圆状倒披针形，长为萼片的2倍，顶端圆钝；雄蕊10个，花药紫色；花柱2~3个，线形。闭锁花小，生于近茎基部叶腋，花梗较短；萼片4个；无花瓣；柱头2裂。蒴果4瓣裂，较萼片稍长；种子肾形，稍扁，有疣状突起。花期4月；果熟期5月。

分　　布：河南太行山和伏牛山区均有分布；多见于山谷林下阴湿处。

功用价值：块根可药用。

植株

花

雀舌草 *Stellaria alsine* Grimm　　　繁缕属 *Stellaria* Linn.

形态特征： 一年生草本。茎细弱，有多数疏散分枝，无毛。叶无柄，矩圆形至卵状披针形，长5~20mm，宽2~3mm，无毛或边缘基部疏生睫毛，全缘或边缘浅波状。聚伞花序常有3花，顶生，或单花腋生；花梗细，长5~15mm，萼片5个，披针形，长约2mm；花瓣5个，白色，2深裂几达基部，与萼片等长或稍短；雄蕊10个，较花瓣稍短；花柱短，2~3个。蒴果6裂，种子肾形，稍扁，表面有皱纹状突起。花期4月；果熟期5月。

分　　布： 河南各地均有分布；多见于溪旁、田间、林缘、草地等潮湿地方。

功用价值： 全草可入药。

植株

花序

花

中国繁缕 *Stellaria chinensis* Regel　　　繁缕属 *Stellaria* Linn.

形态特征： 多年生草本。根须状。茎细弱，多分枝，有棱角，无毛。叶卵状椭圆形至矩圆状披针形，长3~4cm，宽1~1.6cm；叶柄有柔毛，中上部的叶柄渐缩短。聚伞花序腋生或顶生，有细长总梗；花梗细，在果时长1cm以上；萼片5个，披针形，长约3mm，花瓣5个，白色，与萼片近等长，顶端2裂；雄蕊10个，较花瓣稍短；花柱3个，线形。蒴果卵形，较宿存萼片稍长，种子卵形，稍扁，褐色。花期4—5月；果熟期7—8月。

分　　布： 河南太行山、伏牛山、大别山和桐柏山区均有分布；多见于山沟林缘、水边湿地。

功用价值： 全草可入药。

保护类别： 中国特有种子植物。

植株

花序

花背面

花

叶

繁缕 Stellaria media (L.) Villars　　　　　　　　　　**繁缕属 Stellaria Linn.**

形态特征：一年生或二年生草本，高达30cm。茎多分枝，带淡紫红色，被1或2列柔毛。叶卵形，长1.5~2.5cm，先端尖，基部渐窄，全缘；下部叶具柄，上部叶常无柄。聚伞花序顶生，或单花腋生。花梗细，长0.7~1.4mm，花后下垂；萼片5，卵状披针形，长约4mm，先端钝圆，被短腺毛；花瓣5，短于萼片，2深裂近基部，裂片线形；雄蕊3~5，短于花瓣；花柱短线形。蒴果卵圆形，稍长于宿萼，顶端6裂。种子多数，卵圆形或近圆形，稍扁，红褐色，直径约1mm，具半球形小瘤。花期6—7月；果期7—8月。

分　　布：河南各地均有分布；多见于田间。

功用价值：茎、叶及种子可供药用。

植株　　　　　　花序　　　　　　花　　　　　　茎、叶

箐姑草 Stellaria vestita Kurz.　　　　　　　　　　**繁缕属 Stellaria Linn.**

形态特征：多年生草本。茎匍匐，光亮，上部密生星状短柔毛。叶卵状椭圆形或狭卵形，长2~3.5cm，宽8~12mm，先端渐尖，两面有星状短柔毛，背面较密；叶柄短或几无柄。聚伞花序细弱，有细长总梗，生于叶腋或二分枝杈间，全部密生星状毛；花梗细，长短不等；萼片5个，披针形，长约4mm；花瓣5个，较萼片短，顶端2深裂达基部；雄蕊10个；花柱3或4个。蒴果与宿存萼片近等长；种子多数，有瘤状突起。花期7—8月；果熟期8—9月。

花

叶背面

植株

茎、叶

分　　布：河南各山区均有分布；多见于山沟、路旁与林缘潮湿处。

功用价值：全草可入药。

狗筋蔓 *Silene baccifera* (Linnaeus) Roth — 蝇子草属 *Silene* L.

形态特征： 多年生草本。茎铺散而渐向上，有疏生短柔毛。叶有短柄，卵形至卵状披针形，长2~3cm，宽1~1.5cm，近基部叶长3~5cm，宽2~2.5cm，先端锐尖。聚伞花序顶生，呈圆锥状，少数花腋生小枝上，每枝常有1~3花；萼钟状，5裂；花瓣5个，白色，喉部有2个鳞片；雄蕊10枚；子房基部有假隔膜分为3室。果球形，浆果状，黑色，有光泽；种子肾形，黑色，有光泽。花期6—8月；果熟期7—9月。

分　　布： 河南太行山、伏牛山、大别山和桐柏山区均有分布；多见于山坡林缘、灌丛、草地。

功用价值： 根及全草可入药。

果期　成熟果实　花

麦蓝菜（王不留行）*Gypsophila vaccaria* (L.) Sm. — 石头花属 *Gypsophila* L.

形态特征： 一年生或二年生草本。高30~70cm，全株无毛，微被白粉，呈灰绿色。根为主根系。茎单生，直立，上部分枝。叶片卵状披针形或披针形，长3~9cm，宽1.5~4cm，基部圆形或近心形，微抱茎，顶端急尖，基部三出脉。伞房花序稀疏；花梗细，长1~4cm；苞片披针形，着生花梗中上部；花萼卵状圆锥形，后期微膨大呈球形，棱绿色，棱间绿白色，近膜质，萼齿小，三角形，顶端急尖，边缘膜质；雌雄蕊柄极短；花瓣淡红色，爪狭楔形，淡绿色，瓣片狭倒卵形，斜展或平展，微凹缺，有时具不明显的缺刻；雄蕊内藏；花柱线形，微外露。蒴果宽卵形或近圆球形，长8~10mm；种子近圆球形，直径约2mm，红褐色至黑色。花期5—7月；果期6—8月。

分　　布： 河南各地均有分布；多见于山坡、撂荒地或麦田中。

功用价值： 嫩茎叶可作蔬菜；全草可入药。

植株　花侧面　花

蔓茎蝇子草（匍生蝇子草）*Silene repens* Patr. 　　　蝇子草属 *Silene* L.

形态特征： 多年生草本，高15~50cm，全株被短柔毛。根状茎细长，分叉。茎疏丛生或单生，不分枝或有时分枝。叶片线状披针形、披针形、倒披针形或长圆状披针形，基部楔形，顶端渐尖，两面被柔毛，边缘基部具缘毛，中脉明显。总状圆锥花序，小聚伞花序常具1~3花；花梗长3~8mm；苞片披针形，草质；花萼筒状棒形，常带紫色，被柔毛，萼齿宽卵形，顶端钝，边缘膜质，具缘毛；雌蕊、雄蕊柄被短柔毛，长4~8mm；花瓣白色，稀黄白色，爪倒披针形，不露出花萼，无耳，瓣片平展，轮廓倒卵形，浅2裂或深达其中部；副花冠片长圆状，顶端钝，有时具裂片；雄蕊微外露，花丝无毛；花柱微外露。蒴果卵形，长6~8mm，比宿存萼短；种子肾形，长约1mm，黑褐色。花期6—8月；果期7—9月。

分　布： 河南伏牛山、太行山区均有分布；多见于林下、湿润草地、溪岸或石质草坡。

植株

花序

花

女娄菜 *Silene aprica* Turcx. ex Fisch. et Mey. 　　　蝇子草属 *Silene* L.

形态特征： 一年生或二年生草本，高30~70cm，全株密被灰色短柔毛。主根较粗壮，稍木质。茎单生或数个，直立，分枝或不分枝。基生叶叶片倒披针形或狭匙形基部渐狭成长柄状，顶端急尖，中脉明显；茎生叶叶片倒披针形、披针形或线状披针形，比基生叶稍小。圆锥花序较大型；花梗直立；苞片披针形，草质，渐尖，具缘毛；花萼卵状钟形，近草质，密被短柔毛；果期长达12mm，纵脉绿色，脉端多少联结，萼齿三角状披针形，边缘膜质，具缘毛；雌蕊雄蕊柄极短或近无，被短柔毛；花瓣白色或淡红色，倒披针形，微露出花萼或与花萼近等长，爪具缘毛，瓣片倒卵形，2裂；副花冠片舌状；雄蕊不外露，花丝基部具缘毛；花柱不外露，基部具短毛。蒴果卵形，与宿存萼近等长或微长；种子圆肾形，灰褐色，肥厚，具小瘤。花期5—7月；果期6—8月。

分　布： 河南各地均有分布；多见于平原、丘陵或山地。

果实

植株

花侧面

花序

花（淡红）

花（白色）

石生蝇子草 *Silene tatarinowii* Regel

形态特征： 多年生草本，高 30~80cm。茎疏散，匍匐或渐向上，分枝多，疏生短柔毛。叶卵状矩圆形至矩圆状披针形，长 2.5~5.5cm，宽 0.5~1.5cm，先端渐尖，两面或仅背面疏生短柔毛。聚伞花序顶生，有 3~7 花；苞片与小苞片有柔毛；花梗密生白色短柔毛；萼筒状，基部微截形，外面疏生柔毛，沿肋棱有密毛；花瓣 5 个，矩圆形，粉红色或白色，顶端 4 裂，2 侧裂片小，基部渐狭成爪。雄蕊 10 个，花丝细长；子房有长柄，花柱 3 个，线形。蒴果长卵形；种子多数，肾形，略扁，有钝粒状突起。花期 5—7 月；果熟期 7—8 月。

分　　布： 河南太行山和伏牛山区均有分布；多见于山坡林缘、灌丛或疏林中。

保护类别： 中国特有种子植物。

花侧面

茎、叶、花序

花序

花

剪秋罗（大花剪秋罗）*Lychnis fulgens* Fisch.

形态特征： 多年生草本，高 25~85cm。茎单生，直立，上部疏生长柔毛。叶矩圆形或卵状矩圆形，长 3.5~10cm，宽约 3.5cm，两面均有柔毛，以边缘毛较密。聚伞花序有 2~3 花，其下的叶腋短枝顶端常有单花；苞片钻形，密生长柔毛；花梗短，密生长柔毛；萼筒棍棒形，密生柔毛，顶端 5 齿裂；花瓣 5 个，深紫红色，基部有爪，边缘有长柔毛，4 裂，中间 2 裂片较大，外侧 2 裂片窄小，喉部有 2 个小鳞片；雄蕊 10 个；花柱 5 个，线形。蒴果 5 瓣裂；种子小，暗褐色或黑色。花期 6—8 月；果熟期 8—9 月。

分　　布： 河南伏牛山和太行山区均有分布；多见于林缘、灌丛或疏林中。

花序

花

剪红纱花（剪秋罗）*Lychnis senno* Sieb. et Zucc. 　　剪秋萝属 *Lychnis* Linn.

形态特征： 多年生草本，高50~70cm。全株密生细毛。根簇生，肉质。叶无柄，卵形或卵状披针形，长4~6cm，宽2~3cm，先端尖，边缘密生细齿。疏松聚伞花序；苞片狭披针形，长8~12mm，宽2~3mm，斜上，萼棍棒状，散生柔毛，5齿裂；花瓣橙红色，顶端中裂，边缘流苏状分裂；雄蕊10个，花柱5个，子房具长柄。蒴果5裂。花期7—9月；果熟期8—10月。

分　　布： 河南伏牛山和大别山区均有分布；多见于山谷林下阴湿地方。

功用价值： 全草可入药。

茎、节　　花

石竹 *Dianthus chinensis* L. 　　石竹属 *Dianthus* Linn.

形态特征： 多年生草本，高约30cm。茎簇生，直立，无毛。叶线形或线状披针形，长3~5cm，宽3~5mm，先端尖，具3~5脉，无毛。花顶生于分叉的枝端，单生或对生，有时成圆锥状聚伞花序；苞片4~6个，叶状，与萼等长或为萼长的1/2；萼筒圆筒状，顶端5齿裂；花瓣5个花柱2个，线状。蒴果矩圆形；种灰黑色，卵形，微扁，有狭翅。花期5—8月；果熟期6—9月。

分　　布： 河南各山区均有分布；平原有栽培；多见于向阳山坡草地、灌丛或石缝中。

功用价值： 根及全草可入药；花含芳香油，浸提的浸膏或净油可以配置高级香精；嫩茎叶可作蔬菜；亦为庭院观赏植物。

花、果序　　花序、花、果实　　花　　茎、叶、花

瞿麦 *Dianthus superbus* Linn.

形态特征： 多年生草本，高25~60cm。茎簇生，直立，上部叉状分枝，无毛。叶线形至线状披针形性，长2~7cm，宽2~6（~10）mm，先端渐尖，基部成短鞘围抱茎上，带粉绿色，边缘常具突起细毛。花单生，或数花集生成稀疏叉状分枝的圆锥状聚伞花序；萼筒长2.5~3.5cm，萼下有4~6个宽卵状苞片；花瓣5个，粉紫色，先端深裂呈丝状，基部呈爪，有须毛；雄蕊10个；花柱2个，线形。蒴果长筒形，顶端4裂；种子扁卵圆形，边缘有宽于种子的翅。花期6—7月；果熟期7—8期。

分　　布： 河南各山区均有分布；多见于山坡灌丛、草地或石缝中。

功用价值： 全草可入药，亦可作农药；可作庭院观赏植物。

植株

花序

花

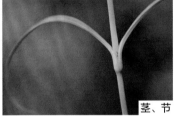
茎、节

长蕊石头花 *Gypsophila oldhamiana* Miq.

形态特征： 多年生草本，高60~100cm。全株无毛，粉绿色。根粗壮。茎簇生，上部分枝。叶矩圆状披针形，长4~6（~8）cm，宽5~12mm，有3条纵脉，常仅中脉明显。聚伞花序顶生；花梗长约5mm；萼钟状，5裂，裂片矩圆形，先端钝，边缘白色；花瓣5个，粉红色或白色，倒卵形，基部狭细；雄蕊10个；子房卵圆形，花柱2个，伸出花冠之外。蒴果较萼稍长；种子少数，肾形。花期7—9月；果熟期8—10月。

分　　布： 河南太行山和伏牛山区均有分布；多见于山坡草地与灌丛中。

功用价值： 根可入药；幼苗可食；可作农药。

生境

花

花序

茎、叶

▶ 蓼科 Polygonaceae ▏▏▏▏▏▏▏▏▏▏▏▏▏▏▏▏▏▏▏▏▏▏▏▏▏▏▏▏▏▏▏▏▏▏▏▏▏

掌叶大黄 *Rheum palmatum* L.　　　　　　　　　大黄属 *Rheum* L.

形态特征： 粗壮草本，高达2m。根状茎粗壮。叶长宽均40~60cm，先端窄渐尖或窄尖，基部近心形，常掌状半5裂，每大裂片羽裂成窄三角形小裂片，基脉5，正面被乳突，背面及边缘密被毛，叶柄与叶近等长，密被乳突；茎生叶向上渐小，柄渐短；托叶鞘长达15cm，粗糙。圆锥花序，分枝聚拢，密被粗毛。花梗长2~2.5mm，中部以下具关节；花被片6，常紫红色或黄白色，外3片较窄小，内3片宽椭圆形或近圆形，长1~1.5mm；雄蕊9，内藏；花盘与花丝基部粘连；花柱稍反曲，柱头头状。果长圆状椭圆形或长圆形，长8~9mm，直径7~7.5mm，两端均凹下，翅宽约2.5mm，纵脉近翅缘。种子宽卵形，褐黑色。花期6月；果期8月。

分　　布： 河南伏牛山、太行山区均有分布；多见于海拔1500m以上山坡或山谷湿地。

功用价值： 根状茎及根可药用，可健胃，为泻药。

植株　　　　茎、叶、花序　　　　茎、叶

皱叶酸模 *Rumex crispus* Linn.　　　　　　　　酸模属 *Rumex* Linn.

形态特征： 多年生草本，高50~100cm。茎直立，通常不分枝，有浅沟槽。茎生叶有长柄，披针形或矩圆状披针形，长12~25cm，宽2~4cm，先端急尖，基部楔形，边缘有波状皱折，两面无毛；茎生叶向上渐小，叶柄较短；托叶鞘膜质，筒状。花序为数个腋生总状花序合成一狭长的圆锥花序；花两性；花被片6个，2轮，在果时内轮花被片增大，宽卵形，顶端急尖，基部心脏形，全缘或有不明显的牙齿，有网纹，全部有瘤状突起；雄蕊6枚；柱头3个，画笔状。瘦果椭圆形，有3棱，褐色，有光泽。花期5—6月；果熟期7月。

分　　布： 河南伏牛山区分布；多见于山坡湿地、沟谷、河岸及路旁。

功用价值： 根及叶可入药；根、叶含鞣质含，可提制栲胶；种子含油量高，可供工业用；根含淀粉，可酿酒；嫩叶可作野菜及绿肥；可作农药。

花序　　　　基生叶　　　　花期　　果期　　植株

齿果酸模 *Rumex dentatus* Linn.　　　　　**酸模属** *Rumex* Linn.

形态特征： 多年生草本，高30~80cm。茎直立，多分枝，枝斜上。茎生叶有长柄，矩圆形或宽披针形，长4~8cm，宽1.5~2.5cm，先端圆钝，基部圆形或近心脏形；茎生叶向上渐小，叶柄较短；托叶鞘膜质，筒状。花序顶生，花簇呈轮状排列；通常有叶；花两性，黄绿色；花梗基部有关节；花被片6个，2轮，在果时内轮花被片增大，长卵形，有明显网纹，边缘通常有不整齐的针刺状牙齿，全部有瘤状突起；雄蕊6个；柱头3个；画笔状。瘦果卵形，有3棱，褐色，光亮。花期5—6月；果熟期7月。

分　　布： 河南各地均有分布；多见于渠岸、田埂、水边。

功用价值： 根和叶可入药；可作农药；嫩叶可食。

果期内轮花被　　　花　　　茎、叶、花序

尼泊尔酸模 *Rumex nepalensis* Spreng.　　　　　**酸模属** *Rumex* Linn.

形态特征： 多年生草本，高40~100cm。茎直立，有沟槽。基生叶有长柄，矩圆状卵形或三角状卵形，长10~15cm，宽4~8cm，先端急尖，基部心脏形，边缘有波状皱折，两面无毛，上部叶较小，有短柄或近无柄；托叶鞘膜质。花序圆锥状，顶生；花两性；花被片6个，2轮，在果时内轮花被片增大，宽卵形，部分或全部背面有瘤状突起，边缘有针刺状牙齿，齿端为钩状；雄蕊6个；柱头3个。瘦果卵形，3棱，褐色，光亮。花期5—6月，果熟期7—8月。

分　　布： 河南伏牛山、大别山和桐柏山区均有分布；多见于山坡路旁、山沟水旁湿处。

功用价值： 嫩叶可作野菜；全草可入药，在山区被当作大黄用；其根、叶含鞣质，可提制栲胶。

花序

内轮花被片边缘钩状刺

基生叶

茎、叶、花序

翼蓼 *Pteroxygonum giraldii* Damm. et Diels

翼蓼属 *Pteroxygonum* Damm. et Diels

形态特征： 多年生草本。块根肉质，褐色。茎缠绕或蔓生，基部常带紫褐色。叶通常2~4个簇生，三角形或三角状卵形，长4~6cm，宽3~4cm，先端狭尖，基部宽心脏形；叶柄细长；托叶鞘膜质，顶端尖。花序总状，腋生，有长总梗，通常长于叶；苞片膜质，狭披针形；花梗有关节，在果期增大；花白色或淡绿色；花被5深裂，裂片矩圆形，在果期稍增大；雄蕊通常8个，5花被近等长。瘦果卵形，有3个膜质翅，基部有3个角状物，黑褐色，伸出宿存花被之外。花期5—7月；果熟期7—9月。

分　　布： 河南伏牛山和太行山区济源市、辉县均有分布；多见于山沟、溪旁、林下、灌丛阴湿处。

功用价值： 块根可入药；在太行山区被当作何首乌用。

保护类别： 中国特有种子植物。

果期、翅、角状物　　花序　　叶　　花　　茎、叶、花序

金荞麦 *Fagopyrum dibotrys* (D. Don) Hara

荞麦属 *Fagopyrum* Mill.

形态特征： 多年生草本，高达1m。根状茎木质化，黑褐色；茎直立，具纵棱，有时一侧沿棱被柔毛。叶三角形，长4~12cm，先端渐尖，基部近戟形，两面被乳头状突起；叶柄长达10cm，托叶鞘长0.5~1cm，无缘毛。花序伞房状；苞片卵状披针形，长约3mm。花梗与苞片近等长，中部具关节；花被片椭圆形，白色，长约2.5mm；雄蕊较花被短；花柱3。瘦果宽卵形，具3锐棱，长6~8mm，伸出宿存花被2~3倍。花期7—9月；果期8—10月。

分　　布： 河南各地亦有栽培，以山区分布较多。

功用价值： 块根可入药。

保护类别： 国家二级重点保护野生植物。

根状茎　　花　　植株　　花序

细柄野荞麦 *Fagopyrum gracilipes* (Hemsl.) Damm. ex Diels　　荞麦属 *Fagopyrum* Mill.

形态特征：一年生草本，高15~65cm。茎直立，多分枝；小枝纤细，具细条纹，无毛。叶卵形或戟形，有时为三角形，长2~6cm，宽2~4（~5）cm，先端长渐尖或急尖，基部心脏形，表面无毛，背面沿脉及叶缘有乳头状突起；叶柄与叶片等长或较短；托叶鞘膜质，长1.5~4mm，先端斜形。总状花序顶生和腋生，狭细，具稀疏的花簇，微下垂；总花梗细长，苞漏斗状，先端斜形，全缘，背脊草质，绿色，余均膜质；花梗细，比苞长；花被红色或淡红色，长1.5~2mm，5深裂，裂片卵形；雄蕊比花被短。果实圆卵状三棱形，长约2.5mm，黄褐色或黑褐色，仅1/3露出花被外。花期6—7月；果熟期7—9月。

分　　布：河南伏牛山区均有分布；多见于山坡路旁、林下、河滩或田边。

保护类别：中国特有种子植物。

花序　　　　花　　　　茎、叶、花

蔓首乌（卷茎蓼）*Fallopia convolvulus* (Linnaeus) A. Love　　何首乌属 *Fallopia* Adans.

形态特征：一年生草本。茎缠绕，长1~1.5m，具纵棱，自基部分枝，具小突起。叶卵形或心形，长2~6cm，宽1.5~4cm，顶端渐尖，基部心形，两面无毛，背面沿叶脉具小突起，边缘全缘，具小突起；叶柄长1.5~5cm，沿棱具小突起；托叶鞘膜质，长3~4mm，偏斜，无缘毛。花序总状，腋生或顶生，花稀疏，下部间断，有时成花簇，生于叶腋；苞片长卵形，顶端尖，每苞具2~4花；花梗细弱，比苞片长，中上部具关节；花被5深裂，淡绿色，边缘白色，花被片长椭圆形，外面3片背部具龙骨状突起或狭翅，被小突起；果时稍增大，雄蕊8，比花被短；花柱3，极短，柱头头状。瘦果椭圆形，具3棱，长3~3.5mm，黑色，密被小颗粒，无光泽，包于宿存花被内。花期5—8月；果期6—9月。

分　　布：河南伏牛山、大别山、桐柏山、太行山区均有分布；多见于山坡草地、山谷灌丛、沟边湿地。

植株　　　　花序、果期　　　　茎、叶

齿翅蓼（齿翅首乌）*Fallopia dentatoalata* (F. Schmidt) Holub　　何首乌属 *Fallopia* Adans.

形态特征： 一年生草本。茎缠绕，长1~2m，分枝，无毛，具纵棱，沿棱密生小突起。有时茎下部小突起脱落。叶卵形或心形，长3~6cm，宽2.5~4cm，顶端渐尖，基部心形，两面无毛，沿叶脉具小突起，边缘全缘，具小突起；叶柄长2~4cm，具纵棱及小突起；托叶鞘短，偏斜，膜质，无缘毛，长3~4mm。花序总状，腋生或顶生，长4~12cm，花排列稀疏，间断，具小叶；苞片漏斗状，膜质，长2~3mm，偏斜，顶端急尖，无缘毛，每苞内具4~5花；花被5深裂，红色；花被片外面3片背部具翅，果时增大，翅通常具齿，基部沿花梗明显下延；花被果时外形呈倒卵形，长8~9mm，直径5~6mm；花梗细弱，果后延长，长可达6mm，中下部具关节；雄蕊8，比花被短；花柱3，极短，柱头头状。瘦果椭圆形，具3棱，长4~4.5mm，黑色，密被小颗粒，微有光泽，包于宿存花被内。花期7—8月；果期9—10月。

分　　布： 河南伏牛山、大别山、桐柏山、太行山区均有分布；多见于山坡草丛、山谷湿地。

果实　　　果序　　　植株

何首乌 *Fallopia multiflora* (Thunb.) Nakai　　何首乌属 *Fallopia* Adans.

形态特征： 多年生草本，具有肉质块根。茎缠绕，中空，多分枝，基部木质化。叶卵形，长5~7cm，宽3~5cm，先端渐尖，基部心脏形，两面无毛；叶柄长1~2.5cm；托叶鞘短筒形，膜质。花序圆锥状，顶生或腋生；苞片卵状披针形；花小，白色；花被5深裂，裂片大小不等，在果时增大，3片肥厚，背部有翅；雄蕊8个，短于花被；花柱3个。瘦果三棱形，黑色，有光泽。花期7~9月；果熟期8—10月。

分　　布： 河南各山区均有分布；多见于石山坡路旁、沟岸、灌丛、山脚潮湿处或石缝。

功用价值： 根、茎、叶均可入药；块根含有淀粉，可酿酒；全草捣烂浸汁，可作杀虫药用。

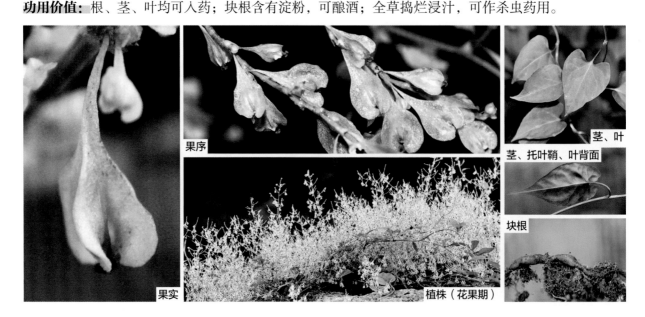

果序　　茎、叶　　茎、托叶鞘、叶背面　　果实　　植株（花果期）　　块根

支柱蓼 *Polygonum suffultum* Maxim.

形态特征： 多年生草本。根状茎粗壮，通常呈念珠状，黑褐色，茎直立或斜上，细弱，上部分枝或不分枝，通常数条自根状茎发，高10~40cm，基生叶卵形或长卵形，长5~12cm，宽3~6cm，顶端渐尖或急尖，基部心形，全缘，疏生短缘毛，两面无毛或疏生短柔毛，叶柄长4~15cm；茎生叶卵形，较小具短柄，最上部的叶无柄，抱茎；托叶鞘膜质，筒状，褐色，长2~4cm，顶端偏斜，开裂，无缘毛。总状花序呈穗状，紧密，顶生或腋生，长1~2cm；苞片膜质，长卵形，顶端渐尖，长约3mm，每苞内具2~4花；花梗细弱，比苞片短；花被5深裂，白色或淡红色，花被片倒卵形或椭圆形；雄蕊8，比花被长；花柱3，基部合生，柱头头状。瘦果宽椭圆形，具3锐棱，黄褐色，有光泽，稍长于宿存花被。花期6—7月；果期7—10月。

分　　布： 河南太行山、伏牛山区均有分布；多见于海拔1000m以上林下潮湿处。

功用价值： 根状茎可入药。

茎、叶、花序　　花　　花　　茎生叶、托叶鞘、花序

稀花蓼 *Polygonum dissitiflorum* Hemsl.

形态特征： 一年生草本，高70~100cm。茎直立或基部平卧，上部疏生钩状刺。叶卵状椭圆形，长6~15cm，宽3~8cm，先端渐尖，基部戟形或心脏形，表面有刺毛，背面沿脉具刺毛，两面均有疏生星状毛；叶柄长2~4cm，疏生刺毛；托叶鞘膜质，褐色。花序圆锥状，顶生或腋生；苞片矩圆形，具缘毛；花梗细，密生红色腺毛，花淡红色，花被5深裂；雄蕊8个，短于花被；花柱3个，瘦果球形，黄褐色，有光泽，全部包于宿存花被内。花期6—8月；果熟期8—9月。

分　　布： 河南各山区均有分布；多见于山谷林下阴湿地方。

果实　　植株　　花序

金线草 *Antenoron filiforme* (Thunb.) Rob. et Vaut.

金线草属 *Antenoron* Raf.

形态特征： 多年生草本。根状茎粗壮。茎直立，高50~80cm，具糙伏毛，有纵沟，节部膨大。叶椭圆形或长椭圆形，长6~15cm，宽4~8cm，顶端短渐尖或急尖，基部楔形，全缘，两面均具糙伏毛；叶柄长1~1.5cm，具糙伏毛；托叶鞘筒状，膜质，褐色，具短缘毛。总状花序呈穗状，通常数个，顶生或腋生，花序轴延伸，花排列稀疏；苞片漏斗状，绿色，边缘膜质，具缘毛；花被4深裂，红色，花被片卵形，果时稍增大；雄蕊5；花柱2，果时伸长，硬化，长3.5~4mm，顶端呈钩状，宿存，伸出花被之外。瘦果卵形，双凸镜状，褐色，有光泽，长约3mm，包于宿存花被内。花期7—8月；果期9—10月。

分　　布： 河南伏牛山、大别山、桐柏山和太行山区均有分布；多见于林下、山谷阴湿处。

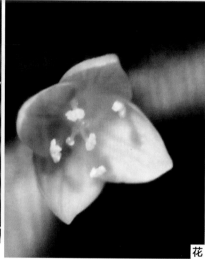

果实　　植株　　花　　茎、叶

愉悦蓼 *Polygonum jucundum* Meisn.

萹蓄属 *Polygonum* L.

形态特征： 一年生细弱草本。茎由基部多分枝。叶有短柄，椭圆状披针形，带膜质，长3~10cm，宽0.8~2.5cm，两端狭尖，中脉及边缘通常有疏生细尖伏毛；托叶鞘筒状，膜质，顶端有细缘毛。花序穗状，长2~6cm；苞片具缘毛；花被红色，5深裂；雄蕊8枚；花柱3个。瘦果三棱形，长约2mm，黑色，光亮。花期7—9月；果熟期8—10月。

分　　布： 河南伏牛山、大别山和桐柏山区均有分布；多见于山沟水旁湿地。

功用价值： 全草可入药。

保护类别： 中国特有种子植物。

植株　　花序　　茎、叶

酸模叶蓼 *Polygonum lapathifolium* (L.) S. F. Grag　　萹蓄属 *Polygonum* L.

形态特征：一年生草本，高30~100cm。茎直立，有分枝。叶披针形或宽披针形，先端渐尖或急尖，基部楔形，表面绿色，常有黑褐色新月形斑点，无毛，背面沿中脉和边缘具粗硬毛；叶柄有短刺毛；托叶鞘筒状，膜质，淡褐色，无毛。花序为数个穗状花序构成圆锥状花序；苞片膜质，边缘疏生短睫毛；花淡红色或白色，花被通常4深裂；雄蕊6个，花柱2个，向外弯曲。瘦果卵形，扁平，两面微凹，黑褐色，全部包于宿存花被内。花期7—9月；果熟期8—10月。

分　　布：河南各地均有分布；多见于路旁湿地、沟渠水边。

功用价值：果实及茎叶入药。

花序

叶

植株

节、托叶鞘　　花

长鬃蓼 *Polygonum longisetum* De Br.　　萹蓄属 *Polygonum* L.

形态特征：一年生草本，高30~60cm。直立，分枝，下部稍俯仰，无毛。叶披针形，稀宽披针形，长4~8cm，宽1~2.5cm，先端渐尖，基部楔形，两面均无毛，叶缘及中脉伏生稀疏短毛；叶柄短或几无柄；托叶鞘管状，长5~10mm，被稀疏伏毛，先端截形，具长缘毛。花序穗状，顶生或腋生，较紧密，长3~5cm，下部花簇常间断；苞片漏斗状，常带红色，外面无毛，先端斜形，具长缘毛，内含3~6朵花；花梗与苞片近等长；花被粉红色或暗红色，长约2.5mm，5深裂；雄蕊8个；花柱3个，基部合生，柱头头状。果实黑色，有光泽，卵状三棱形，长1.5~2.5mm，包于花被内。花期7—8月；果熟期8—9月。

分　　布：河南各地均有分布；多见于沟边、渠边、河岸等潮湿处。

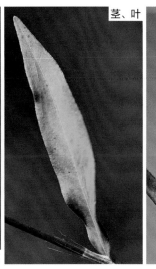

茎、叶

花序　　花　　茎、叶、托叶鞘

尼泊尔蓼 *Polygonum nepalense* Meisn. **萹蓄属** *Polygonum* L.

形态特征： 一年生草本，高达40cm。茎外倾或斜上，基部分枝，无毛或节部疏被腺毛。茎下部叶卵形或三角状卵形，长3~5cm，先端尖，基部宽楔形，沿叶柄下延成翅，两面无毛或疏被刺毛，疏生黄色透明腺点，茎上部叶较小；叶柄长1~3cm，上部叶近无柄或抱茎，托叶鞘筒状，长0.5~1cm，无缘毛，基部被刺毛。花序头状，基部常具1叶状总苞片，花序梗上部被腺毛；苞片卵状椭圆形，无毛。花梗较苞片短；花被4裂，淡红或白色，花被长圆形，长2~3mm；雄蕊5~6，花药暗紫色；花柱2，中上部连合。瘦果宽卵形，扁平，双凸，长2~2.5mm，黑色，密生洼点，包于宿存花被内。花期5—8月；果期7—10月。

分　　布： 河南伏牛山、太行山、大别山、桐柏山区均有分布；多见于山坡草地、山谷路旁。

植株　　花序　　花

红蓼 *Polygonum orientale* L. **萹蓄属** *Polygonum* L.

形态特征： 一年生草本，高2~3m。茎直立，多分枝，密生长毛。叶有长柄，卵形或宽卵形，长10~20cm，宽6~12cm，先端渐尖，基部近圆形，两面疏生长毛；托叶鞘筒状，下部膜质，褐色，上部草质，绿色，常有叶状环翅。花序圆锥状；苞片宽卵形；花淡红色，花被5深裂，裂片椭圆形；雄蕊7个，长于花被。瘦果近圆形，扁平，黑色有光泽。花期7—9月；果熟期8—10月。

分　　布： 河南各地均有分布；多见于山坡、路旁、河滩、荒地。

功用价值： 全株均可入药；叶可作农药，能防治棉蚜虫；全草可作饲料。

托叶鞘　　植株　　花序　　花

杠板归 *Polygonum perfoliatum* L.　　　　　**萹蓄属** *Polygonum* L.

形态特征： 一年生攀缘草本，长达2m。茎具纵棱，沿棱疏生倒刺。叶三角形，长3~7cm，先端钝或微尖，基部近平截或微心形，正面无毛，背面沿叶脉疏生皮刺；叶柄长3~7cm，被倒生皮刺，近基部盾状着生，托叶鞘叶状，草质，绿色，近圆形，穿叶，直径1.5~3cm。花序短穗状，长1~3cm，顶生或腋生；苞片卵圆形，长约2mm。花被5深裂，白绿色，花被片椭圆形，长约3mm，果时增大，深蓝色；雄蕊8，稍短于花被；花柱3，中上部连合，瘦果球形，直径3~4mm，黑色，有光泽，包于宿存肉质花被内。花期6—8月；果期7—10月。

分　　布： 河南各地均有分布；多见于田边、路边、山谷、湿地。
功用价值： 全草可药用。

果序　　　　　植株　　　　　花序　　　　花　　　　茎、叶

丛枝蓼 *Polygonum posumbu* Buch.-Ham. ex D. Don　　　　　**萹蓄属** *Polygonum* L.

形态特征： 一年生草本，高30~50cm。茎平卧或斜上，细弱，近基部多分枝，无毛。叶宽披针形或卵状披针形，长5~8cm，宽15~30cm，先端尾状渐尖，基部狭窄，两面疏生短柔毛或近于无毛，叶柄极短，疏生长柔毛，托叶鞘筒状，膜质，长5~8mm，有长缘毛；花序穗状，顶生或腋生，细弱，花排列稀疏，花序下部间断；苞片漏斗状，绿色，有缘毛；花粉红色或白色，花被5深裂，裂片长约2mm；雄蕊通常8个；花柱3个。瘦果卵形，有3棱，黑色，光亮。花期7—10月；果实8月渐次成熟。

分　　布： 河南太行山、伏牛山、大别山和桐柏山区均有分布；多见于山沟、溪旁、水边或阴湿处。

植株　　　　　花序　　　茎、叶　花　　　　茎、节、托叶鞘

赤胫散 Polygonum runcinatum var. sinense Hemsl.
萹蓄属 Polygonum L.

形态特征： 一年生或多年生草本植物，高25~70cm。根状茎细长；茎直立或倾斜，分枝或不分枝，有纵沟，有稀疏柔毛或近无毛。叶片三角状卵形，腰部内陷，先端渐尖，基部截形，稍下延至叶柄，叶耳长圆形或半圆形，先端圆钝，有的近于无叶耳，两面有稀疏柔毛或无毛，先端截形，有短缘毛或无毛。头状花序，直径0.5~1cm，有数朵花，由多个花序排列成聚伞状花序；苞片卵形，内有1朵花，花柄短或无柄；花萼白色或粉红色，5片，长约2mm；雄蕊8个，长约1mm，中部以下与花萼连合，花药黄色；花柱3个，中部以下连合，柱头头状，与花萼等长或稍露出。瘦果球状三棱形，直径约2mm，先端稍尖，褐色，表面有点状突起，包在宿存的花萼内。花期6—7月；果期7—9月。

分　布： 河南伏牛山区分布；多见于山谷林下、溪旁湿地。

功用价值： 根状茎与全草可入药；根状茎含鞣质，可提制栲胶。

叶

茎、叶、花序
花

箭头蓼（雀翘）Polygonum sagittatum L.
萹蓄属 Polygonum L.

形态特征： 一年生攀缘草本，长约1m。茎分枝，四棱形，无毛，沿棱有倒生钩刺。叶片箭形，先端渐尖，基部箭形深凹或深心脏形，具三角形或卵状三角形的叶耳，两面均无毛，背面沿主脉有钩刺，叶缘有刺毛；叶柄与叶片近等长或稍短，具钩刺；托叶鞘基础部管状，膜质，上部具叶状翅，翅三角状披针形，长1.5~2cm。花序头状，直径约1cm，顶生，具长梗，常单生；总状花梗长3~6cm，具倒生钩刺；苞圆卵形，先端急尖，无毛；花被粉红色或带绿色，长约2mm，5深裂，裂片圆卵形，无毛；雄蕊8个，比花被短；花柱3个，下部结合，柱头头状。果球形，上部具3钝棱，直径约3mm，黑褐色，有光泽，包于花被内。花期7—8月；果熟期8—9月。

分　布： 河南伏牛山区西峡、卢氏两县的南部及淅川县均有分布；多见于沟旁、湿润草地。

功用价值： 全草可入药。

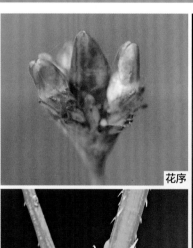
花序

茎、节、托叶、刺

叶

萹蓄 *Polygonum aviculare* L.　　　　　萹蓄属 *Polygonum* L.

形态特征：一年生草本，高10~40cm。茎平卧或上升，自基部分枝，有棱角。叶有极短柄或近无柄；叶片狭椭圆形或披针形，长1.5~3cm，宽5~10mm，顶端钝或急尖，基部楔形，全缘；托叶鞘膜质，下部褐色，上部白色透明，有不明显脉纹。花腋生，1~5朵簇生叶腋，遍布于全植株；花梗细而短，顶部有关节；花被5深裂，裂片椭圆形，绿色，边缘白色或淡红色；雄蕊8；花柱3。瘦果卵形，有3棱，黑色或褐色，生不明显小点，无光泽。花期5—7月；果期6—8月。

分　　布：河南各地均有分布；多见于田野、荒地和水边湿地。

功用价值：全草可药用。

植株

花

茎、叶

虎杖 *Reynoutria japonica* Houtt.　　　　　虎杖属 *Reynoutria* Houtt.

形态特征：多年生草本或亚灌木，高1~1.5m。茎直立，丛生，基部木质化，分枝，中空，无毛，散生红色或紫红色斑点。叶有短柄，宽卵形或卵状椭圆形，长6~12cm，宽5~9cm，先端短骤尖，基部圆形或楔形；托叶鞘膜质，褐色，早落。花单性，雌雄异株，成腋生圆锥状花序；花梗细长，中部有关节，上部有翅；花被5深裂，裂片2轮，外轮3片在果时增大，背部有翅；雄花雄蕊8个；雌花花柱3个，柱头头状。瘦果椭圆形，有3棱，黑褐色，有光泽。花期5—7月；果熟期8—9月。

分　　布：河南伏牛山、大别山、桐柏山、嵩山均有分布；多见于山谷、溪旁阴湿处。

功用价值：根及根状茎可入药；全草可作兽药，也可作农药；根、茎、叶均含鞣质，可提制栲胶；嫩茎叶可食。

果序、果实

枝、叶、托叶鞘

花序

枝、叶、花序

植株

▶ 芍药科 Paeoniaceae ||||||||||||||||||||||||||||||||||||||||||||||||||||||||||||||||

矮牡丹 *Paeonia jishanensis* T. Hong et W. Z. Zhao | **芍药属 *Paeonia* Linn.**

形态特征：落叶灌木，高达2m。老茎皮褐灰色，有纵纹。2年生枝灰色，皮孔黑色。花枝褐红或淡绿色，皮孔不明显。叶为二回三出复叶，具9小叶，稀较多；小叶圆形或卵圆形，长2.5~5.5cm，先端急尖或钝，基部圆、宽楔形或稍心形，背面疏被长柔毛，通常3裂至近中部，裂片通常2~3裂，稀全缘。花单生枝顶；苞片3（4），萼片3；花瓣6~8（~10），白色，稀边缘或基部带粉色；雄蕊多数，花药黄色；花丝紫红色或下部紫红色，上部白色；花盘紫红色，花期全包心皮，顶端齿裂；心皮5，密被黄白色茸毛；柱头紫红色。蓇葖果圆柱状，长2~2.5cm。种子黑色，有光泽。花期4—5月；果期8—9月。

分　　布：河南伏牛山、太行山、大别山区均有分布；多见于海拔900~1700m的灌丛和次生落叶阔叶林中。

功用价值：可药用；可作园林观赏植物。

保护类别：易危（VU）；中国特有种子植物；国家二级重点保护野生植物；河南省重点保护野生植物。

植株

花、雌蕊、雄蕊

花

花侧面

紫斑牡丹 *Paeonia rockii* (S. G. Haw et Lauener) T. Hong et J. J. Li ex D. Y. Hong | **芍药属 *Paeonia* Linn.**

形态特征：落叶灌木。茎皮褐灰色。叶二或三回羽状复叶，叶柄长10~15cm，卵状披针形，长2.5~11cm，基部圆钝，先端渐尖，多全缘，少数（常常是顶生小叶）3深裂，正面无毛或主脉上有白色长柔毛，背面多少被白色长柔毛。花单朵顶生，直径达19cm；花瓣通常白色，稀淡粉红色，基部内面具一大紫色斑块；雄蕊极多数，花丝和花药全为黄色；花盘花期全包心皮，黄色；心皮5，密被茸毛，柱头黄色。蓇葖果（幼）长椭圆形，长2.5cm，直径1cm。花期4月下旬至5月中旬。

分　　布：河南伏牛山、太行山区均有分布；多见于山坡灌丛中。

功用价值：根皮可入药，同牡丹；亦为庭院观赏植物。

保护类别：中国特有种子植物；国家一级重点保护野生植物；河南省重点保护野生植物。

叶

植株

聚合蓇葖果

花

草芍药 *Paeonia obovata* Maxim.

形态特征： 多年生草本，高40~60cm。茎圆柱形，无毛，基部有数个鞘状鳞片。二回三出复叶或茎上部为3小叶或单叶；顶生小叶倒卵形或宽椭圆形，侧生小叶椭圆形，长6~12cm，先端短锐尖，基部楔形，表面光滑，背面无毛或幼时被稀疏柔毛；叶柄长5~10cm，顶生小叶柄长2~2.5cm，侧生小叶柄长3~5mm。花单生茎顶，红色或白色；萼片5个，长1.2~1.5cm；花瓣倒卵形，长2.5~4cm；雄蕊多数；心皮2~4个，无毛或有时被短柔毛。蓇葖果卵圆形，红色，成熟时果瓣反卷。花期5—6月；果熟期7—8月。

分　　布： 河南大别山、桐柏山、伏牛山及太行山区均有分布；多见于山坡或山谷林下。

功用价值： 根可入药。

雌蕊、雄蕊　开裂蓇葖果、种子　聚合蓇葖果　枝、叶、花　植株　花萼　花侧面　花

▶ 山茶科 Theaceae

紫茎 *Stewartia sinensis* Rehd. et Wils

形态特征： 小乔木，树皮灰黄色，嫩枝无毛或有疏毛，冬芽苞约7片。叶纸质，椭圆形或卵状椭圆形，长6~10cm，宽2~4cm，先端渐尖，基部楔形，边缘有粗齿，侧脉7~10对，下面叶腋常有簇生毛丛，叶柄长1cm。花单生，直径4~5cm，花柄长4~8mm；苞片长卵形，长2~2.5cm，宽1~1.2cm；萼片5，基部连生，长卵形，长1~2cm，先端尖，基部有毛；花瓣阔卵形，长2.5~3cm，基部连生，外面有绢毛；雄蕊有短的花丝管，被毛；子房有毛。蒴果卵圆形，先端尖，宽1.5~2cm。种子长1cm，有窄翅。花期6月。

分　　布： 河南伏牛山南部西峡、内乡、南召等地均有分布；多见于海拔1500m以上的山古或山坡木林中，有时形成片林。

功用价值： 木材黄红褐色，硬重，结构细致，可供细木工、工艺品及家具用。

保护类别： 中国特有种子植物；河南省重点保护野生植物。

果实　树皮　花　枝、叶　植株　叶背面　枝、树干

▶ 猕猴桃科 Actinidiaceae ||||||||||||||||||||||||||||||||||||||||||||||||||||

软枣猕猴桃 *Actinidia arguta* (Sieb. et Zucc.) Planch. ex Miq. | 猕猴桃属 *Actinidia* Lindl.

形态特征： 大型落叶藤本，长可达30m以上；嫩枝有时有灰白色疏柔毛，老枝光滑；髓褐色，片状。叶片膜质到纸质，卵圆形、椭圆状卵形或矩圆形，长6~13cm，宽5~9cm，顶端突尖或短尾尖，基部圆形或心形，少有近楔形，边缘有锐锯齿，下面在脉腋有淡棕色或灰白色柔毛，其余无毛，叶柄及叶脉干后常带黑色。腋生聚伞花序有花3~6朵；花白色，直径1.2~2cm，花被5，萼片仅边缘有毛，花柄无毛；雄蕊多数；花柱丝状，多数。浆果球形到矩圆形，光滑。花期4月；果期8—10月。

分　　布： 河南各山区均有分布；多见于山沟林间或灌丛中。

功用价值： 果实主要用于生食、酿酒、加工蜜饯果脯等；可作园林垂直绿化植物。

保护类别： 无危（LC）；国家二级重点保护野生植物。

叶背面　花序　髓　果实　枝、叶　花萼　雌蕊、雄蕊　花

中华猕猴桃 *Actinidia chinensis* Planch. | 猕猴桃属 *Actinidia* Lindl.

形态特征： 藤本；幼枝及叶柄密生灰棕色柔毛，老枝无毛；髓大，白色，片状。叶片纸质，圆形，卵圆形或倒卵形，长5~17cm，顶端突尖、微凹或平截，边缘有刺毛状齿，正面仅叶脉有疏毛，背面密生灰棕色星状茸毛。花开时白色，后变黄色；花被5，萼片及花柄有淡棕色茸毛；雄蕊多数；花柱丝状，多数。浆果卵圆形或矩圆形，密生棕色长毛。花期4—5月；果熟期8—10月。

分　　布： 河南大别山、桐柏山和伏牛山区均有分布；多见于林内或灌丛中。

功用价值： 果实含大量糖类和维生素，可生食、制果酱和果脯；茎皮及髓含胶质，可作造纸胶料；花可提取香精。

保护类别： 国家二级重点保护野生植物。

花　浆果横切　花序　浆果纵切　浆果　枝、叶背面　叶　茎、叶、花

美味猕猴桃 *Actinidia chinensis* var. *deliciosa* (A. Chevalier) A. Chevalier

猕猴桃属 *Actinidia* Lindl.

形态特征： 花枝多数较长，达15~20cm，被黄褐色长硬毛，毛落后仍可见到硬毛残迹。叶倒阔卵形至倒卵形，长9~11cm，宽8~10cm，顶端常具突尖，叶柄被黄褐色长硬毛。花较大，直径约3.5cm；子房被刷毛状糙毛。果近球形、圆柱形或倒卵形，长5~6cm，被常分裂为2~3数束状的刺毛状长硬毛。花期4—5月；果期8—10月。

分　　布： 河南伏牛山区分布；多见于海拔800~1400m的山谷、山坡杂木林中。

功用价值： 果可生食、制果酱和果脯。

植株

茎、叶

果实

狗枣猕猴桃 *Actinidia kolomikta* (Maxim. et Rupr.) Maxim.

猕猴桃属 *Actinidia* Lindl.

形态特征： 藤本；嫩枝略有柔毛，老枝无毛；髓淡褐色，片状。叶膜质至薄纸质，卵形至矩圆状卵形，长5~13cm，宽3~8cm，基部心形，少有圆形，正面无毛，背面沿叶脉疏生灰褐色短毛，脉腋密生柔毛，叶片中部以上常有黄白色或紫红色斑。花通常白色或有时粉红色；萼片3~5，连同花柄略有短柔毛或光滑；花瓣5；雄蕊多数；花柱丝状，多数。浆果矩圆形或球形，无斑。花期5月下旬（四川）或7月初（东北）；果熟期9—10月。

分　　布： 河南伏牛山、太行山区均有分布；多见于海拔1200~2000m的山沟杂木林中。

功用价值： 果具香味，可生食及酿酒。

保护类别： 无危（LC）。

浆果

花

枝髓　　叶

茎、叶、果

黑蕊猕猴桃 *Actinidia melanandra* Franch. 　　猕猴桃属 *Actinidia* Lindl.

形态特征： 藤本。小枝无毛；髓灰褐色，片状。叶片纸质，卵形、椭圆形至矩圆状披针形，长5~10cm，宽2.5~4.5cm，顶端渐尖，基部宽楔形至近圆形，背面有白粉，并在脉腋有褐色柔毛，其余光滑。花白色；花被通常5数，萼片及花柄无毛；雄蕊多数，花药干时带黑色；花柱丝状，多数。浆果卵形或矩圆形，无斑。花期5—6月；果期9月。

分　　布： 河南大别山、伏牛山南部均有分布，陕西、甘肃、湖北及四川也有分布；多见于海拔1000~1500m的山林中。

功用价值： 果实可生食或酿酒；可作庭院垂直绿化植物。

保护类别： 中国特有种子植物；河南省重点保护野生植物。

果实横切面

浆果

叶背面　髓　花　叶

四萼猕猴桃 *Actinidia tetramera* Maxim. 　　猕猴桃属 *Actinidia* Lindl.

形态特征： 落叶藤本。花枝红褐色，无毛，皮孔显著，髓心褐色，片层状。叶纸质，常集生枝顶，有时具白或淡红色斑，窄长圆状卵形、长圆状椭圆形或椭圆状披针形，长4~10cm，先端骤短尖，基部宽楔形或近圆，具细齿，正面无毛，背面脉腋具白色髯毛，中脉常被白色刺毛；叶柄长1.5~3cm。花白色，杂性，单生或2~3朵集生。萼片4（5），长圆状卵形，长4~5mm，无毛，具睫毛；花瓣4（5），倒长卵圆形，长0.6~1cm；花药黄色，长圆形，长约1.5mm；花柱长约4mm。果长卵球形，长1.5~2cm，无毛，无斑点，熟时金黄色，宿萼反折。花期5—6月；果期9月。

分　　布： 河南伏牛山的栾川、嵩县、卢氏、内乡、南召、西峡等地均有分布；多见于山沟杂林木种。

功用价值： 果实可生食、酿酒等用，也可作园林垂直绿化植物。

保护类别： 近危（NT）；中国特有种子植物。

枝、叶

花序

花

枝髓

▶ 藤黄科 Guttiferae

黄海棠 *Hypericum ascyron* L.　　　　金丝桃属 *Hypericum* L.

形态特征：多年生草本，高达80~100cm。茎4棱。叶对生，宽披针形，长5~9cm，宽1.2~3cm，顶端渐尖，基部抱茎，无柄。花数朵成顶生的聚伞花序；花大，黄色，直径2.8cm；萼片5，卵圆形；雄蕊5束；花柱长，在中部以上5裂。蒴果圆锥形，长约2cm。花期7月；果期9月。

分　　布：河南各山区均有分布；多见于山坡林下或草丛中。

功用价值：全草可药用；全草可作烤胶原料；可供观赏。

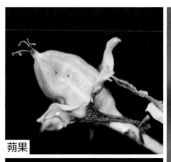
蒴果

茎、叶

花序

果序

花

赶山鞭 *Hypericum attenuatum* Choisy　　　　金丝桃属 *Hypericum* L.

形态特征：多年生草本，高达60cm；茎圆柱形，常有2条突起的纵肋且散生黑色腺点或黑点。叶卵形、矩圆状卵形或卵状矩圆形，长1.5~3.5cm，宽0.4~1cm，基部渐狭，无柄，两面及边缘散生黑腺点。花多数，呈圆锥状花序或聚伞花序；萼片5，顶端急尖，表面及边缘有黑腺点；花瓣5，淡黄色，沿表面及边缘有稀疏的黑腺点；雄蕊多数；花柱3个，分离。蒴果卵圆形或卵状长椭圆形。花果期8—11月。

分　　布：河南各山区均有分布；多见于山坡草地、灌丛及疏林中。

功用价值：全草可入药。

花

花序

节、叶

茎、叶、枝

果序

小连翘 Hypericum erectum Thunb. ex Murray | 金丝桃属 Hypericum L.

形态特征： 多年生草本，全株无毛，高30~60cm。茎绿色，圆柱形，有2条隆起线。叶对生，无柄，半抱茎，长椭圆形、倒卵形或卵状长椭圆形，长1.5~4.5cm，宽0.5~2.2cm。花顶生或腋生聚伞花序；萼片卵形；花瓣深黄色，有黑色点线；雄蕊多数，呈3束；花柱3，分离。蒴果卵形，长约7mm。花果期6—9月。

分　　布： 河南大别山、桐柏山和伏牛山南部均有分布；多见于山坡路旁、灌丛、草地。

功用价值： 全草可入药。

花

茎、叶

长柱金丝桃 Hypericum longistylum Oliv. | 金丝桃属 Hypericum L.

形态特征： 小灌木，高约70~100cm。小枝圆柱形。叶对生，椭圆形，长1.3~2.5cm，宽0.6~1.2cm，顶端钝圆，基部渐尖，几无柄。花单独顶生或腋生，通常1朵，鲜黄色，直径1~2cm；萼片披针形，长约0.5cm；花瓣5个，长约1.8cm；雄蕊与花瓣等长或略较长；花柱细长，长达子房5倍，顶端5裂。蒴果矩圆形。花期6—7月；果期10月。

分　　布： 河南大别山、伏牛山南部均有分布；多见于海拔300~2000m的山坡阳处或沟边较潮湿处。

功用价值： 果可入药。

保护类别： 中国特有种子植物。

枝、叶

枝、叶背面

花

果实

金丝桃 *Hypericum monogynum* L.　　　　　　　　**金丝桃属** *Hypericum* L.

形态特征： 灌木，高达 1.3m。叶倒披针形、椭圆形或长圆形，稀披针形或卵状三角形，具小突尖，基部楔形或圆，上部叶有时平截至心形，侧脉 4~6 对，网脉密，明显；近无柄。花序近伞房状，具 1~15（~30）花。花径 3~6.5cm，星状；花梗长 0.8~2.8（~5）cm；花萼裂片椭圆形、披针形或倒披针形，基部腺体线形或条纹状；花瓣金黄或橙黄色，三角状倒卵形，长 1~2cm，无腺体；雄蕊 5 束；花柱长为子房 3.5~5 倍，合生近顶部。蒴果宽卵球形，稀卵状圆锥形或近球形，长 0.6~1cm，直径 4~7mm。花期 5—8 月；果期 8—9 月。

分　　布： 河南大别山、桐柏山、伏牛山南部均有分布；多见于海拔 1000m 以下的山坡灌丛或路旁。

功用价值： 花可供观赏；果实及根可供药用。

雌蕊、雄蕊

枝、叶背面

花序　　　　花　　　　枝、叶、花序

贯叶连翘 *Hypericum perforatum* L.　　　　　　　　**金丝桃属** *Hypericum* L.

形态特征： 多年生草本。茎直立，多分枝；茎或枝两侧各有突起纵脉 1 条。叶较密，椭圆形以至条形，长 1~2cm，宽 0.3~0.7cm，基部抱茎，全缘，上面满布透明腺点；花较大，黄色，呈聚伞花序；花萼、花瓣边缘都有黑色腺点；花柱 3 裂。蒴果矩圆形，具有水泡状突起。花期 6—9 月，果期 7—10 月。

分　　布： 河南伏牛山区分布；多见于山坡草地、灌丛及林缘。

功用价值： 全草可入药。

子房、花柱

茎、叶　　　　植株　　　　花序

▶ 椴树科 Tiliaceae ||||||||||||||||||||||||||||||||||||||||||||||||||

毛糯米椴 *Tilia henryana* Szyszyl.　　　　椴属 *Tilia* Linn.

形态特征： 乔木。嫩枝被黄色星状茸毛，顶芽亦有黄色茸毛。叶圆形，长6~10cm，宽6~10cm，先端宽而圆，有短尖尾，基部心形，整正或偏斜，有时截形，正面无毛，背面被黄色星状茸毛，侧脉5~6对，边缘有锯齿，由侧脉末梢突出成齿刺，长3~5mm；叶柄长3~5cm，被黄色茸毛。聚伞花序长10~12cm，有花30~100朵以上，花序柄有星状柔毛；花柄长7~9mm，有毛；苞片狭窄倒披针形，长7~10cm，宽1~1.3cm，先端钝，基部狭窄，两面有黄色星状柔毛，下半部3~5cm与花序柄合生，基部有柄长7~20mm；萼片长卵形，长4~5mm，外面有毛；花瓣长6~7mm；退化雄蕊花瓣状，比花瓣短；雄蕊与萼片等长；子房有毛，花柱长4mm。果实倒卵形，长7~9mm，有棱5条，被星状毛。花期6月。

分　　布： 河南伏牛山区的西峡、卢氏、栾川、嵩县等地均有分布；多见于山坡或山谷杂木林中。

功用价值： 可作行道树。

保护类别： 中国特有种子植物。

叶背面

枝、叶、花序

枝、叶

植株

花

华东椴 *Tilia japonica* Simonk.　　　　椴属 *Tilia* Linn.

形态特征： 乔木。嫩枝初时有长柔毛，很快变秃净，顶芽卵形，无毛。叶革质，圆形或扁圆形，长5~10cm，宽4~9cm，先端急锐尖，基部心形，整正或稍偏斜，有时截形，正面无毛，背面除脉腋有毛丛外皆秃净无毛，侧脉6~7对，边缘有尖锐细锯齿；叶柄纤细，无毛。聚伞花序长5~7cm，有花6~16朵或更多；花柄纤细，无毛；苞片狭倒披针形或狭长圆形，两面均无毛，下半部与花序柄合生，基部有柄长1~1.5cm；萼片狭长圆形，长4~5mm，被稀疏星状柔毛；花瓣长6~7mm；退化雄蕊花瓣状，稍短；雄蕊长5mm；子房有毛，花柱长3~4mm。果实卵圆形，有星状柔毛，无棱突。花期5月。

分　　布： 河南伏牛山、大别山区等均有分布；多见于山坡及山谷杂木林中。

功用价值： 枝皮纤维可制麻袋等；花可提取芳香油。

叶背面

叶

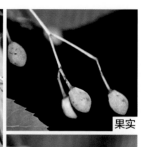
果实

花序

南京椴 *Tilia miqueliana* Maxim.

形态特征：乔木，高达15m；小枝密生星状毛。叶三角状卵形或卵形，长4~11cm，宽3.5~9cm，先端短渐尖，基部偏斜，心形或截形，边缘有短尖锯齿，正面无毛，背面密生星状毛；叶柄长2.5~7cm，有星状毛。聚伞花序长7~9cm，花序轴有星状毛；苞片长5.5~13cm，正面脉腋有星状毛，背面密生星状毛；萼片5，长4mm，外面有星状毛，内面有长柔毛；花瓣无毛。果近球形，直径9mm，外面有星状茸毛。花期7月。

分　　布：河南大别山、桐柏山及伏牛山南部均有分布；多见于山坡、山谷阴湿处。

功用价值：枝和树皮纤维可制人造棉，为优良的造纸原料。

植株

叶背面

果实

粉椴 *Tilia oliveri* Szyszyl.

形态特征：乔木，高14m；小枝无毛。叶宽卵形或卵圆形，长3~8cm，宽3~10cm，先端突尖或渐尖，基部偏斜楔形或心形，边缘具短刺状锯齿，正面无毛，背面密生星状毛；叶柄近无毛。聚伞花序长4~11cm，花序轴稍有毛；苞片长7~8cm，背面密生星状茸毛，无柄；萼片5，两面都有毛；花瓣黄色，无毛。果椭圆状球形，直径5~7mm，外面有毛，有疣状突起。花期7—8月。

分　　布：河南伏牛山、大别山及桐柏山区均有分布；多见于海拔800~1500m的山坡杂木林中。

功用价值：树皮纤维可代麻用，也为造纸原料；木材坚硬，宜制细致家具；嫩叶为猪饲料；种子可榨油。

枝、叶、果实

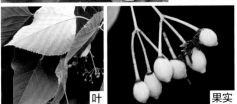
叶

果实

枝、叶、花序

植株

少脉椴 *Tilia paucicostata* Maxim.

椴属 *Tilia* Linn.

形态特征： 乔木，高13m；嫩枝纤细，无毛，芽体细小，无毛或顶端有茸毛。叶薄革质，卵圆形，长6~10cm，宽3.5~6cm，有时稍大，先端急渐尖，基部斜心形或斜截形，正面无毛，背面秃净或有稀疏微毛，脉腋有毛丛，边缘有细锯齿；叶柄长2~5cm，纤细，无毛。聚伞花序长4~8cm，有花6~8朵，花序柄纤细，无毛；花柄长1~1.5cm；萼片狭窄倒披针形，长5~8.5cm，宽1~1.6cm，两面近无毛，下半部与花序柄合生，基部有短柄长7~12mm；萼片长卵形，长4mm，外面无星状柔毛；花瓣长5~6mm；退化雄蕊比花瓣短小；雄蕊长4mm；子房被星状茸毛，花柱长2~3mm，无毛。果实倒卵形，长6~7mm。花期6—8月；果期10—11月。

分　　布： 河南伏牛山区分布；多见于海拔1000m以上的山坡杂木林中。

功用价值： 茎皮纤维可代麻；木材可供建筑用；花可提芳香油。

保护类别： 中国特有种子植物。

枝、叶、花序

叶

叶背面

果实

植株

红皮椴 *Tilia paucicostata* var. *dictyoneura* (V. Engl.) H. T. Chang et E. W. Miau

椴属 *Tilia* Linn.

形态特征： 乔木，高13m。嫩枝纤细，无毛，芽体细小，无毛或顶端有茸毛。叶三角状卵形，长3.5~5.5cm，宽2.5~4mm，无毛，边缘有疏齿；苞片有柄，比花序短；果实小，卵形，长5~6mm，无棱。聚伞花序，有花6~8朵。果实倒卵形。花期6—8月；果期10—11月。

分　　布： 河南伏牛山和太行山区均有分布；多见于海拔1200m以上的杂木林中。

功用价值： 茎皮纤维可代麻；木材可供建筑用；花可提芳香油。

果实

枝、叶背面

枝、叶、花序

枝、叶

植株

小花扁担杆 *Grewia biloba* var. *parviflora* (Bunge) Hand.-Mazz.　扁担杆属 *Grewia* L.

形态特征：灌木或小乔木，高1~4m，多分枝；嫩枝被粗毛。叶薄革质，椭圆形或倒卵状椭圆形，先端锐尖，基部楔形或钝，叶背面密被黄褐色软茸毛，基部三出脉，中脉有侧脉3~5对，边缘有细锯齿；叶柄长4~8mm，被粗毛；托叶钻形，长3~4mm。聚伞花序腋生，多花，花朵较短小。核果红色，有2~4颗分核。花期5—7月。

分　　布：河南各山区均有分布；多见于丘陵或低山灌丛。

功用价值：枝叶可入药。

枝、叶

果实

花序

田麻 *Corchoropsis crenata* Siebold et Zuccarini　田麻属 *Corchoropsis* Sieb. et Zucc

形态特征：一年生草本，高40~60cm。分枝有星状短柔毛。叶卵形或狭卵形，长2.5~6cm，宽1~3cm，边缘有钝齿，两面均密生星状短柔毛，基部三出脉；叶柄长0.2~2.3cm；托叶钻形，长2~4mm，脱落。花有细柄，单生于叶腋，直径1.5~2cm；萼片5片，狭窄披针形，长约5mm；花瓣5片，黄色，倒卵形；发育雄蕊15个，每3个成1束，退化雄蕊5个，与萼片对生，匙状条形，长约1cm；子房被短茸毛。蒴果角状圆筒形，长1.7~3cm，有星状柔毛。果期在秋季。

分　　布：河南各山区均有分布；多见于丘陵或低山干山坡。

功用价值：茎皮纤维可代黄麻制作绳索及麻袋。

叶、花

花

叶

蒴果

植株

▶ 锦葵科 Malvaceae ‖‖‖‖‖‖‖‖‖‖‖‖‖‖‖‖‖‖‖‖‖‖‖‖‖‖‖‖‖‖‖‖‖‖‖‖

圆叶锦葵 *Malva pusilla* Smith
锦葵属 *Malva* L.

形态特征： 多年生草本，高25~50cm，分枝多而常匍生，被粗毛。叶肾形，长1~3cm，宽1~4cm，基部心形，边缘具细圆齿，偶为5~7浅裂，正面疏被长柔毛，背面疏被星状柔毛；叶柄长3~12cm，被星状长柔毛；托叶小，卵状渐尖。花通常3~4朵簇生于叶腋，偶有单生于茎基部的，花梗不等长，长2~5cm，疏被星状柔毛；小苞片3，披针形，长约5mm，被星状柔毛；萼钟形，长5~6mm，被星状柔毛，裂片5，三角状渐尖头；花白色至浅粉红色，长10~12mm，花瓣5，倒心形；雄蕊柱被短柔毛；花柱分枝13~15。果扁圆形，直径5~6mm，分果爿13~15，不为网状，被短柔毛；种子肾形，直径约1mm，被网纹或无网纹。花期夏季。

分　　布： 河南各地均有分布；多见于荒野、草坡、田边、果园。

功用价值： 根可入药。

枝、叶

植株

花期

雌蕊、雄蕊

花

苘麻 *Abutilon theophrasti* Medicus
苘麻属 *Abutilon* Mill.

形态特征： 一年生草本，高1~2m，茎有柔毛。叶互生，圆心形，长5~10cm，两面密生星状柔毛；叶柄长3~12cm。花单生叶腋，花梗长1~3cm，近端处有节；花萼杯状，5裂；花黄色，花瓣倒卵形，长1cm；心皮15~20，排列成轮状。蒴果半球形，直径2cm，分果爿15~20，有粗毛，顶端有2长芒。花期7—8月。

分　　布： 河南有栽培；野生种常见于荒地、果园、田边。

功用价值： 全草可入药；茎皮可编织麻袋、搓绳索、编麻鞋等纺织材料；种子可供制作制皂、油漆和工业用润滑油。

植株

茎、花序

花

叶

花果期

▶ 大风子科 Flacourtiaceae ||||||||||||||||||||||||||||||||||||||

山桐子 Idesia polycarpa Maxim.　　　　山桐子属 Idesia Maxim.

形态特征： 乔木，高10~15m；树皮平滑，灰白色。叶宽卵形至卵状心形，顶端锐尖至短渐尖，基部常为心形，长8~20cm，宽6~20cm，叶缘生疏的锯齿；掌状5~7出脉，脉腋内生密柔毛；叶柄与叶等长，顶端有2突起的腺体。圆锥花序长12~20cm，下垂；花黄绿色；萼片通常5；无花瓣；雄花有多数雄蕊；雌花有多数退化雄蕊，子房球形，1室，有3~6侧膜胎座；胚珠多数。浆果球形，红色，直径约9mm，有多数种子。花期4—5月；果熟期10—11月。

分　　布： 河南大别山、桐柏山、伏牛山区均有分布；多见于海拔500~1500m的山坡林中。

功用价值： 木材松软，可作建筑、家具、器具等原材料；花多芳香，有蜜腺，为养蜂业的蜜源资源植物；果实、种子均含油；可作园林的观赏树种。

果实

雌花

果熟期

枝、叶背面、果序

植株

雄花

枝、叶

山拐枣 Poliothyrsis sinensis Oliv.　　　　山拐枣属 Poliothyrsis Oliv.

形态特征： 乔木，高可达15m；幼枝有短柔毛。叶卵形至卵状矩圆形，顶端渐尖，基部心形，长7~18cm，宽5~10cm，边缘有钝锯齿，背面有短柔毛，掌状5出脉；叶柄长3~7cm。花雌雄同株；圆锥花序顶生，生白色短柔毛，分枝顶端的花多为雌花；萼片5；无花瓣；雄花雄蕊多数，离生而长短不等，退化子房极小；雌花的退化雄蕊多数，短于子房，子房1室，有3（4）侧膜胎座，胚珠多数，花柱3，向外反曲，柱头2裂。蒴果，3（4）裂瓣开裂；外果皮革质，生毡状毛；内果皮木质；种子多数，周围生翅。花期夏初；果期5—9月。

分　　布： 河南大别山和伏牛山南部分布；多见于海拔650~1250m的山坡林中。

功用价值： 木材结构细密，材质优良，可供家具、器具等用；花多而芳香，为蜜源植物。

保护类别： 中国特有种子植物。

蒴果

果序

叶背面

枝、叶

植株

花序

▶ 旌节花科 Stachyuraceae ||||||||||||||||||||||||||||||||||||||||||||||||

中国旌节花 Stachyurus chinensis Franch. | **旌节花属 Stachyurus Siebold et Zucc.**

形态特征： 灌木，高1.5~5m；树皮暗褐色。叶互生，纸质，卵形至卵状矩圆形，少有矩圆状披针形，长6~15cm，宽3.5~7cm，先端尾状渐尖，基部圆形或近心形，边缘有疏锯齿，无毛或背面沿中脉被疏毛。穗状花序腋生，下垂，长4~10cm；萼片4，三角形；花瓣4，倒卵形，长约7mm，黄色；雄蕊与花瓣几乎等长。浆果球形，有短柄，直径约6mm。花期3—4月；果期5—7月。

分　　布： 河南伏牛山、大别山区分布；多见于海拔500~1200m的山谷、溪沟旁、林中或林缘。

功用价值： 可作观赏植物，其茎髓可入药。

保护类别： 中国特有种了植物。

叶

雌花序

枝、叶、果序

浆果

雄花序

▶ 堇菜科 Violaceae ||||||||||||||||||||||||||||||||||||||||||||||||

鸡腿堇菜 Viola acuminate Ledeb. | **堇菜属 Viola L.**

形态特征： 多年生具地上茎草本。茎直立，有白柔毛，常分枝。茎生叶心形，边缘有钝锯齿，顶端渐尖，长3~6cm，两面密生锈色腺点，正面和背面脉上有疏短柔毛；托叶草质，卵形，边缘有撕裂状长齿，顶尾尖，有白柔毛和锈色腺点。花两侧对称，具长梗；萼片5片，条形或条状披针形，基部附器截形，不显著；花瓣5片，白色或淡紫色，距长约1mm，囊状。果椭圆形，长约1cm，无毛。花果期5—9月。

分　　布： 河南大别山、桐柏山和伏牛山南部均有分布；多见于疏林中、山谷溪旁、草丛湿地。

功用价值： 全草民间可供药用；嫩叶作蔬菜。

花（花柱、柱头）

花侧面

蒴果

植株

花

花

双花堇菜 *Viola biflora* L.　　　　　　　　　　　　董菜属 *Viola* L.

形态特征： 地下茎短；地上茎细弱，无毛，不分枝，1~3条。叶片肾形，长1.5~3cm，少心形或宽卵形，基部弯缺，有时狭而深，边缘有钝齿，两面散生细短柔毛，基生叶具长而细弱的柄；托叶草质，矩圆形、卵形或半卵形，全缘或有疏锯齿，长4~5mm。花两侧对称；萼片5片，条形，顶端钝或圆，基部附器不显著，顶端钝；花瓣5片，黄色，下面1瓣近基部有紫色条纹，距短，长2.5~3mm。果长4~7mm，无毛。花果期5—9月。

分　　布： 河南太行山和伏牛山区均有分布；多见于海拔1800~2200m的山坡草地、林缘。

功用价值： 全草可药用。

植株

花

茎、叶、花

花侧面

球果堇菜（毛果堇菜） *Viola collina* Bess.　　　　　　　董菜属 *Viola* L.

形态特征： 有毛草本。地下茎较粗。叶基生，具长柄，心形或近圆形，长达2.5cm，基部弯缺浅或深而狭，顶端钝或圆，边缘有浅而钝锯齿，两面被柔毛；叶柄具倒向短毛；托叶膜质，边缘有较疏睫毛。花两侧对称，具长梗；萼片5片，披针形，基部附器不显著，有毛；花瓣淡紫色，距白色，长约3mm，直或稍上弯。果近球形，长约8mm，密生柔毛，熟时果柄常下弯接近地面。花果期5—8月。

分　　布： 河南各山区均有分布；多见于山谷林下、灌丛、草地。

功用价值： 全草可药用。

叶

果实

花侧面

化柱弯钩状

花期

花

七星莲 *Viola diffusa* Ging. 　　　　董菜属 *Viola* L.

形态特征：一年生草本，根状茎短。葡匐枝先端具莲座状叶丛。叶基生，莲座状，或互生于葡匐枝上；叶卵形或卵状长圆形，长1.5~3.5cm，先端钝或稍尖，基部宽楔形或平截，稀浅心形，边缘具钝齿及缘毛，幼叶两面密被白色柔毛，后稀疏，叶脉及边缘被较密的毛；叶柄具翅，有毛，托叶基部与叶柄合生，线状披针形，先端渐尖，边缘疏生细齿或流苏状齿。花较小，淡紫或浅黄色；花梗纤细，中部有一对小苞片；萼片披针形，长4~5.5mm，基部附属物短，末端圆或疏生细齿；侧瓣倒卵形或长圆状倒卵形，长6~8mm，内面无须毛，下瓣连距长约6mm，距极短；柱头两侧及后方具肥厚的缘边，中央部分稍隆起，前方具短喙。蒴果长圆形，无毛。花期3—5月；果期5—8月。

分　　布：河南大别山、桐柏山和伏牛山区均有分布；多见于山沟、溪旁、林下湿地。

功用价值：全草可入药。

白花堇菜 *Viola lactiflora* Nakai 　　　　董菜属 *Viola* L.

形态特征：多年生草本，无地上茎，高达18cm。根状茎稍粗，垂直或斜生。根淡褐色。叶基生，长三角形或长圆形，长2~5cm，宽1.5~2.5cm，先端钝，基部浅心形或平截，具圆齿，两面无毛；叶柄长1~6cm，无翅，托叶近膜质，中部以上与叶柄合生，离生部分线状披针形。花白色，长1.5~2cm；花梗不高出或稍高于叶；萼片披针形或宽披针形，长5~7mm，基部附属物短，末端平截；花瓣倒卵形，侧瓣内面基部有须毛，下瓣较宽，具筒状距；柱头两侧及后方稍增厚成窄的缘边，前方具短喙，喙端有较细的柱头孔。蒴果椭圆形，无毛。花期3—4月。

分　　布：河南太行山和伏牛山区均有分布；多见于山谷溪旁、草地、灌丛或林缘。

功用价值：全草可入药。

茜堇菜（白果堇菜）*Viola phalacrocarpa* Maxim.

形态特征： 草本，有短柔毛。地下茎短或稍长。叶基生，卵形或矩圆状卵形，长2~3cm，花后增大，长可达9cm，基部浅心形，少有截形，下延于叶柄上部，边缘有多数钝锯齿；托叶分离部分条状披针形，具疏齿。花两侧对称；萼片5片，卵形或卵状披针形，基部附器狭长三角形，有毛；花瓣5片，紫色，距长可达8mm或一般较短。果椭圆形，有短柔毛，长8~12mm。花期4—5月；果期6—9月。
分　　布： 河南太行山和伏牛山区均有分布；多见于向阳山坡草地、灌丛、林缘及疏林中。
功用价值： 全草可入药。

果实

花

花柱、柱头

植株

花侧面

紫花地丁 *Viola philippica* Cav.

形态特征： 多年生草本，无地上茎，高达14（~20）cm。根状茎短，垂直，节密生，淡褐色。基生叶莲座状；下部叶较小，三角状卵形或窄卵形，上部叶较大，圆形、窄卵状披针形或长圆状卵形，先端圆钝，基部平截或楔形，具圆齿，两面无毛或被细毛；果期叶长达10cm；叶柄果期上部具宽翅，托叶膜质，离生部分线状披针形，疏生流苏状细齿或近全缘。花紫堇色或淡紫色，稀白色或侧方花瓣粉红色，喉部有紫色条纹；花梗与叶等长或高于叶，中部有2线形小苞片；萼片卵状披针形或披针形，长5~7mm，基部附属物短；花瓣倒卵形或长圆状倒卵形，侧瓣长1~1.2cm，内面无毛或有须毛，下瓣连管状距长1.3~2cm，有紫色脉纹；距细管状，末端不向上弯；柱头三角形，两侧及后方具微隆起的缘边，顶部略平，前方具短喙。蒴果长圆形，无毛。花果期4月中下旬至9月。
分　　布： 河南广泛分布；多见于田间、荒地、山坡草丛、林缘或灌丛中。
功用价值： 全草可供药用；嫩叶可作野菜；可作早春观赏花卉。

蒴果、种子

植株

花

果实

花侧面

早开堇菜 *Viola prionantha* Bunge   堇菜属 *Viola* L.

形态特征： 草本。根粗壮，带灰白色；地下茎短，粗或较粗；通常无地上茎。叶基生，叶片披针形或卵状披针形，长3~5cm，顶端钝圆，基部截形或有时近心形，稍下延，边缘有细圆齿；托叶边缘白色。花大，两侧对称，连距长1.5~2cm；萼片5片，披针形或卵状披针形，基部附器稍长；花瓣5片，淡紫色，距长5~7mm；子房无毛。花期3—4月和10月；果期5—9月。

分　　布： 河南太行山和伏牛山均有分布；多见于向阳山坡草地荒坡、路旁、沟边。

功用价值： 全草可供药用，可作早春观赏植物。

花侧面

叶

花

深山堇菜 *Viola selkirkii* Pursh ex Gold   堇菜属 *Viola* L.

形态特征： 草本。地下茎很短，无匍匐枝。叶具长柄，心形或卵状心形，长2.5~6cm，顶端圆或稍急尖，边缘有钝齿，两面和叶柄有白色短毛；托叶草质，分离部分条状披针形，有疏齿。花两侧对称，具长梗；萼片5片，卵形或卵状披针形，顶端圆或尖，基部附器矩形，顶端截形；花瓣5片，淡紫色，距长管状，长5~6mm，稍弯。果椭圆形，长约5mm，无毛。花期4—5月；果期6—9月。

分　　布： 河南太行山和伏牛山区均有分布；多见于海拔1000m以上的山谷林下、草地、灌丛中。

功用价值： 全草可供药用。

叶、果实

花侧面

花

斑叶堇菜 *Viola variegate* Fisch ex Link

堇菜属 *Viola* L.

形态特征： 草本。地下茎短或稍长。叶基生，具长柄，近于圆形或宽卵形，长1.5~2.5cm，基部心形或近于截形，顶端通常圆，少钝，边缘有细圆齿，有时呈白色脉纹；果期的叶增大，长可达7cm，基部弯缺变深而狭；托叶卵状披针形或披针形，边缘具疏睫毛。花两侧对称，长约2cm（包括距长）；萼片5片，卵状披针形或披针形，基部附器短，顶端圆或截形；花瓣5片，淡紫色，距长5~7mm，稍向上弯。果椭圆形，长约7mm，无毛。花期4—5月；果期6—9月。

分　　布： 河南太行山、伏牛山、大别山和桐柏山区均有分布；多见于山坡草地、疏林及灌丛中。

功用价值： 全草可入药。

花侧面

植株

花

▶ 葫芦科 Cucurbitaceae ||||||||||||||||||||||||||||||||||||||||||||||||||

假贝母 *Volbostemma paniculatum* (Maxim.) Franquet

假贝母属 *Bolbostemma* Franquet

形态特征： 草质藤本。鳞茎肥厚；茎草质，无毛，攀缘状。卷须单一或分二叉；叶柄长1.5~2cm；叶片卵状近圆形，长5~10cm，宽4~9cm，掌状5深裂，裂片再3~5浅裂，基部小裂片顶端有2腺体。雌雄异株；花序为疏散圆锥状或有时单生，花序轴及花梗均丝状；花黄绿色；花萼与花冠相似，裂片卵状披针形，长约2.5mm，顶端具长丝状尾；雄蕊5，分生；子房3室，每室2胚珠，花柱3，柱头2裂。果实圆柱状，长1.5~2.3cm，成熟后由顶端盖裂，具6种子；种子表面有雕纹状突起，上端有膜质翅。花期6—8月；果期8—9月。

分　　布： 河南太行山、伏牛山区均有分布；多见于山坡或平底。

功用价值： 鳞茎可药用。

保护类别： 中国特有种子植物。

花序

花

茎、叶、卷须

赤瓟 *Thladiantha dubia* Bunge　　　　　　　赤瓟属 *Thladiantha* Bunge

形态特征： 攀缘草质藤本，全株被黄白色长柔毛状硬毛。茎稍粗，长2~6cm；叶宽卵状心形，长5~8cm，宽4~9cm，最基部一对叶脉沿叶基弯缺边缘外展；卷须单一。雄花单生或聚生短枝上端成假总状花序，有时2~3花生于花序梗上；花梗长1.5~3.5cm；花萼裂片披针形，外折，长1.2~1.3cm；花冠黄色，裂片长圆形，长2~2.5cm，上部外折。雌花单生；花梗长1~2cm；子房密被淡黄色长柔毛。果2.8cm，具10条纵纹。种子卵形，黑色，无毛，长4~4.3mm，宽2.5~3mm。花期6—8月；果期8—10月。

分　　布： 河南各地均有分布；多见于山坡林下、草丛、沟谷及村庄附近。

功用价值： 块根及果实可药用。

斑赤瓟 *Thladiantha maculate* Cogn.　　　　　赤瓟属 *Thladiantha* Bunge

形态特征： 草质藤本。根块状。茎、枝细弱，有棱，疏被微柔毛或近无毛。叶柄细，长4~9cm，像茎、枝那样疏被微柔毛；叶片膜质，宽卵状心形，基部心形，弯缺张开，半圆形，基部叶脉沿叶基弯缺向外展开，边缘有胼胝质小齿或有不等大的三角形小锯齿，叶面深绿色，被短刚毛后断裂成疣状突起，叶背色浅，疏生短柔毛。卷须纤细，单一，近无毛或有极稀疏短柔毛。雌雄异株。雄花序总状，花冠黄色，裂片卵形，先端急尖或短渐尖，上部和边缘多暗黄色的疣状腺点，具5脉。果梗稍粗壮，有微柔毛，后变近无毛；果实纺锤形，橘红色，基部渐狭，顶端渐尖，喙状，果皮较平滑，近无毛或有不明显的微柔毛。种子窄卵形。花期5—8月；果期10月。

分　　布： 河南伏牛山南坡、桐柏山、大别山区均有分布；多见于海拔570~1800m的沟谷和林下。

保护类别： 中国特有种子植物。

南赤瓟 *Thladiantha nudiflora* Hemsl. ex Forbes et Hemsl. 　　**赤瓟属** *Thladiantha* Bunge

形态特征： 草质藤本。全体密生柔毛状硬毛；茎草质攀缘状。卷须分二叉；叶柄长3~10cm；叶片质稍硬，宽卵状心形或近圆心形，正面粗糙且有毛，背面密生短柔毛状硬毛，边缘有具小尖头的锯齿，长5~12cm，宽4~11cm。雌雄异株；雄花生于总状花序上，花托短钟状，密生短柔毛，花萼裂片卵状披针形，花冠黄色，裂片卵状矩圆形，长约12mm，宽约7mm，雄蕊5；雌花单生，花梗长1~3cm，子房卵形，密生柔毛。果实红色，卵圆形，基部近圆形，顶端钝；种子倒卵形。花期5—8月，果期8—11月。
分　　布： 河南大别山、桐柏山、伏牛山区均有分布；多见于山坡林下或草丛中。
功用价值： 根及叶可入药。

茎、叶、卷须　雌花　果实　雄花　块根　雄株　雌株

马㼎儿 *Zehneria japonica* (Thunberg) H. Y. Liu 　　**马爬儿属** *Zehneria* Endl.

形态特征： 草质藤本。茎细弱。卷须不分叉，丝状；叶柄长1~3cm；叶片形状多变，三角形、三角状卵形或心形，长2~6cm，顶端急尖或渐尖，基部戟形或稍截形，不分裂或3~5裂，具不规则锯齿或稀近全缘。雌雄同株；雄花单生或几朵簇生，稀成仅2~3花的总状花序，花托宽钟形，花萼裂片钻形，长1~1.5mm，花冠白色，裂片卵状矩圆形，长2~2.5mm，雄蕊3，分离，花药有时全部2室，药室稍弓曲，退化子房球形；雌花单生或稀双生，子房纺锤形，柱头3。果实卵状或椭圆状，长1~1.5cm，成熟后橘红色或红色；种子平滑。花期4—7月；果期7—10月。
分　　布： 河南各地均有分布；多见于秋田、水沟旁、山沟灌丛中。
功用价值： 全草可入药。

成熟果实　茎、叶、卷须、雄花　果实　雌花　叶　雌花侧面

栝楼 *Trichosanthes kirilowii* Maxim.　　　　栝楼属 *Trichosanthes* L.

形态特征： 攀缘草质藤本。块根圆柱状，灰黄色；茎攀缘。卷须分二至五叉；叶柄长3~10cm；叶片轮廓近圆形，长宽均7~20cm，常3~7浅裂或中裂，稀深裂或不分裂而仅有不等大的粗齿。雌雄异株；雄花几朵生于长10~20cm的总花梗上部呈总状花序或稀单生，苞片倒卵形或宽卵形，长1.5~2cm，边缘有齿，花托筒状，长约3.5cm，花萼裂片披针形，全缘，长约15mm，花冠白色，裂片倒卵形，顶端流苏状，雄蕊3，花丝短，有毛，花药靠合，药室"S"形折曲；雌花单生，子房卵形，花柱3裂。果实近球形，黄褐色，光滑，具多数种子；种子压扁状。花期5—8月；果期8—10月。

分　　布： 河南各山区均有分布；多见于山坡、田埂、沟旁、灌丛及草地。

功用价值： 根、果实、果皮和种子均可入药。

肉质浆果　　植株　　成熟果实　　花　　花侧面

绞股蓝 *Gynostemma pentaphyllum* (Thunb.) Makino　　绞股蓝属 *Gynostemma* Blume

形态特征： 草质藤本。茎柔弱，有短柔毛或无毛。卷须分二叉或稀不分叉。叶鸟足状5~7（~9）小叶，叶柄长2~4cm，有柔毛；小叶片卵状矩圆形或矩圆状披针形，中间者较长，长4~14cm，有柔毛和疏短刚毛或近无毛，边缘有锯齿。雌雄异株；雌雄花序均圆锥状，总花梗细，长10~20（~30）cm；花小，花梗短；苞片钻形；花萼裂片三角形，长0.5mm；花冠裂片披针形，长2.5mm；雄蕊5，花丝极短，花药卵形；子房球形，2~3室，花柱3，柱头2裂。果实球形，直径5~8mm，熟时变黑色，有1~3枚种子；种子宽卵形，两面有小疣状突起。花期3—11月；果期4—12月。

分　　布： 河南大别山、桐柏山、伏牛山南部均有分布；多见于山坡、沟旁、林下、灌丛或草丛中。

功用价值： 全草可入药。

保护类别： 河南省重点保护野生植物。

果序　　花序　　花　　果实　　花期　　茎、叶、卷须

▶ 秋海棠科 Begoniaceae |||||||||||||||||||||||||||||||||||||||||||||||||||||

秋海棠 *Begonia grandis* Dry. ・ 秋海棠属 *Begonia* L.

形态特征： 多年生草本。茎高达60cm，近无毛。茎生叶宽卵形或卵形，长10~18cm，先端渐尖，基部心形，具不等大三角形浅齿，齿尖带短芒，正面常有红晕，幼时散生硬毛，老时近无毛，背面带红晕或紫红色，沿脉散生硬毛或近无毛；叶柄长4~13.5cm，近无毛。花莛高达9cm，无毛；花粉红色，较多，二或三至四回二歧聚伞状，花莛基部常有1小叶，无毛；苞片长圆形，早落。蒴果下垂，长圆形，长1~1.2cm，无毛，具不等3翅，大翅斜长圆形或三角状长圆形，长约1.8cm，另2翅窄三角形，或2窄翅呈窄檐状或无翅，近无毛。花期7月开始；果期8月开始。

分　　布： 河南各山区均有分布；多见于山沟、溪旁阴湿地方。

功用价值： 全草可入药。

植株

雌花

雄花

中华秋海棠 *Begonia grandis* subsp. *sinensis* (A. DC.) Irmsch. ・ 秋海棠属 *Begonia* L.

形态特征： 草本。茎高20~40cm，柔弱，通常不分枝。叶较小，椭圆状卵形至三角状卵形，长5~12cm，宽3.5~9cm，先端渐尖，背面色淡，偶带红色，基部心形，宽侧下延呈圆形，长0.5~4cm，宽1.8~7cm。花序较短，呈伞房状至圆锥状二歧聚伞花序；花小，雄蕊多数，短于2mm，整体呈球状；花柱基部合生或微合生，有分枝，柱头呈螺旋状扭曲，稀呈"U"字形。蒴果具3不等大之翅。花期7月；果期8—9月。

分　　布： 河南各山区均有分布；多见于山谷溪旁阴湿地方。

功用价值： 块茎可入药。

花序
植株
雌花
花
雄花

▶ 杨柳科 Salicaceae ||||||||||||||||||||||||||||||||||||||||||||||||

响叶杨 *Populus adenopoda* Maxim.　　　杨属 *Populus* Linn.

形态特征： 乔木，高15~30m。树冠半圆形或卵圆形。树皮灰褐色，纵裂。幼枝淡绿色，被短柔毛，后脱落变为灰色或棕色。冬芽圆锥形，花芽卵圆形，灰绿色或灰褐色，无毛，具黏质。叶卵圆形或卵形，长5~8cm，宽4~6cm，先端长渐尖，基部宽楔形、截形或心脏形，边缘有内曲钝锯齿，齿端有腺体，表面无毛或沿脉有柔毛，背面灰绿色，至少幼时被柔毛；叶柄扁，长2~7cm，顶端有2个显著圆形腺体，幼树或萌发枝的叶较大。雄花序长6~10cm，雄蕊7~9个，花药黄色；苞片条裂，有长睫毛；雌花序长5~6cm，子房被柔毛。果序长12~16cm；蒴果椭圆形，锐尖，无毛，2裂。花期3月上中旬，果熟期4月上中旬。

分　　布： 河南伏牛山、大别山和桐柏山区均有分布；多见于海拔1000m以下的山坡或山谷溪旁。

功用价值： 木材可作建筑、家具材料；树皮可作造纸原料；叶可作饲料。

保护类别： 中国特有种子植物。

植株

叶

叶背面

山杨 *Populus davidiana* Dode　　　杨属 *Populus* Linn.

形态特征： 乔木，高达25m。树冠圆形。树皮灰绿色或灰白色，光滑，老时下部色暗，粗糙，开裂。枝无毛或幼时稍有毛，幼枝黄褐色，老枝灰褐色，圆柱形；叶芽圆锥形或长卵形，花芽近球形。萌发枝叶大，三角状卵圆形，基部微心脏形，叶柄较短；长枝及短枝叶多变化，三角状圆形、卵状圆形、菱状圆形至近圆形，先端具短尖，基部钝圆形或多少楔形，边缘有波状浅齿，表面绿色，背面淡绿色，幼时微有柔毛，老时无毛；叶柄扁，细长，长4~5cm。花序轴常有毛；苞片棕褐色，掌状条裂，边缘密生白色长毛；雄花序长4~5（~7）cm，雄蕊4~11个，花药暗紫红色；雌花序长4~7cm，子房圆锥形，柱头2裂，红色。果序长7cm以上，蒴果卵状圆锥形，长约5mm，有短柄，2瓣裂。花期3—4月；果熟期4—5月。

分　　布： 河南太行山和伏牛山区均有分布；多见于海拔400m以上的山坡，多与其他阔叶树混生，也可形成块状纯林。

功用价值： 木材轻软而有弹性；叶可作饲料；树皮可作栲胶原料；根皮可入药。

叶背面

枝、叶

叶

树干

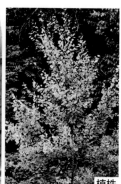

植株

小青杨 *Populus pseudosimonii* Kitagawa　　杨属 *Populus* Linn.

形态特征： 乔木，高达20m。幼枝有棱，萌枝棱更显著，小枝圆柱形，无毛。芽较长，有黏性。叶菱状椭圆形、菱状卵圆形、卵圆形或卵状披针形，长4~9cm，最宽在叶中部以下，先端渐尖或短渐尖，基部楔形或宽楔形，稀近圆，具细密交错起伏的锯齿，有缘毛，正面无毛，稀脉上被短柔毛，背面无毛；叶柄圆，长1.5~5cm，顶端有时被短柔毛。雄花序长5~8cm；雌花序长5.5~11cm，子房圆形或圆锥形，无毛，柱头2裂。蒴果近无柄，长圆形，长约8mm，顶端渐尖，2~3瓣裂。花期3—4月；果期4—5（6）月。

分　　布： 河南伏牛山区分布；多见于海拔1000m以上山坡或山沟溪旁。

功用价值： 木材质较软，可作一般建筑用材。

保护类别： 中国特有种子植物。

小叶杨 *Populus simonii* Carr.　　杨属 *Populus* Linn.

形态特征： 乔木，高达20m，胸径可达50cm以上。树冠长圆形或卵形。树皮幼时灰绿色，老时暗灰色，沟裂。幼树小枝及萌枝有明显棱脊，常为红褐色，后变黄褐色，老树小枝圆形，细长而密，无毛。芽细长，先端长渐尖，褐色，有黏质。叶菱状卵形、菱状椭圆形或菱状倒卵形，长3~12cm，宽2~8cm，中部以上较宽，先端突急尖或渐尖，基部楔形、宽楔形或窄圆形，边缘平整，具细锯齿，无毛，正面淡绿色，背面灰绿或微白，无毛；叶柄圆筒形，长0.5~4cm，黄绿色或带红色。雄花序长2~7cm，花序轴无毛，苞片细条裂，雄蕊8~9（~25）个；雌花序长2.5~6cm；苞片淡绿色，裂片褐色，无毛，柱头2裂。果序长达15cm；蒴果小，2（3）瓣裂，无毛。花期3—5月；果期4—6月。

分　　布： 河南太行山和伏牛山区均有分布；沿溪沟可见，喜湿润肥沃土壤，亦耐干燥、瘠薄土壤及干旱和严寒气候。

功用价值： 可作优良建筑材料和造纸、人造纤维原料；树皮含鞣质5.2%，可提制栲胶；为良好的防风、固沙及保土树种。

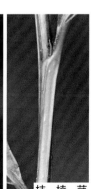

197

毛白杨 *Populus tomentosa* Carrière

杨属 *Populus* Linn.

形态特征： 乔木，高25~30m。树皮灰白色，光滑，老时深灰色，纵裂。小枝幼时被灰色茸毛；芽被疏茸毛。长枝上的叶三角状卵圆形，长达15cm，先端锐尖，基部心脏形或截形，叶缘具重锯齿，表面暗绿色，背面有灰茸毛；老树上的叶较小，有深波状齿，背面无毛；短枝上的叶更小，卵圆形或三角状卵形，有波状齿，背面光滑；叶柄长2.5~5.5cm，扁平。雄花序长10cm，苞片约有10个尖裂，密生茸毛；雄蕊8个；雌花序长4~7cm，子房椭圆形，柱头2裂，扁平。蒴果卵形，2裂。花期3月；果熟期4—5月。
分　　布： 河南各地有栽培。
功用价值： 优良的速生用材树种，可作村边、宅旁、道路、农田防护林的造林树种；木材可供建筑等用；树皮含鞣质，可提制栲胶；嫩枝及叶可入药。
保护类别： 中国特有种子植物。

小枝、叶　　　植株　　　老枝、叶　　　雄花序　　　雌花序

黄花柳 *Salix caprea* Linn.

柳属 *Salix* Linn.

形态特征： 灌木或小乔木，高达9m。树皮暗灰色，有纵裂纹。小枝灰绿色，幼时黄绿色，有细毛。叶椭圆形、椭圆状长圆形至倒卵圆形，长4~13cm，宽2~4cm，先端急尖，基部宽楔形或圆形，边缘具不规则锯齿或近全缘，表面深绿色，近无毛，背面灰白色，具茸毛状柔毛；叶柄长8~20mm，有柔毛，托叶斜肾形，有锯齿。花序近无总梗，密生柔毛；雄花序长1.5~2cm；苞片披针形；雄蕊2个，离生，花药黄色，花丝长达12mm，腺体棒形，下部稍大，雄花序长6cm，果时长达10cm；苞片披针形，与子房柄近等长；子房密被柔毛，有长柄，无花柱，柱头2个。蒴果卵状圆锥形，有疏柔毛。花期3—4月；果熟期5月。
分　　布： 河南太行山及伏牛山区均有分布；多见于山坡灌木林中或山谷溪旁。
功用价值： 树皮含鞣质，可提制栲胶。

叶背面

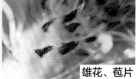

叶　　　枝、芽、雄花序　　　雌花序　　　雌花、苞片　　　雄花、苞片

腺柳 *Salix chaenomeloides* Kimura 　　　　　柳属 *Salix* Linn.

形态特征： 乔木。小枝红褐色或褐色，无毛，有光泽。叶椭圆形、卵圆形至椭圆状披针形，长4~8cm，宽1.8~3.5（~4）cm，先端锐尖或急尖，基部楔形，稀近圆形，边缘有腺锯齿，两面光滑，表面绿色，背面灰白色，叶柄长5~12mm，幼时被短茸毛，老变光滑，顶端有腺体；托叶2个，半圆形或长圆形，边缘有腺齿，早落。雄花序长4~5cm，直径8mm，总花梗和花序轴具柔毛，苞片小，卵圆形，长仅1mm；雄蕊5个，花丝长为苞片的2倍，基部有毛，花药黄色，球形；雄花序下垂，长圆柱形，长4~5.5cm，直径10mm，总花梗长达20mm，花序轴被茸毛；苞片与子房柄等长，子房椭圆形，无毛。蒴果卵形，长3~7mm，2裂，稀3裂。花期3—4月；果熟期4—5月。

分　　布： 河南太行山、伏牛山、大别山和桐柏山区均有分布；多见于山沟河边。

功用价值： 木材可供制家具、器具；树皮含鞣质，可提制栲胶；纤维可供纺织及做绳索；枝条可供编织；为蜜源植物。

果实

叶

植株

枝、叶

托叶及腺体

枝、叶背面、托叶

旱柳 *Salix matsudana* Koidz. 　　　　　柳属 *Salix* Linn.

形态特征： 乔木，高达14m。树皮暗灰色，粗糙，深裂。枝细长，直立或开展，幼时带黄绿色后变为棕褐色，无毛或微具短柔毛。叶披针形，长5~8cm，宽1~1.5cm，稀2cm，先端长渐尖，基部圆形，稀近楔形，边缘有腺状尖锐锯齿，表面暗绿色，有光泽，背面带灰白色，幼时稍有毛，后即脱落；叶柄短，托叶披针形或无，有腺齿，早落。雄花序短圆柱形，长1~1.5cm，多少具总花梗，花轴有长毛，雄蕊2个，腺体2个，苞片卵形，先端钝，黄绿色，基部多少有短柔毛，雌花序小，长12mm，有3~5叶生于短总梗上，花轴具长毛，子房近无柄，长圆形，花柱缺或极短，柱头卵形，近圆裂，腺体2个。蒴果2裂。花期3—4月；果熟期4—5月。

分　　布： 河南各地均有栽培。

功用价值： 木材柔韧，可供建筑等用；枝条可编筐；根及叶可入药；花期早而长，为早春的主要蜜源植物；为防风、护岸造林树种。

保护类别： 中国特有种子植物。

枝、叶

植株

蒴果、种子

叶

叶背面

蒿柳 _Salix viminalis_ Linn.　　　　　　　　　　　　　　　柳属 _Salix_ Linn.

形态特征： 灌木或小乔木，高可达10m。树皮灰绿色。枝无毛，或有极短的短柔毛；幼枝有灰短柔毛或无毛。芽卵状长圆形，紧贴枝上，带黄色或微赤褐色，多有毛。叶线状披针形，长15~20cm，宽0.5~1.5（~2）cm，最宽处在中部以下，先端渐尖或急尖，基部狭楔形，全缘或微波状，内卷，正面暗绿色，无毛或稍有短柔毛，背面有密丝状长毛，有银色光泽；托叶狭披针形，有时浅裂，或镰状，长渐尖，具有腺的齿缘，脱落性，较叶柄短。花序先叶开放或同时开放，无梗；雄花序长圆状卵形，长2~3cm，宽1.5cm；雄蕊2，花丝离生，罕有基部合生，无毛，花药金黄色，后为暗色；苞片长圆状卵形，钝头或急尖，浅褐色，先端黑色，两面有疏长毛或疏短柔毛；腺体1，腹生；雌花序圆柱形，长3~4cm；子房卵形或卵状圆锥形，无柄或近无柄，有密丝状毛，花柱长0.3~2mm，长约为子房的1/2，柱头2裂或近全缘；苞片同雄花；腺体1，腹生，果序长达6cm。花期4—5月；果期5—6月。

分　　布： 河南伏牛山区分布；多见于山沟河边。

功用价值： 枝条可编筐；叶可饲蚕；为护岸树种。

叶背面

枝、叶

植株

皂柳 _Salix wallichiana_ Anderss.　　　　　　　　　　　　　柳属 _Salix_ Linn.

形态特征： 灌木或小乔木；小枝黑褐色，初有丝毛，后无毛。叶倒卵状披针形或矩圆状披针形，长4~10cm，宽1~3cm，先端渐尖或急尖，基部楔形或宽楔形，全缘或有微锯齿，正面初有丝毛，后无毛，背面有白霜，无毛或有时有柔毛，侧脉多数，网脉不明显；叶柄长8~15mm，无毛。无或几无总花梗；花序轴密生柔毛；苞片内面密生丝毛，外面有柔毛和睫毛；仅有1腺体；雄花序长2.5~4cm；雄蕊2，离生；雌花序长2~5cm，结果时长可达10cm；子房有柔毛。蒴果长约9mm，有疏柔毛。花期4月中下旬至5月初；果期5月。

分　　布： 河南伏牛山区分布；多见于山坡或山谷溪旁。

功用价值： 枝条可供编筐篓；根可入药。

果序

枝、叶

雄花序

雌花序

▶▶ 十字花科 Brassicaceae ||||||||||||||||||||||||||||||||||||||||||||||||

沼生蔊菜 Rorippa palustris (L.) Bess.　　　　　蔊菜属 Rorippa Scop.

形态特征： 二年生或多年生草本，高15~90cm，无毛。茎直立或斜上，多分枝，有纵条纹，有时呈紫色。基生叶莲座状，羽状深裂，顶端裂片4~7对，长圆形至狭长圆形，边缘有波状牙齿，长7~15cm，宽1.5~4cm，有长柄；茎生叶向上渐小，羽状深裂或具齿，有短柄，其基部具耳状裂片而抱茎。花序无苞片；花黄色，花梗细弱，长2~3mm；萼片长圆形，长2~3mm；花瓣楔形，较萼片短、稍长或近等长。长角果长圆形或椭圆形，稍弯曲，两端钝或近圆形，长4~8mm，直径2~3mm；果瓣无中脉，略凸；果梗长3~7mm；种子排成2列，稍扁，卵形，淡褐色，有密网纹。花期4—5月；果熟期6月。

分　　布： 河南各地均有分布；多见于山沟、河边、田边、路旁、沟边潮湿地方。

功用价值： 种子含干性油，可供制肥皂、油漆等；幼苗可作野菜食用。

基生叶　　　果序　　　　　　　　植株　　　花序　　　茎、节

菥蓂 Thlaspi arvense Linn.　　　　　　　　菥蓂属 Thlaspi Linn.

形态特征： 一年生草本，高10~35cm，全株无毛。茎直立，分枝或不分枝，具棱。基生叶有柄，倒卵状长圆形，先端钝圆，全缘；茎生叶无柄，长圆状披针形或倒披针形，长2.5~5cm，宽5~20mm，先端钝圆，基部抱茎，两侧箭形，具疏齿，无毛。总状花序顶生；花白色，直径约2mm；花瓣长2~4mm，宽1~1.5mm，先端圆或微凹。短角果倒卵形或近圆形，长13~16mm，宽8~13mm，扁平，先端凹入，边缘有宽约3mm的翅；种子5~10个，卵形，长约1.5mm，黄褐色。花期4—5月；果熟期5—6月。

分　　布： 河南太行山、伏牛山、大别山及桐柏山区均有分布；多见于山地路边、荒地、田间、地埂。

功用价值： 全草可入药；种子含油，属半干性油，可供制肥皂，也可作润滑油或掺于干性油使用，还可食用；幼苗可作野菜。

短角果　　　果熟期　　　　　　　植株　　　花果序　　花序／花

北美独行菜 Lepidium virginicum Linn.

独行菜属 Lepidium Linn.

形态特征： 二年生草本，高30~50cm。茎直立，上部有分枝，具腺毛。基生叶有长柄，倒披针形，羽状分裂，长3~5cm，边缘有锯齿；茎生叶有短柄，倒披针形或线形，长1.5~5cm，宽2~10mm，先端急尖，基部渐狭。总状花序顶生；花小，白色；雄蕊2~4个。短角果近圆形，直径2mm，扁平，先端微凹，上方有窄翅；果梗长2~3mm；种子微小，扁平，红褐色，无毛，边缘有透明窄翅，湿后成黏滑胶膜。花期4—5月；果熟期5—6月。

分　　布： 河南各地均有分布；多见于路旁、田间及荒地。

功用价值： 种子可入药；全草可作饲料；幼苗可作野菜食用。

叶

花果序

茎、叶、花

花

葶苈 Draba nemorosa Linn.

葶苈属 Draba Linn.

形态特征： 一年生或二年生草本，高5~30cm。全株被星状毛。茎直立，分枝或不分枝。基生叶莲座状，长圆状倒卵形、长圆形或卵状披针形，长2~3cm，宽2~5mm，边缘具疏齿或几全缘，叶柄长2~3mm；茎生叶稀疏，较小，无柄，卵形或长圆形，长5~10mm，宽2~3mm，每边有3~6个细齿，两面密生灰白色柔毛和星状毛，总状花序顶生；花黄色，直径2mm；萼片卵形；花瓣倒卵形，先端微凹，长约2mm，雄蕊花药心脏形。短角果长圆状卵形或狭长圆形，长6~8mm，密被短柔毛；果梗纤细，长10~20mm，近平展；种子褐色，长圆形，有小瘤状突起。花期3—4月；果熟期5—6月。

分　　布： 河南太行山、伏牛山、大别山和桐柏山区均有分布；多见于山坡、田边、路旁及荒地。

功用价值： 种子可入药，亦可供制肥皂。

花

植株

叶、花

花果序

荠 *Capsella bursa-pastoris* (L.) Medic.　　荠属 *Capsella* Medic.

形态特征： 一年生或二年生草本，高10~50cm。茎直立、不分枝或下部分枝，被单生、叉状分歧毛及星状毛。基生叶莲座状，平铺地面，有长大头羽状分裂，有时不分裂，长达10cm，顶生裂片特别大，侧生裂片较小，狭长，先端渐尖，浅裂或为不规则粗锯齿；茎生叶无柄，狭披针形，长1~2cm，基部抱茎，先端钝头，边缘具疏锯齿，两面被单毛或分歧毛。总状花序花后伸长，长达20cm；花小，白色；萼片长卵形，近直立，长1~2mm；花瓣卵形，具短爪，长2~3mm。短角果倒三角状，无毛，具明显的网状脉纹，长约6mm，宽约4mm；种子褐色，长约1mm。花期3—4月；果熟期5—6月。

分　　布： 河南各地均有分布；多见于田间、路旁、地埂、荒地。

功用价值： 幼苗可作野菜；全草可入药；种子含油量20%~30%，属干性油，可供制油漆及肥皂。

花序　花　茎生叶　短角果　植株

诸葛菜 *Orychophragmus violaceus* (Linn.) O. E. Schulz　　诸葛菜属 *Orychophragmus* Bunge

形态特征： 一年生草本，高30~60cm。全株无毛，有白粉。基生叶和下部叶有柄，大头羽状分裂，长3~8cm，宽1.5~3cm，顶生裂片肾形或三角状卵形，基部心脏形，具钝齿，侧生裂片歪卵形；中部叶具卵形顶生裂片，抱茎；上部叶长圆形，不裂，基部两侧耳状，抱茎。总状花序顶生；花紫色，直径约2cm。长角果线形，长7~10cm，具4棱，喙长1.5~2.5cm。种子卵状长圆形，长1.5~2mm，黑褐色。花期4—6月；果熟期5—7月。

分　　布： 河南太行山、伏牛山、大别山及桐柏山区均有分布；多见于山坡或山沟杂木林下。

功用价值： 嫩茎叶可作野菜；可作城市绿化观花植物。

植株　花序　花　长角果　花序、花

弯曲碎米荠 *Cardamine flexuosa* With.　　　　碎米荠属 *Cardamine* Linn.

形态特征： 一年生或二年生草本，高10~30cm。茎直立，从基部多分枝，稍有柔毛。羽状复叶，基生叶少，花后干枯；茎生叶长2.5~9cm；小叶9~11个，顶生小叶卵形，长0.4~3cm，宽3~15mm，侧生小叶卵形或线形，长3~6mm，宽2~4mm，和顶生小叶全缘或有1~3个圆裂片，并具缘毛。总状花序顶生，花序轴左右连续弯曲；花白色，萼片长圆形，长约1mm，绿色或淡紫色，具白色边缘；花瓣楔状倒卵圆形，长约2mm。长角果扁平，线形，长1~2cm，果瓣无脉；果梗长约5mm；种子长圆形，长约1mm，平滑，褐色。花期4—5月；果熟期5—6月。

分　　布： 河南各山区均有分布；多见于田埂、渠边、河边、山谷或浅水中。

功用价值： 嫩茎叶可作野菜；全草可入药。

基生叶　　植株　　茎、叶　　花　　果序　　花序

弹裂碎米荠 *Cardamine impatiens* Linn.　　　　碎米荠属 *Cardamine* Linn.

形态特征： 一年生或稀为二年生草本，高20~40cm。茎直立，分枝或不分枝，有棱，无毛。奇数羽状复叶；基生叶花后干枯；茎生叶长4~13cm；小叶13~19个，顶生小叶宽卵形或披针，长1.5~2.5cm，侧生小叶卵状长圆形或宽披针形，长1~2cm，和顶生小叶均有3~5个不整齐钝裂片，表面无毛；叶柄基部有耳状托叶。总状花序顶生和腋生；萼片长圆形，淡紫色，长约1.8mm；花瓣白色，宽倒披针形，长3~4mm；雄蕊花丝线形，花药卵形，淡黄绿色；花柱圆柱形，较花瓣长。长角果狭线形，微扁平，长2~2.8cm，果瓣无毛，成熟后由基部向上开裂；果梗坚硬，长约9mm；种子长圆形，淡黄色，无毛，有翅。花期4—5月；果熟期5—6月。

分　　布： 河南伏牛山、大别山和桐柏山区均有分布；多见于山坡、路旁、田边。

功用价值： 嫩茎叶可作野菜；全草可入药。

植株　　基生叶　　果序　　茎生叶、托叶（耳状）　　花　　茎生叶

碎米荠 *Cardamine hirsuta* Linn.   碎米荠属 *Cardamine* Linn.

形态特征： 一年生或二年生草本，高6~25cm。茎直立或斜上，分枝或不分枝，下部有时呈淡紫色，被白色硬毛。基生叶有柄，奇数羽状复叶；小叶（9~）11~15个，顶生小叶圆卵形，长4~14mm，有3~5个圆齿，侧生小叶较小，歪斜，被硬毛；茎生小叶狭倒卵形。总状花序顶生；花白色；萼片狭长圆形，长约2mm，绿色或淡紫色，背面有疏毛；花瓣长圆形，长约3mm；花柱圆柱形，与花瓣等长。长角果狭线形，稍扁平，长1~3cm，无毛，果瓣无脉；果梗纤细，长7~12mm。花期4~5月；果熟期5—6月。

分　布： 河南伏牛山、大别山和桐柏山区均有分布；多见于山坡、路旁、水田边。

功用价值： 嫩茎叶可作野菜；全草可入药。

果序

花序

花　茎、叶、花序　植株

茎生叶

白花碎米荠 *Cardamine leucantha* (Tausch) O. E. Schulz   碎米荠属 *Cardamine* Linn.

形态特征： 直立草本，高30~80cm，柔毛。茎不分枝或仅上部分枝。奇数羽状复叶；小叶通常5个，稀3个或7个，卵状长圆形或狭长圆形，长3~10cm，宽1~3cm，先端尾状渐尖，基部偏斜或近圆形，边缘具不规则齿牙状粗锯齿；上部侧生小叶无柄，下部有短柄；叶柄长1.5~6cm。花大，直径5~8.5mm；萼片卵形，被疏毛，边缘白色，半透明，长约2mm；花瓣白色，狭长圆形，长5~6mm，先端圆，基部渐狭成爪；花柱长约5mm，稍扁平，披疏毛，柱头头状。长角果线形，稍扁平，长1.5~2.5cm，被疏毛，不开裂，先端喙长约5mm；果梗纤细，丝状，长7~12mm；种子扁平，长圆形，黑褐色。花期5月；果熟期6—7月。

分　布： 河南各山区均有分布；多见于海拔1000m以上的山坡或山谷林下阴湿处。

功用价值： 嫩叶可作野菜；全草可入药或代茶。

植株

花

茎、叶、果序

大叶碎米荠 *Cardamine macrophylla* Adams

碎米荠属 *Cardamine* Linn.

形态特征： 多年生草本，具粗壮匍匐根状茎，密生纤维状须根。茎直立，高30~100cm，单一或部分枝，圆柱形，有细纵条纹，被疏柔毛。奇数羽状复叶，长7~20cm，小叶3~13个，长圆形或卵状披针形，长3~6cm，宽1~2cm，先端钝尖，基部圆形，边缘具锐锯齿，或钝锯齿，被疏柔毛。总状花序顶生或腋生；萼片卵形或长圆形，长约5mm，绿色或淡紫色，被疏柔毛，外面2个基部略呈囊状；花瓣淡紫色，圆形，下部渐狭成爪；雄蕊花药线形，花柱扁，柱头稍2裂。长角果稍扁平，长约5cm，直径约2mm，无毛，开裂，隔膜不透明；种子暗褐色。花期5—6月；果熟期3—7月。

分　布： 河南太行山和伏牛山区均有分布；多见于海拔1000m以上的山谷或山坡林下阴湿环境。

功用价值： 嫩茎叶可作野菜；全草可入药，也可作家畜饲料。

花序

植株

基生叶

花

水田碎米荠 *Cardamine lyrata* Bunge

碎米荠属 *Cardamine* Linn.

形态特征： 多年生草本，高30~60cm。全株无毛。茎直立，稀分枝，有棱角。匍匐茎上的叶有柄，宽卵形，边缘浅波状，中部以上全缘；茎生叶大头羽状分裂，顶生裂片宽卵形，长6~25mm，基部耳状，侧生裂片2~4（~7）对，近无柄，卵形或宽卵形，边缘浅波状或全缘，最下一对裂片成托叶状。总状花序顶生；花白色，长5~8mm。长角果线形，扁平，微弯，长30mm，喙长4mm；果梗长1.5~2cm，斜展；种子长圆形，长2mm，褐色，有宽翅。花期4—5月；果熟期5—6月。

分　布： 河南各地均有分布；多见于水边。

功用价值： 嫩茎叶可作野菜，也可入药。

叶背面

植株

花序

茎、叶

叶

花旗杆 *Dontostemon dentatus* (Bunge) Ledeb.　　　　**花旗杆属** *Dontostemon* Andrz. et Ledeb.

形态特征： 二年生草本，高15~50cm。茎直立或斜上，上部有分枝，被白色长柔毛。叶披针形或长圆状线形，长3~6cm，宽2~10mm，先端急尖，基部渐狭，边缘有数个疏生锐锯齿，表面暗绿色，背面淡绿色，两面被疏长毛；下部叶具柄，上部叶无柄。总状花序顶生及腋生；花紫色，直径5~7mm；萼片长4~5mm，具白色膜质边缘，外面2个较狭，基部呈囊状，先端具一丛密集的柔毛，具3条明显脉纹，内面2片卵形，背面被疏毛，具网状脉纹；花瓣先端平截，基部渐狭成爪，长约9mm；2个短雄蕊的基部两侧各具1圆形蜜腺；子房圆柱形，无毛，柱头球形，稍2裂。长角果线形，无毛，果瓣有3条脉纹；种子卵形，扁平，长1.5mm，淡褐色，稍有翅。花期5—6月；果熟期7月。

分　　布： 河南各山区均有分布；多见于山坡草地和灌丛。

植株

花序

播娘蒿 *Descurainia sophia* (Linn.) Webb. ex Prantl　　　　**播娘蒿属** *Descurainia* Webb et Berth.

形态特征： 一年生或二年生直立草本，高30~100cm。茎圆柱形，上部分枝，密被白色卷曲毛和分歧短状毛。基生叶3裂，顶端裂片倒卵形，全缘，微尖，侧生裂片椭圆形，具明显的叶柄；茎生叶几无柄，倒卵形，二至三回羽状全裂，羽片纤细，线形，两面密被卷曲柔毛或几无毛。总状花序顶生，有花50~200朵；花梗细弱，长6~8mm，无毛；萼片狭长圆形，长约2mm，上部开展，先端钝；花瓣黄色，匙形，短于萼片或等长；花药长0.5mm；子房具24~34个胚珠，花柱短。长角果线形，串珠状，黄绿色，长2~3cm，斜上，稍内弯；果梗长1~2cm；种子1列，暗褐色，椭圆形或长圆形，长0.25~0.8mm。花期4—5月；果熟期5—6月。

分　　布： 河南各地均有分布；田间习见杂草之一，多见于田埂、路旁、山坡、荒地。

功用价值： 幼苗可作野菜；种子含干性油，可供制作肥皂及油漆；可食用；可供药用；中药葶苈子的取材植物之一。

叶

植株

花序

花果期

小花糖芥 *Erysimum cheiranthoides* Linn.

糖芥属 *Erysimum* Linn.

形态特征： 二年生草本，高15~50cm。茎直立，不分枝或有时分枝，下部有时紫色，具纵条纹。基生叶呈莲座状，平铺地面，大头羽状分裂，具二至三分歧叉状毛，长3~6cm，宽约4mm，有长柄；茎生叶披针形至线形，先端锐尖，基部渐狭，边缘具浅波状疏齿或近全缘，两面被三歧叉状毛，长2~6cm，宽2~9mm，几无柄。总状花序顶生；花黄色，直径约5mm。花瓣狭长，长4~5mm，先端截形；萼片长2~3mm；雄蕊花丝略扁平，子房圆柱形，柱头头状。长角果线形，稍有棱，被三歧叉状毛，长2~4cm，成熟开裂，果瓣有1不明显中脉；果梗粗而短，长5~6mm；种子长圆形，褐色。花期5月；果熟期6月。

分　　布： 河南各地均有分布；多见于田间、地边、山野、荒地。

功用价值： 种子含油，可供工业用；幼苗可作野菜；全草可入药。

叶、花　　植株　　花果序

▶▶ 木樨科 Oleaceae ||||||||||||||||||||||||||||||||||||||||||||||||||||||||||

连翘 *Forsythia suspense* (Thunb.) Vahl

连翘属 *Forsythia* Vahl

形态特征： 灌木，高可达3m；茎直立，枝条通常下垂，髓中空。叶对生，卵形、宽卵形或椭圆状卵形，长3~10cm，宽2~5cm，无毛，稀有柔毛（变种），顶端锐尖，基部圆形至宽楔形，边缘除基部以外有粗锯齿，一部分形成羽状三出复叶。先花后叶，花黄色，长宽各约2.5cm，腋生，通常单生；花萼裂片4，矩圆形，有睫毛，长（5~）6~7mm，与花冠筒略等长；花冠裂片4，倒卵状椭圆形；雄蕊2，着生在花冠筒基部。蒴果卵球状，2室，长约15mm，基部略狭，表面散生瘤点。花期3—4月；果期7—9月。

分　　布： 河南各山区均有分布；多见于海拔400~2000m的山坡、路旁灌丛中。

功用价值： 果实可入药。

保护类别： 中国特有种子植物。

枝（中空）　　花期

枝、叶　　花　　枝、叶、果　　植株

白蜡树 *Fraxinus chinensis* Roxb.

形态特征： 乔木，高达15m；小枝无毛。叶长13~20cm；小叶5~9个，但以7个为多，无柄或有短柄，椭圆形或椭圆状卵形，长3~10cm，宽1~4cm，顶端渐尖或钝，基部狭，边缘有锯齿或波状锯齿；正面无毛，背面沿脉有短柔毛。圆锥花序侧生或顶生于当年生枝上，无毛，大而疏松；花萼钟状，不规则分裂；无花瓣。翅果倒披针形，长3~4cm，宽4~6mm，顶端尖，钝或微凹。花期4—5月；果期7—9月。

分　　布： 河南各山区均有分布；多见于海拔1500m以下的山坡、山谷杂木林中。

功用价值： 木材可供编制各种用具；树皮可药用。

枝、叶、翅果　花　枝、叶　果序　植株　翅果

水曲柳 *Fraxinus mandshurica* Rupr.

形态特征： 落叶乔木。小枝无毛。羽状复叶在枝端对生，长25~35cm；叶轴小叶着生处簇生黄褐色曲柔毛或脱落无毛，小叶7~11个，纸质，长圆形或卵状长圆形，长5~20cm，先端渐尖或尾尖，基部楔形或圆钝，稍歪斜，具细齿，正面无毛或疏被白色硬毛，背面沿脉被黄色曲柔毛；小叶近无柄。圆锥花序生于去年生枝上，先叶开花；花序轴与分枝具窄翅状锐棱。雄花与两性花异株，无花冠，无花萼；雄花花梗细，长3~5mm，两性花花梗细长。翅果长圆形或倒圆状披针形，中部最宽，先端钝圆、平截或微凹，翅下延至坚果基部，扭曲。花期4—6月；果期8—9月。

分　　布： 河南伏牛山区分布；多见于海拔1500m以上的山谷杂木林中。

功用价值： 材质优良，是良好的用材树种。

保护类别： 易危（VU）；国家二级重点保护野生植物；国家二级珍贵树种。

果序　植株　果期　枝、叶　翅果扭曲　枝、芽　叶

宿柱梣 Fraxinus stylosa Lingelsheim　　　　　　梣属 Fraxinus L.

形态特征： 落叶小乔木，高约8m，枝稀疏；树皮灰褐色，纵裂。芽卵形，深褐色，干后光亮，有时呈油漆状光泽。小枝淡黄色，挺直而平滑，节膨大，无毛，皮孔疏生而突起。羽状复叶长6~15cm；叶柄细；叶轴细而直，上面具窄沟，小叶着生处具关节，基部增厚，无毛；小叶3~5个，硬纸质，卵状披针形至阔披针形，先端长渐尖，基部阔楔形，下延至短柄，有时钝圆，叶缘具细锯齿，两面无毛或有时背面脉上被白色细柔毛，中脉在正面凹入，背面突起，侧脉8~10对，细脉甚微细不明显。圆锥花序顶生或腋生当年生枝梢，分枝纤细，疏松；花序梗扁平，无毛，皮孔较多；果期尤明显；花梗细，长约3mm；花萼杯状，长约1mm，萼齿4，狭三角形，急尖头，与萼管等长；花冠淡黄色，裂片线状披针形，先端钝圆。翅果倒披针状，翅下延至坚果中部以上，坚果隆起。花期5月；果期9月。

分　　布： 河南伏牛山区分布；多见于海拔1500m以上的山沟杂木林中。

功用价值： 树皮可入药。

保护类别： 中国特有种子植物。

果序　　　　　　　枝、叶、花序　　　　　　枝、叶　　　　　　翅果

野迎春 Jasminum mesnyi Hance　　　　　　素馨属 Jasminum L.

形态特征： 常绿亚灌木。枝条下垂，小枝无毛。叶对生，三出复叶或小枝基部具单叶；叶柄长0.5~1.5cm，无毛；叶两面无毛，叶缘反卷，具睫毛，侧脉不明显；小叶长卵形或披针形，先端具小尖头，基部楔形，顶生小叶长2.5~6.5cm，具短柄，侧生小叶长1.5~4cm，无柄；花单生叶腋，花叶同放；苞片叶状，长0.5~1cm。花梗长3~8mm；花萼钟状，裂片6~8，小叶状；花冠黄色，漏斗状，直径2~5cm，冠管长1~1.5cm，裂片6~8，宽倒卵形或长圆形。果椭圆形，两心皮基部愈合，直径6~8mm。花期11月至翌年8月；果期3—5月。

分　　布： 河南太行山、伏牛山、大别山和桐柏山区均有分布；多见于山坡、路旁及河谷岸边；各地均有栽培。

功用价值： 花可供观赏。

保护类别： 中国特有种子植物。

枝、花　　　　　　花期　　　　　　茎、叶　　　　　花

紫丁香 Syringa oblate Lindl.   丁香属 Syringa L.

形态特征： 灌木或小乔木，高可达4m；枝条无毛，较粗壮。叶薄革质或厚纸质，圆卵形至肾形，通常宽度大于长度，宽2~10cm，无毛，顶端渐尖，基部心形或截形至宽楔形。圆锥花序发自侧芽，长6~15cm；花冠紫色，直径约13mm，筒长10~15mm；花药位于花冠筒中部或中部靠上。蒴果长1~1.5（~2）cm，压扁状，顶端尖，光滑。花期4—5月；果期6—10月。

分　　布： 河南伏牛山和太行山区均有分布；多见于海拔1500m以下的山坡和山谷杂木林中。

功用价值： 花可提制芳香油；嫩叶可代茶。

枝、叶、花序　花序　花　果实　枝、叶　叶背面　花药

巧玲花（毛叶丁香）Syringa pubescens Turcz.   丁香属 Syringa L.

形态特征： 小灌木，高1~3m；幼枝无毛。叶圆卵形、椭圆状卵形、菱状卵形或卵形，长（1~）3~7cm，背面沿叶脉有柔毛，偶见一枝上混生有毛和无毛者，或全是无毛者。花序由侧芽发出；花较密，长5~12cm；花冠紫色或淡紫色，直径约8mm，筒细瘦，盛开时长1~1.5cm；花药着生于花冠筒中部略靠上，带紫色。蒴果长8~14mm，有疣状突起。花期5—6月；果期6—8月。

分　　布： 河南太行山和伏牛山均有分布；多见于山坡杂木林中、沟谷、岸旁。

功用价值： 庭院可栽培；花可做香料；茎可入药。

枝、叶　花　花序　叶　叶背面　果实　花冠筒、花药

流苏树 *Chionanthus retusus* Lindl. et Paxt.　　流苏树属 *Chionanthus* L.

形态特征： 落叶灌木或乔木，高可达20m。叶对生，革质，矩圆形、椭圆形、卵形或倒卵形，长3~10cm，顶端钝圆，凹下，有时锐尖，全缘，少数有小锯齿（有时在一枝上同时出现）。聚伞状圆锥花序，长5~12cm，着生在枝顶；花单性，白色，雌雄异株；花萼4裂；花冠4深裂，裂片条状倒披针形，长10~20mm，花冠筒短，长2~3mm；雄蕊2，藏于筒内或稍伸出，药隔突出。果实椭圆状，长10~15mm，变为黑色。花期3—6月；果期6—11月。

分　　布： 河南太行山、伏牛山、大别山和桐柏山区均有分布；多见于海拔500~1600m的向阳山谷、山坡林中。

功用价值： 花、嫩叶晒干可代茶；果可榨芳香油；木材可制器具。

花序　　植株　　枝、花　　花期　　花　　核果　　叶

女贞 *Ligustrum lucidum* Ait.　　女贞属 *Ligustrum* L.

形态特征： 乔木，一般高6m左右，高的可达15m；枝条无毛，有皮孔。叶革质而脆，卵形、宽卵形、椭圆形或卵状披针形，长6~12cm，无毛。圆锥花序长12~20cm，无毛；花近无梗；花冠筒和花萼略等长；雄蕊和花冠裂片略等长。核果矩圆形，紫蓝色，长约1cm。花期5—7月；果期7月至翌年5月。

分　　布： 河南各地有栽培及伏牛山南部有零星分布；多见于山坡及山谷杂木林中。

功用价值： 可供园林绿化。

保护类别： 中国特有种子植物。

果熟期　　果序　　果期　　枝、叶、花序　　植株

小叶女贞 *Ligustrum quihoui* Carr.　　　　　　　　　　　　**女贞属** *Ligustrum* L.

形态特征： 小灌木，高2~3m；小枝条有微短柔毛。叶薄革质，椭圆形至椭圆状矩圆形，或倒卵状矩圆形，长1.5~5cm，无毛，顶端钝，基部楔形至狭楔形，边缘略向外反卷；叶柄有短柔毛。圆锥花序长7~21cm，有微短柔毛；花白色，香，无梗；花冠筒和花冠裂片等长；花药超出花冠裂片。核果宽椭圆形，黑色，长8~9mm，宽约5mm。花期5—7月；果期8—11月。

分　　布： 河南各山区均有分布；多见于海拔1200m以下的山坡灌丛中、石崖上或沟谷、河岸旁。

功用价值： 园林绿化中重要的绿篱材料；亦可作桂花、丁香等树的砧木。

保护类别： 中国特有种子植物。

果序

枝、叶、花序

枝、叶

果实

花

小蜡 *Ligustrum sinense* Lour.　　　　　　　　　　　　**女贞属** *Ligustrum* L.

形态特征： 灌木，一般高2m，高的可达7m；枝条密生短柔毛。叶薄革质，椭圆形至椭圆状矩圆形，长3~7cm，顶端锐尖或钝，基部圆形或宽楔形，背面淡绿色，特别沿中脉有短柔毛。圆锥花序长4~10cm，有短柔毛；花白色，花梗明显；花冠筒比花冠裂片短；雄蕊超出花冠裂片。核果近圆状，直径4~5mm。花期3—6月；果期9—12月。

分　　布： 河南大别山和桐柏山均有分布；多见于山坡林下及灌丛中。

功用价值： 可栽培作绿篱；果实可酿酒；种子榨油可供制肥皂；树皮和叶可入药。

枝、叶、花序

果实

枝、叶背面、花序

花

蜡子树 *Ligustrum leucanthum* (S. Moore) P. S. Green　　女贞属 *Ligustrum* L.

形态特征： 落叶灌木或小乔木，高1.5m。小枝常开展，被硬毛、柔毛或无毛。叶椭圆形或披针形，长4~7cm，宽2~3cm，先端尖、短渐尖或钝，基部楔形或近圆，两面疏被柔毛或无毛，沿中脉被硬毛或柔毛；叶柄长1~3mm，被硬毛、柔毛或无毛。花序轴被硬毛、柔毛或无毛。花梗长不及2mm；花萼2~5mm，被微柔毛或无毛；花冠长0.6~1cm，花冠筒较裂片长2倍；雄蕊氏达花冠裂片中部。果近球形或宽长圆形，长0.5~1cm，成熟时蓝黑色。花期6—7月；果期8—11月。

分　布： 河南伏牛山区分布；多见于山坡、路旁、灌丛中。

功用价值： 树皮可入药；种子可供制肥皂、润滑油；是良好的蜜源植物。

保护类别： 中国特有种子植物。

枝、叶、花序　　花序　　花　　花侧面　　浆果状核果

▶ 杜鹃花科 Ericaceae

杜鹃 *Rhododendron simsii* Planch.　　杜鹃花属 *Rhododendron* L.

形态特征： 落叶灌木，高2m左右；分枝多，枝条细而直，有亮棕色或褐色扁平糙伏毛。叶纸质，卵形、椭圆状卵形或倒卵形，春叶较短，夏叶较长，长3~5cm，宽2~3cm，顶端锐尖，基部楔形，正面有疏糙伏毛，背面的毛较密；叶柄长3~5mm，密生糙伏毛。花2~6朵簇生枝顶；花萼长4mm，5深裂，有密糙伏毛和睫毛；花冠蔷薇色，鲜红色或深红色，宽漏斗状，长4~5cm，裂片5，上方1~3裂片里面有深红色斑点；雄蕊10，花丝中部以下有微毛；子房有密糙伏毛；10室，花柱无毛。蒴果卵圆形，长达8mm，有密糙毛。花期4—5月；果期6—8月。

分　布： 河南伏牛山、大别山和桐柏山区均有分布；多见于海拔1500m以下的山坡灌丛或林中。

功用价值： 全株可供药用，亦可植于庭院、公园，供观赏。

花　　花序　　枝、叶、花　　植株　　花期　　枝、叶　　果实

满山红 *Rhododendron mariesii* Hemsl. et Wils.　　杜鹃花属 *Rhododendron* L.

形态特征： 落叶灌木，高达4m。小枝轮生，初被黄棕色柔毛，后无毛。叶常3个集生枝顶，卵状披针形或椭圆形，长4~7.5cm，中上部有细钝齿，幼时两面被黄棕色长柔毛，后近无毛；叶柄长5~8mm，近无毛。花芽卵圆形，芽鳞沿中脊被绢状柔毛，边缘有睫毛；花常2朵顶生，先花后叶。花梗直立，长0.5~1cm，被柔毛；花萼环状，被柔毛；花冠漏斗状，长3~3.5cm，淡紫红色，有深色斑点，无毛，5裂；雄蕊8~10，花丝无毛；子房密被淡黄棕色柔毛，花柱无毛。蒴果卵状椭圆形，长约1.2cm，果柄直，均密被长柔毛。花期4—5月；果期6—11月。

分　　布： 河南大别山、桐柏山及伏牛山南部均有分布；多见于海拔1000m以上的山坡、山谷林下或灌丛中。

功用价值： 庭院、公园观赏植物。

保护类别： 中国特有种子植物。

枝、秋色叶

枝、花序

枝、叶

花期

雄蕊、花柱、柱头

果实

花

太白杜鹃 *Rhododendron purdomii* Rehd. et Wils.　　杜鹃花属 *Rhododendron* L.

形态特征： 常绿灌木，高达3m；枝条粗壮，幼枝略有微毛。叶革质，矩圆状披针形至矩圆状椭圆形，长6~8cm，宽2.5~3.5cm，顶端急尖或钝，基部楔形，边缘反折，正面光滑，有细皱纹，无毛，中脉凹入，侧脉稍凹入，背面淡绿色，无毛，网脉明晰，侧脉略可见；叶柄粗，长1~1.5cm，初有微毛，后无毛。顶生总状伞形花序有花达16朵，总轴长约1cm，有红茸毛；花梗长1~1.6cm，密生灰白色茸毛；花萼小，杯状，5浅裂，有疏柔毛；花冠钟状，长2.5~3cm，白色，裂片5，圆形；雄蕊10，花丝基部有短毛；子房有疏白茸毛，花柱无毛。蒴果长1.5cm，圆柱形，光滑。花期5—6月；果期7—9月。

分　　布： 河南伏牛山区分布；多见于海拔1800m以上的山坡林中，常形成片林。

功用价值： 可作盆景、花篱，亦可栽种在庭院中作矮墙或屏障。

保护类别： 中国特有种子植物；河南省重点保护野生植物。

叶背面

白色花　近白色花　粉红色花

枝干

枝、叶、花序

叶、果实

叶

雌蕊、雄蕊

秀雅杜鹃 *Rhododendron concinnum* Hemsley　　杜鹃花属 *Rhododendron* L.

形态特征： 常绿灌木，高达3.5m。枝条无毛，当年生枝有近球形的腺状鳞片。叶革质，宽披针形至椭圆状披针形，长3~8cm，宽1.5~3cm，顶端锐尖，有明显的长尖头，基部圆，正面有较疏的近黑色疣状鳞片，背面有密的黄色鳞片和较少的近黑色鳞片，中脉正面有微毛；叶柄长5~10mm，有鳞片。顶生伞形花序通常有花5朵；花梗长1.5~2cm，部分有无柄腺体；花萼极短，呈波状边缘，有鳞片；花冠宽漏斗状，洋红色，花冠筒长15cm，外面疏生鳞片，里面有微毛，裂片5，长2cm，无毛；雄蕊10；子房有密鳞片，基部和顶部有短毛，花柱无毛，紫色。蒴果圆柱形，长1.5cm，有鳞片。花期4—6月；果期9—10月。

分　　布： 河南伏牛山区分布；多见于海拔1700m以上的山顶、山坡冷杉林下或山谷路旁的灌丛中。

功用价值： 可作盆景、花篱，亦可栽种在庭院中作矮墙或屏障。

保护类别： 中国特有种子植物。

花侧面

花

叶背面

枝、叶

枝、花序

叶、花

照山白 *Rhododendron micranthum* Turcz.　　杜鹃花属 *Rhododendron* L.

形态特征： 常绿灌木，高1~2m。枝条较细瘦，幼枝有疏鳞片。叶散生，厚革质，倒披针形，长3~4cm，宽8~12mm，顶端钝尖，向下渐狭，基部狭楔形，正面稍有鳞片，背面密生多少覆瓦状淡棕色鳞片；叶柄长约3mm。顶生密总状花序，多花，总轴长1.8cm；花梗长约8mm，有鳞片；花小，乳白色；花萼深5裂，裂片狭三角形，长约3mm，有睫毛；花冠钟状，长6~8mm，口径约1cm，外面有鳞片；雄蕊10，伸出，无毛；子房5室，有鳞片，花柱短于雄蕊，无毛。蒴果矩圆形，长达8mm，有疏鳞片。花期5—6月；果期8—11月。

分　　布： 河南伏牛山、太行山区均有分布；多见于海拔1200m以上的山坡、山谷树下、路旁灌丛。

功用价值： 枝叶可入药；可植于庭院、公园，供观赏。

植株

枝、叶

花序

花

▶ 鹿蹄草科 Pyrolaceae ||||||||||||||||||||||||||||||||||||||||||||||||||||||||||||||

松下兰 *Monotropa hypopitys* L.　　　　　　　　　水晶兰属 *Monotropa* L.

形态特征： 植株高8~27cm，全株半透明，肉质。叶鳞片状，直立，互生，上部较稀疏，下部较紧密，卵状长圆形或卵状披针形，长1~1.5cm，宽5~7mm，先端纯，近全缘，上部常有不整齐锯齿。总状花序有3~8花；花初下垂，后渐直立。花冠筒状钟形，长1~1.5cm，直径5~8mm；苞片卵状长圆形或卵状披针形；萼片长圆状卵形，长0.7~1cm，早落；花瓣4~5，长圆形或倒卵状长圆形，长1.2~1.4cm，先端钝，上部有不整齐锯齿，早落；雄蕊8~10，花丝无毛；子房无毛，中轴胎座，4~5室，花柱直立，长2.5~4（~5）mm。蒴果椭圆状球形，长0.7~1cm，直径5~7mm。花期6—7（8）月；果期7—8（9）月。

分　　布： 河南太行山和伏牛山均有分布；多见于海拔1000~2000m的山坡林下阴湿处。

功用价值： 全草可入药。

茎、鳞片状叶

植株　　花序

紫背鹿蹄草 *Pyrola atropurpurea* Franch.　　　　鹿蹄草属 *Pyrola* L.

形态特征： 多年生常绿草本；根状茎细长横生，上升，连同花莛高达15cm，基部生叶2~4片。叶薄纸质，近圆形或宽卵形，长宽1~3cm，顶端圆或钝圆，基部为宽心形，边缘有疏圆齿，正面绿色，背面紫红色；叶柄长2~4cm。花莛细长，偶有1~2个披针形鳞片；总状花序有花2~4朵，有时1朵，彼此远分开，有短花梗；苞片短于花梗，卵形，尖头；萼片短，三角状卵形，钝头或急尖头，长约1mm，紫红色；花瓣狭倒卵形，长5mm，白色；雄蕊长等于花瓣，花丝扁平；花柱粗，外倾，上部稍向上弯，露出于花冠之外，长1cm，顶端环状加粗（在果期尤为明显），柱头5浅裂。蒴果扁圆球形，直径5~6mm。花期6—7月；果期8—9月。

分　　布： 河南伏牛山区分布；多见于海拔1200m以上的山坡林下或山沟阴湿处。

功用价值： 全草可入药。

保护类别： 中国特有种子植物。

叶背面

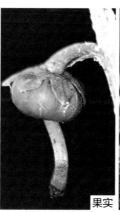

果实

植株

花背面

花序

普通鹿蹄草 *Pyrola decorate* H.Andr.　　　　　**鹿蹄草属 *Pyrola* L.**

形态特征： 多年生常绿草本，高达35cm；基部以上生叶3~6片，并有鳞片，鳞片披针形，长渐尖，长达1.5cm。叶薄革质，椭圆形或卵形，长（3.5~）5~6cm，宽（2.3~）3~3.5cm，顶端圆或钝尖，向基部渐变狭，下延于叶柄，边缘有疏微凸形的小齿，正面深绿色，但叶脉呈淡绿白色，背面色较浅，大都呈褐紫色，叶脉两面略可见。花莛高达30cm，有苞片1~2个；总状花序圆锥形，有花5~8朵；苞片狭条形，长超过花梗；花俯垂，宽钟状，张开；萼片宽披针形，顶端急尖或渐变急尖，长约5mm，等于花瓣的2/3或过之，边缘色较浅；花瓣绿黄色，长8~10mm；花柱多少外露，斜向下，上部稍向上弯，有柱头盘（果期较大）。蒴果扁圆球形，直径达10mm。花期6—7月；果期7—8月。

分　　布： 河南大别山、桐柏山和伏牛山区均有分布，多见于海拔700~2000m的山坡林下。

功用价值： 全草可入药。

植株

果实

叶背面

▶ 柿科 Ebenaceae ‖‖

柿 *Diospyros kaki* Thunb.　　　　　**柿属 *Diospyros* L.**

形态特征： 乔木，高达15m；树皮鳞片状开裂。叶椭圆状卵形、矩圆状卵形或倒卵形，长6~18cm，宽3~9cm，基部宽楔形或近圆形，背面淡绿色，有褐色柔毛；叶柄长1~1.5cm，有毛。花雌雄异株或同株，雄花成短聚伞花序，雌花单生叶腋；花萼4深裂，果熟时增大；花冠白色，4裂，有毛；雌花中有8个退化雄蕊，子房上位。浆果卵圆形或扁球形，直径3.5~8cm，橙黄色或鲜黄色，花萼宿存。花期5—6月；果期9—10月。

分　　布： 河南各地普遍栽培；野生于山坡或栽植于田边、村边。

功用价值： 果实常经脱涩后作水果，亦可加工制成柿饼；柿子可提取柿漆；可入药；木材可用于制作家具、箱盒、装饰用材和小用具、提琴的指板和弦轴等；可作风景树。

植株

叶

果实

果肉

叶背面

花

野柿 *Diospyros kaki* var. *silvestris* Makino

柿属 *Diospyros* L.

形态特征： 变种。乔木，高达15m；树皮鳞片状开裂。叶椭圆状卵形、矩圆状卵形或倒卵形。小枝及叶柄常密被黄褐色柔毛，叶较栽培柿树的叶小，叶片背面的毛较多，花较小，果亦较小，直径约2~5cm。花期5—6月；果期9—10月。

分　　布： 河南大别山、桐柏山和伏牛山区均有分布；多见于山地自然林或次生林中。

功用价值： 未成熟柿子可用于提取柿漆。果脱涩后可食。木材用途同于柿树。树皮亦含鞣质。实生苗可作栽培柿树的砧木。

枝、叶、果实
枝、叶
植株
果实
枝、叶、花蕾

君迁子 *Diospyros lotus* L.

柿属 *Diospyros* L.

形态特征： 乔木，高达14m；枝皮光滑不开裂；幼枝灰绿色，不开裂，有短柔毛。叶椭圆形至矩圆形，长6~12cm，宽3.5~5.5cm，正面密生柔毛，后脱落，背面近白色；叶柄长0.5~2.5cm。花单性，雌雄异株，簇生叶腋；花萼密生柔毛，3裂；雌蕊由2~3个心皮合成，花柱分裂至基部。浆果球形，直径1~1.5cm，蓝黑色，有白蜡层。花期5—6月；果期10—11月。

分　　布： 河南各山区均有分布；生于海拔400~1400m的山坡、山谷或栽培于宅旁。

功用价值： 未熟果实可提制柿漆，可供制医药产品和涂料；木材质硬，耐磨损。树皮可供提取单宁和制人造棉；本种的实生苗常被用作柿树的砧木。

果实
花序
花
叶背面
植株
枝、叶

▶ 安息香科 Styracaceae ||||||||||||||||||||||||||||||||||||||||||

玉铃花 Styrax obassis Siebold et Zuccarini　　　　　　安息香属 Styrax L.

形态特征： 灌木或小乔木，高4~10m；树皮灰褐色。叶两型，小枝下部的叶较小而近对生，上部的叶互生，椭圆形至宽倒卵形，长10~14cm，宽8~10cm，叶柄基部膨大成鞘状而包着冬芽，背面生灰白色星状茸毛。花白色或略带粉色，长约2cm，单生上部叶腋和10余朵成顶生总状花序，花序长约10cm；花冠裂片5，长约16mm，在花蕾中作覆瓦状排列。果卵形至球状卵形，长14~18mm，顶具凸尖；种子表面近平滑。花期5—7月；果期8—9月。

分　　布： 河南大别山、伏牛山区分布；多见于海拔1000m以上的杂木林中。

功用价值： 木材可作器材、雕刻材等细工用材；花美丽、芳香，可提取芳香油或观赏；种子油可供制肥皂及润滑油。

保护类别： 河南省重点保护野生植物。

枝、叶、花
花序

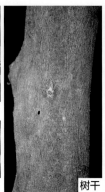
树干

花
枝、叶

果实

灰叶安息香 Styrax calvescens Perk.　　　　　　安息香属 Styrax L.

形态特征： 小乔木或灌木状，高达15m。叶互生，近革质，椭圆形、倒卵形或椭圆状倒卵形，长3~8cm，先端渐尖或骤短尖，基部近圆，中部以上具锯齿，正面疏被星状柔毛或无毛，背面密被灰色星状茸毛和星状柔毛，第三级小脉网状；叶柄长1~3mm。总状或圆锥花序，顶生或腋生，长3.5~9cm，多花。花白色，长1~1.5cm；花梗长0.5~1cm；花萼杯状，长3~5mm，宽3~4mm，革质，被星状茸毛和柔毛；萼齿三角形，长不及1mm；花冠裂片长圆形，长0.8~1cm，宽2~2.5mm，边缘稍内折，镊合状排列；花丝分离部分下部被星状长柔毛。果倒卵形，长约8mm，顶端具短尖头。种子无毛。花期5—6月；果期7—8月。

分　　布： 河南伏牛山、大别山区分布；多见于山坡或山谷杂木林中。

功用价值： 种子油可供制肥皂、润滑油及油漆。

保护类别： 中国特有种子植物。

枝、叶
叶背面

核果

花序

花期

花

野茉莉 *Styrax japonicas* Sieb. et Zucc.　　安息香属 *Styrax* L.

形态特征： 小乔木，高达8m；树皮灰褐色或黑褐色。叶椭圆形至矩圆状椭圆形，长4~10cm，宽1.5~4（~6）cm，边有浅锯齿。花长14~17mm，单生叶腋或2~4朵呈总状花序，具长2~3cm且无毛的花梗；萼筒无毛（稀疏被微小星状毛毛萼野茉莉）；花冠裂片5，长12~14mm，在花蕾中作覆瓦状排列。果近球形至卵形，长8~10mm，顶具凸尖；种子表面具皱纹。花期4—7月；果期9—11月。

分　　布： 河南大别山、桐柏山和伏牛山区均有分布；多见于山坡或山谷杂木林中。

功用价值： 材质稍坚硬，可作器具、雕刻等细工用材；种子油可制作肥皂或机器润滑油，油粕可作肥料；花美丽、芳香，可作庭院观赏植物。

果实　果期　叶背面　枝、叶　花序　植株　花

老鸹铃 *Styrax hemsleyanus* Diels　　安息香属 *Styrax* L.

形态特征： 乔木，高6~10m；树皮褐色。叶两型，小枝的下部2叶较小且近对生，上部的叶互生，矩圆状椭圆形至倒卵状椭圆形，长7~15cm，宽3~9cm，脉在背面隆起，第三级小脉近于平行，在叶背面和叶柄上疏生有柄的星状毛。花长约2cm，呈长达13cm的总状花序；花冠裂片5，长约1.5cm，在花蕾中作覆瓦状排列。果近球形，长约1cm，顶具凸尖；种子表面近平滑。花期5—6月；果期7—9月。

分　　布： 河南伏牛山以西分布；多见于海拔600~1500m的向阳山坡、疏林、林缘和灌丛中。

功用价值： 种子油可制肥皂及机器滑润油；花美丽，可作观赏植物。

保护类别： 中国特有种子植物。

枝、叶、花　果实　枝、叶　花　叶　花序

▶ 山矾科 Symplocaceae |||||||||||||||||||||||||||||||||||||||||||||||||||||

白檀 *Symplocos paniculata* (Thunb.) Miq.　　　　山矾属 *Symplocos* Jacq.

形态特征： 落叶灌木或小乔木。嫩枝有灰白色柔毛。叶膜质或薄纸质，阔倒卵形、椭圆状倒卵形或卵形，长3~11cm，宽2~4cm，先端急尖或渐尖，基部阔楔形，边缘有细尖锯齿，叶背通常有柔毛或仅脉上有柔毛。顶生圆锥花序长5~8cm，通常有柔毛；花白色，子房2室。核果蓝色，卵状球形，稍偏斜，长5~8cm，顶端宿存萼片直立。花期4—5月；果熟期8—9月。

分　　布： 河南大别山、桐柏山和伏牛山区均有分布；多见于海拔300~1000m山坡、路边、疏林或密林中。

功用价值： 木材作细工及建筑用材；种子油可制作油漆及肥皂；叶可药用；根皮与叶可作农药用。

枝、叶、果实　　叶、花　　花　　植株　　花期　　花序

▶ 紫金牛科 Myrsinaceae |||||||||||||||||||||||||||||||||||||||||||||||||||

铁仔 *Myrsine Africana* L.　　　　铁仔属 *Myrsine* L.

形态特征： 灌木，高0.5~2m；小枝生锈色柔毛，常具棱角。叶柄短或近无柄；叶片坚纸质或近革质，椭圆状卵形、倒卵形或披针形，长0.5~3cm，宽0.3~1cm，基部楔形，顶端近圆形，常具小尖头，中部以上生刺状锯齿，无毛，近边缘有腺点，侧脉少，不连成边脉。花单性，雌雄异株，数朵簇生于叶腋；花梗长0.5~1.5mm；花4出；萼裂片卵状椭圆形，长约1mm，基部合生，有腺点；花冠长约为萼片的2倍，有黑腺点；雄花的雄蕊大，显著长于花冠，花丝短，贴生于花冠基部且与花冠对生，花药紫色，矩圆形，大而直，顶端尖，纵裂。果直径3~5mm，熟后黑色，有宿存花柱，含种子1枚。花期2—3月，有时5—6月；果期10—11月，有时2月或6月。

分　　布： 河南大别山、桐柏山及伏牛山南部均有分布；多见于海拔500~1500m的山坡林下或灌木丛中。

功用价值： 全株可供药用；可作石漠化治理植物。

花　　果实　　枝、叶　　植株

▶ 报春花科 Primulaceae ||||||||||||||||||||||||||||||||||||||||||||||||||||||

陕西报春 _Primula handeliana_ W. W. Smith et Forr. 　　报春花属 _Primula_ L.

形态特征： 多年生草本，全株无粉。根状茎短，具多数紫褐色纤维状长根。叶丛基部无鳞片，叶柄叉开；叶片矩圆形、椭圆形或卵圆形，稀为披针形，先端稍锐尖或钝圆，基部阔楔形，稀近圆形，边缘具小牙齿，正面绿色，背面灰绿色，干时纸质，中肋明显，侧脉纤细；叶柄细瘦，具狭翅，与叶片近等长或长于叶片。花莛高15~30cm；伞形花序1~2轮，每轮3~15花；苞片披针形，长5~9mm；花梗长0.5~5cm；花萼筒状，长8~10mm，分裂达中部或略超过中部，裂片披针形或矩圆状披针形，先端稍渐尖；花冠黄色，高脚碟状，冠檐直径1.5~1.8cm，裂片矩圆形，全缘；长花柱花；冠筒长12~13mm，雄蕊着生处略高于萼筒，花柱长达冠筒口；短花柱花；冠筒长14~18mm，雄蕊着生于冠筒上部，花药顶端接近筒口，花柱长约4mm，稍短于花萼。蒴果长圆体状，稍长于花萼。花期5—7月；果期7—8月。

分　　布： 河南伏牛山区分布；多见于山坡疏林下和岩石上。
功用价值： 可作盆栽。
保护类别： 中国特有种子植物。

花　　　　　　基生叶　　　　　　植株　　　　　　花序

董菜报春 _Primula violaris_ W. W. Smith et Fletcher 　　报春花属 _Primula_ L.

形态特征： 多年生草本。叶3~5个丛生；叶柄长6~18cm，密被褐色长柔毛，叶圆形、宽心形或肾圆形，长4~13cm，宽5~15cm，基部深心形，边缘粗齿状浅裂，裂片宽三角形，具小牙齿，正面被短柔毛，背面沿中脉被柔毛。花莛高20~40cm，被褐色柔毛，伞形花序1~2轮，每轮3~12花。花梗长1.5~2.5cm，疏被柔毛或渐无毛；花萼钟形，长0.7~1.2cm，无毛或近无毛，分裂稍超过中部，裂片披针形，具3~5纵脉花冠淡红或淡蓝紫色，冠筒长1~1.4cm，冠檐径1.5~2cm，裂片倒卵形，先端浅凹缺。蒴果球形，短于宿存花萼。花期5—6月。

分　　布： 河南伏牛山南部分布；多见于林下和山坡阴湿处。
功用价值： 可作观赏植物。
保护类别： 中国特有种子植物。

植株　　　　　　花序　　　　　　花　　　　　　花

细蔓点地梅 Androsace cuscutiformis Franch.

点地梅属 *Androsace* L.

形态特征：多年生草本。根状茎短，具多数纤维状须根。匍匐茎丝状，自叶丛中抽出，长可达40cm，顶端着地生根，发育成新植株，被倒向的小糙伏毛。叶基生，叶片轮廓肾形或肾圆形，基部心形，掌状5~7裂，裂深略超过中部，裂片楔形至近扇形，3浅裂至中裂，小裂片矩圆形，先端再3裂或具3齿，两面均被小糙伏毛；叶柄长6~15cm，被倒向的小糙伏毛。花葶纤细，高出叶丛，被倒向的小糙伏毛；伞形花序10~15花；苞片披针形，长2~3mm；花梗纤细，毛被同花葶；花萼漏斗状，分裂达中部，裂片卵状三角形，先端稍钝，外面被开展的毛；花冠白色，直径6~7mm，裂片倒卵形，宽约2.5mm，先端2浅裂。蒴果陀螺形，稍长于萼筒。花期4—5月；果期6月。

分　　布：河南伏牛山区分布；多见于山坡林下。

功用价值：全草可药用。

保护类别：中国特有种子植物。

叶　　丝状匍匐茎

花

植株　　花序

点地梅 Androsace umbellate (Lour.) Merr.

点地梅属 *Androsace* L.

形态特征：一年生或二年生无茎草本，全株被节状的细柔毛。叶通常10~30片基生，圆形至心状圆形，直径5~15mm，边缘具三角状裂齿；叶柄长1~2cm。花葶直立，通常数条由基部抽出，高5~12cm；伞形花序有4~15朵花；苞片卵形至披针形，长4~7mm；花梗长2~3.5cm；花萼5深裂，裂片卵形，长2~3mm，有明显的纵脉3~6条；花冠白色，漏斗状，稍长于萼，直径4~6mm，5裂，裂片约与花冠筒等长；雄蕊着生于花冠筒中部，长约1.5mm；子房球形，花柱极短。蒴果近球形，直径约4mm，顶端5瓣裂，裂瓣膜质，白色。花期2—4月；果期5—6月。

分　　布：河南各地均有分布；多见于林缘、草地和疏林下。

功用价值：全草可入药。

基生叶

花序

花

果期

矮桃 *Lysimachia clethroides* Duby   珍珠菜属 *Lysimachia* L.

形态特征： 多年生草本，多少被黄褐色卷毛。茎直立，高40~100cm。叶互生，卵状椭圆形或宽披针形，长6~15cm，宽2~5cm，顶端渐尖，基部渐狭至叶柄，两面疏生黄色卷毛，有黑色斑点。总状花序顶生，初时花密集，后渐伸长，结果时长20~40cm；花梗长4~6mm；花萼裂片宽披针形，边缘膜质；花冠白色，长5~8mm，裂片倒卵形，顶端钝或稍凹；雄蕊稍短于花冠。蒴果球形，直径约2.5mm。花期5—7月；果期7—10月。

分　　布： 河南各山区均有分布；多见于海拔500~2000m的荒山草地或路旁。

功用价值： 全草可入药。

植株

叶

花

花序

过路黄 *Lysimachia christiniae* Hance   珍珠菜属 *Lysimachia* L.

形态特征： 多年生草本，有短柔毛或近于无毛。茎柔弱，平卧匍匐生，长20~60cm，节上常生根。叶对生，心形或宽卵形，长2~5cm，宽1~4.5cm，顶端锐尖或圆钝，全缘，两面有黑色腺条；叶柄长1~4cm。花成对腋生；花梗长达叶端；花萼5深裂，裂片披针形，长约4mm，外面有黑色腺条；花冠黄色，约长于花萼1倍，裂片舌形，顶端尖，有明显的黑色腺条；雄蕊5个，不等长，花丝基部合生成筒。蒴果球形，直径约2.5mm，有黑色短腺条。花期5—7月；果期7—10月。

分　　布： 河南太行山、伏牛山、桐柏山和大别山区均有分布；多见于海拔500~2000m的山坡荒地、路旁或沟边。

功用价值： 全草可入药。

保护类别： 中国特有种子植物。

叶

叶、花

茎、叶、花

植株

点腺过路黄 *Lysimachia hemsleyana* Maxim. | 珍珠菜属 *Lysimachia* L.

形态特征： 多年生匍匐草本，全株被短柔毛。叶对生，心形或宽卵形，长2~4cm，宽12~33mm，全缘，两面具不甚显著的点状突起；叶柄长5~15mm。花单生叶腋；花梗细弱，较叶短；花萼5深裂，裂片条状披针形，长约8mm；花冠黄色，钟状辐形，裂片椭圆形，上部疏生点状腺点，稍长于花萼；雄蕊5个不等长，花丝基部合生成筒；花柱与雄蕊几等长；子房有毛。蒴果球形，直径约3mm。花期4—6月；果期5—7月。

分　　布： 河南大别山、桐柏山及伏牛山南部均有分布；多见于海拔1000m左右的山谷林缘、溪旁和路旁草丛中。

功用价值： 全草可入药。

保护类别： 中国特有种子植物。

茎、叶　　花　　花序　　叶

金爪儿 *Lysimachia grammica* Hance | 珍珠菜属 *Lysimachia* L.

形态特征： 茎簇生，膝曲直立，高13~35cm，圆柱形，基部直径约1mm，向上稍增粗，密被多细胞柔毛，有黑色腺条，通常多分枝。叶在茎下部对生，在上部互生，卵形至三角状卵形，长1.3~3.5cm，宽8~25mm，先端锐尖或稍钝，基部截形，骤然收缩下延，两面均被多细胞柔毛，密布长短不等的黑色腺条；叶柄长4~15mm，具狭翅。花单生于茎上部叶腋；花梗纤细，丝状，通常超过叶长，密被柔毛，花后下弯；花萼长约7mm，分裂近达基部，裂片卵状披针形，先端长渐尖，边缘具缘毛，背面疏被柔毛和紫黑色腺条；花冠黄色，长6~9mm，基部合生部分长0.5~1mm，裂片卵形或菱状卵圆形，宽3~5mm，先端稍钝。蒴果近球形，淡褐色，直径约4mm。花期4—5月；果期5—9月。

分　　布： 河南大别山、桐柏山和伏牛山南部均有分布；多见于山脚路旁、疏林下等阴湿处。

功用价值： 全草可入药。

保护类别： 中国特有种子植物。

植株　　花期　　花　　花

▶ 海桐科 Pittosporaceae ‖‖‖‖‖‖‖‖‖‖‖‖‖‖‖‖‖‖‖‖‖‖‖‖‖‖‖‖‖‖

海金子 *Pittosporum illicioides* Mak. **海桐属 *Pittosporum* Banks ex Gaertn.**

形态特征： 灌木或小乔木，高1~6m。小枝近轮生，细，无毛。叶薄革质，倒卵形至倒披针形，长5~10cm，宽1.7~3.5cm，全缘或波状，先端渐尖，基部狭楔形，无毛；叶柄长5~10mm。花序伞形，有1~12花，无毛；花淡黄白色，花梗长1~2（~3）cm；萼片5个，卵形，长约2.5mm；花瓣5个，长8~10mm；雄蕊5个，与花瓣等长，有时长为花瓣的1/2；子房密生短柔毛。蒴果近椭圆球形，长约1.5cm，3瓣裂，果皮薄，革质；种子暗红色，长2~4mm。花期4—5月；果熟期9月。

分　　布： 河南伏牛山南部、大别山和桐柏山区均有分布；多见于山坡灌丛或山谷杂木林中。

功用价值： 茎皮纤维可作造纸原料；种子可榨油，制肥皂。

成熟果实　枝、叶、花　花序　花　枝、叶、果实　雌蕊、雄蕊、子房　果皮、种子

崖花子 *Pittosporum truncatum* Pritz. **海桐属 *Pittosporum* Banks ex Gaertn.**

形态特征： 灌木，高1~3m。小枝圆形，呈轮生状。叶聚生枝端，革质，菱状倒卵形，长2.5~9cm，先端突尾状尖，基部渐狭，全缘或微波状，幼时具柔毛；叶柄长约5mm，稀10~15mm，常有柔毛。花黄色，呈近顶生伞房花序；花梗细，长8~15mm，有短柔毛；苞片针形，膜质，长约5mm，无毛或有毛；萼片5个，卵形，长1.5~3mm，有缘毛；花瓣5个，长椭圆状匙形，长8~10mm，中部以下合生；花丝长5~6mm，花药长卵形；子房密生短柔毛，长约3mm。蒴果近球形，稍扁，直径6~10mm，2瓣裂，果皮革质，种子多数，小形，不规则，暗红色或粉红色。花期5月；果熟期8—9月。

分　　布： 河南伏牛山南部及大别山区均有分布；多见于山坡及山谷杂木林。

功用价值： 树皮纤维可制绳索。

保护类别： 中国特有种子植物。

枝、叶背面　枝、叶、花　花　果皮、种子　果实　叶　果熟期

▶ 茶藨子科 Grossulariaceae ||||||||||||||||||||||||||||||||||||||||||||||||||||

刺果茶藨子 *Ribes burejense* Fr. Schmidt.　茶藨子属 *Ribes* Linn.

形态特征： 落叶灌木，高1m左右；老枝灰褐色，剥裂，小枝灰黄色，密生长短不等的各种细刺，在叶下部的节上着生有3~7枚粗刺，长达0.5~1cm。叶圆形，3~5裂，长1.5~4cm，宽1~5cm，基部心脏形或截形，裂片先端锐尖，边缘具圆状齿，两面及边缘具有疏短柔毛，叶柄长0.5~3.5cm，疏生腺毛。花常单生，或2朵生叶腋，白色或粉色；花梗长3~6mm；萼片5，矩圆形，宿存；花瓣5，菱形，长为萼片的1/2，雄蕊长于花瓣，花柱顶端2裂，子房有刺和毛。浆果绿色，具黄褐色长刺。花期5—6月；果期7—8月。

分　　布： 河南伏牛山区分布；多见于山沟林下、山地针叶林、阔叶林或针阔叶混交林下及林缘，也见于山坡灌丛及溪流旁。

功用价值： 果实可制作饮料及酿酒。

枝、叶、花　　花侧面、子房　　花　枝、叶　叶　　果期

华蔓茶藨子 *Ribes fasciculatum* var. *chinense* Maxim.　茶藨子属 *Ribes* Linn.

形态特征： 落叶灌木，高达1.5m。茎直立或平卧，延伸，无刺，幼时被柔毛。叶近圆形，长3~5cm，宽3.5~6cm，先端尖或锐尖，基部截形或稍心脏形，3~5裂，裂片宽卵形，边缘具粗钝齿和不整齐锯齿，表面无毛或有微柔毛，背面密被柔毛，脉上更密，老时渐稀疏；叶柄长1~2cm，被短柔毛。花雌雄异株；雄花4~5朵簇生，黄绿色；萼浅碟形，裂片5个，倒卵形或长圆状倒卵形，长约2mm，顶端钝圆；花瓣5个，极小，半圆形，先端圆或平截；雄蕊5个，花丝极短，不显著，花药扁，宽椭圆形；退化雌蕊极小，较雄蕊短，具盾形微2裂的柱头；雌花2~4朵簇生，子房光滑。浆果近球形，直径6~8mm，红褐色。花期4—5月；果熟期8—9月。

分　　布： 河南太行山、伏牛山、大别山和桐柏山区均有分布；多见于山坡林下。

功用价值： 果实可制作饮料及酿酒。

雌花序　雌花　果序　　雄株枝、叶、雄花　　成熟果实　枝、叶

冰川茶藨子 *Ribes glaciale* Wall.　茶藨子属 *Ribes* Linn.

形态特征：落叶灌木，高 2~3（~5）m。小枝无毛或微具柔毛，无刺。叶长卵圆形，稀近圆形，长 3~5cm，基部圆或近平截，正面无毛或疏生膨毛，背面无毛或沿叶脉微具柔毛，掌状 3~5 裂，顶生裂片三角状长卵圆形，先端长渐尖，比侧生裂片长 2~3 倍，具粗大单锯齿，有时混生少数重锯齿；叶柄长 1~2cm；无毛；稀疏生腺毛。花单性；雌雄异株；总状花序直立；雄花序长 2~5cm，具 10~30 花；雌花序长 1~3cm，具 4~10 花；花序轴和花梗具柔毛和腺毛。花梗长 2~4mm；苞片卵状披针形或长圆状披针形；萼筒浅杯形，萼片卵圆形或舌形，直立；花瓣近扇形或楔状匙形；雌花的雄蕊退化，子房无毛，稀微具腺毛。果近球形或倒卵状球形，直径 5~7mm，红色，无毛。花期 4—6 月；果期 7—9 月。

分　　布：河南太行山和伏牛山区均有分布；多见于海拔 1000m 以上的山坡、山谷林中或林缘。

功用价值：果实可制作饮料及酿酒。

叶背面

果序

枝、叶、果实

枝、叶

糖茶藨子 *Ribes himalense* Royle ex Decne.　茶藨子属 *Ribes* Linn.

形态特征：落叶小灌木。小枝无毛，无刺。叶卵圆形或近圆形，长 5~10cm，基部心形，正面无柔毛，常贴生腺毛，背面无毛，稀微具柔毛，或混生少数腺毛，掌状 3~5 裂，裂片卵状三角形，具粗锐重锯齿或杂以单锯齿；叶柄长 3~5cm，无毛或有少数柔毛，近基部有少数长腺毛。花两性，直径 4~6mm；总状花序长 5~10cm，具 8~20 花；花序轴和花梗具短毛，或杂以稀疏腺毛。花梗长 1.5~3mm；苞片卵圆形，稀长圆形，花序下部的苞片近披针形，微具柔毛；花萼绿带紫红晕或紫红色，无毛，萼筒钟形，萼片倒卵状匙形或近圆形，边缘具睫毛，直立；花瓣近匙形或扇形，边缘微有睫毛，红或绿带浅紫红色；子房无毛，花柱顶端 2 浅裂。果球形，直径 6~7mm，红色或熟后紫黑色，无毛。花期 4—6 月；果期 7—8 月。

分　　布：河南伏牛山区分布；多见于海拔 1500m 以上的山坡和山沟杂木林中。

果序

枝、叶

东北茶藨子 *Ribes mandshuricum* (Maxim.) Kom. 茶藨子属 *Ribes* Linn.

形态特征： 落叶灌木。小枝具柔毛或近无毛，无刺。叶长宽均5~10cm。基部心形，幼时两面被灰白色平贴柔毛，背面甚密，老时毛稀疏，掌状3（5）裂，裂片卵状三角形，具不整齐粗锐齿或重锯齿；叶柄长4~7cm，具柔毛。花两性，直径3~5mm；总状花序长7~16（~20）cm，初直立后下垂，具40~50花；花序轴和花梗密被柔毛。花梗长1~3mm；苞片卵圆形；花萼浅绿或带黄色，无毛或近无毛，萼片倒卵状舌形或近舌形，长2~3mm，边缘无睫毛，反折；花瓣近匙形，浅黄绿色，下面有5个分离的突出体；子房无毛，花柱顶端2裂，有时分裂近中部。果球形，直径7~9mm，红色，无毛，味酸可食。花期4—6月；果期7—8月。

分　　布： 河南太行山和伏牛山区均有分布；多见于海拔1000m以上的山坡或山谷林下。

功用价值： 果实可制作饮料及酿酒。

果实　　果序　　枝、叶、花序　　枝、叶

尖叶茶藨子 *Ribes maximowiczianum* Komarov 茶藨子属 *Ribes* Linn.

形态特征： 落叶灌木。小枝无毛，无刺。叶宽卵圆形或近圆形，长2.5~5cm，基部宽楔形或圆，稀平截，正面散生粗伏柔毛，背面常沿叶脉具粗伏柔毛，掌状3裂，顶生裂片先端渐尖，具粗钝齿；叶柄长0.5~1cm，无毛或具疏腺毛。花单性，雌雄异株；短总状花序；雄花序长2~4cm，具10余花；雌花序较短，具花10朵以下；花序轴和花梗疏生腺毛，无柔毛。花梗长1~3mm；苞片椭圆状披针形，无毛或边缘具腺毛；花萼黄褐色，无毛，萼筒碟形，萼片长卵圆形，直立；花瓣倒卵圆形；雌花的退化雄蕊棒状；花柱顶端2裂；雄花的子房不发育。果近球形，直径6~8mm，红色，无毛。花期5—6月；果期8—9月。

分　　布： 河南伏牛山区分布；多见于海拔1000m以上的山坡、山谷林下及灌丛中。

功用价值： 果实可制作饮料及酿酒。

枝、叶、果序　　枝、叶　　雄花序

▶ 景天科 Crassulaceae ‖‖‖‖‖‖‖‖‖‖‖‖‖‖‖‖‖‖‖‖‖‖‖‖‖‖‖

云南红景天 *Rhodiola yunnanensis* (Franch.) S. H. Fu　　红景天属 *Rhodiola* Linn.

形态特征： 多年生草本。根颈粗，长，直径可达2cm，不分枝或少分枝，先端被卵状三角形鳞片。花茎单生或少数着生，无毛，高可达100cm，直立，圆。3叶轮生，稀对生，卵状披针形、椭圆形、卵状长圆形至宽卵形，长4~7cm，宽2~4cm，先端钝，基部圆楔形，边缘多少有疏锯齿，稀近全缘，背面苍白绿色，无柄。聚伞圆锥花序，长5~15cm，宽2.5~8cm，多次三叉分枝；雌雄异株，稀两性花；雄花小，多，萼片4；花瓣4，黄绿色，匙形；雄蕊8，较花瓣短；心皮4，小；雌花萼片、花瓣各4，绿色或紫色，线形，长1.2mm，鳞片4，近半圆形；心皮4，卵形，叉开，长1.5mm，基部合生。蓇葖果星芒状排列，长3~3.2mm，基部1mm合生，喙长1mm。花期5—7月；果期7—8月。

分　　布： 河南伏牛山南部均有分布；多见于海拔1000m以上山地阴湿的岩石上或杂木林中。

功用价值： 根及全草可入药。

保护类别： 无危物种（LC）；中国特有种子植物；国家二级重点保护野生植物。

果实　　花序　　茎、叶、花序　　茎、叶

轮叶八宝 *Hylotelephium verticillatum* (L.) H. Ohba　　八宝属 *Hylotelephium* H. Ohba

形态特征： 多年生草本，高30~100cm，全株无毛。茎直立，淡绿色，不分枝。叶3~5个轮生，有时有互生，无柄或几无柄，卵形、宽披针形或长圆形，长3~8cm，宽2.5~3.5cm，先端钝尖，基部宽楔形或近圆形，边缘有浅牙齿。聚伞状伞房花序顶生，花多数，密集，直径2.5~6cm；花梗长2~3mm；萼片5个，三角状卵形，长约1mm，先端尖；花瓣5个，黄白色、淡绿色至白色，长圆状披针形，长4~5mm，先端急尖，基部离生；雄蕊10个，2轮，外轮的较花瓣长，内轮的生于距花瓣基部1mm处；鳞片线状楔形，长约1mm，先端微凹；心皮5个，倒卵形，长约5mm。蓇葖果；种子长圆形，长约0.7mm，淡褐色。花期6—7月，果熟期7—8月。

分　　布： 河南各山区均有分布；多见于山坡草丛或山谷杂木林下。

功用价值： 全草可入药。

植株　　茎、叶

果期

费菜 Phedimus aizoon (Linnaeus)'t Hart　　费菜属 Phedinus Raf.

形态特征： 多年生草本，全体无毛，高20~50cm。根近木质，块状。茎直立，不分枝，粗壮，基部常紫褐色。叶互生，披针形或倒披针形，长2.5~5cm，宽1~2cm，先端钝尖，基部楔形，边缘有不整齐锯齿，几无柄。聚伞花序，分枝平展；花密生；萼片5个，绿色，线形至狭卵状线形，不等长，长3~5mm；花瓣5个，黄色，椭圆状披针形，长4~10mm，先端具突长尖；雄蕊10个，较花瓣短，2轮，内轮的生于距花瓣基部1.2mm处；鳞片横长方形或半圆形，心皮5个，腹面有囊状突起。蓇葖果呈星芒状排列；种子8~10枚，长圆形，长约0.3mm，光亮，有狭翅。花期6—7月；果熟期8—9月。

分　　布： 河南各山区均有分布；多见于山坡灌丛中及山谷杂木林下阴湿处。

功用价值： 根含鞣质，可提制栲胶；根及全草可入药。

植株　　花序　　茎、叶

堪察加费菜 Phedimus kamtschaticus (Fischer et C. A. Meyer)'t Hart　　费菜属 Phedinus Raf.

形态特征： 多年生草本，高15~40cm。根状茎粗而木质，上部分枝。叶互生，倒披针形至狭匙形，长2.5~3cm，宽5~12mm，先端钝，基部渐狭，上部边缘有钝锯齿，几无柄。聚伞花序顶生；萼片5个，披针形，长3~4mm；花瓣5个，橙黄色，长约8mm；雄蕊10个，长与花瓣近等长；鳞片小，横长方形；心皮5个，较雄蕊稍长，直立，果时开展。蓇葖果星芒状；种子倒卵形，褐色。花期6—7月；果熟期8—9月。

分　　布： 河南太行山和伏牛山北部均有分布；多见于海拔300m以上的山沟阴湿地方。

功用价值： 全草可入药。

植株　　叶、果　　花序

离瓣景天 *Sedum barbeyi* Raymond-Hamet　　景天属 *Sedum* Linn.

形态特征： 多年生草本，丛生。匍匐茎有纤维状根。不育茎直立，高1~3.5cm；花茎直立，高3~6cm。叶卵状披针形，先端渐尖，全缘，基部有钝距，茎上部的黄绿色，下部的苍白色，宿存。花序伞房状，有花3~5，密集；苞片叶形。花为不等的五基数，有短梗；萼片宽披针形，先端渐尖，基部无距，黄绿色；花瓣黄色，披针形，基部几离生，先端有突尖头；雄蕊10，2轮，外轮的长4.5~5mm，内轮的生于距花瓣基部1.5~2mm处，长3~3.5mm；鳞片近匙形，长约0.4mm，先端微凹；心皮披针形或线状披针形，基部合生1.3~1.5mm，先端狭为长2mm的花柱，有胚珠6~8。种子狭长圆形，长约1mm，有翅，具小乳头状突起。花期8月；果期9—10月。

分　　布： 河南伏牛山区分布；多见于阴坡林隙岩石上的腐殖土中，常与藓类植物伴生。

功用价值： 全草可入药。

保护类别： 中国特有种子植物。

植株　　花期　　花　　茎、叶、花序

小山飘风 *Sedum filipes* Hemsl.　　景天属 *Sedum* Linn.

形态特征： 一年生或二年生草本，高20~30cm，全株无毛。茎常分枝，直立或斜上。叶对生或3~4个轮生，宽卵形、卵圆形至圆形，长2~3cm，宽1.2~2cm，先端圆，基部急狭，全缘，有柄，伞房状花序宽5~10cm；花梗长4~7mm；萼片5个，披针状三角形，长1~1.2mm；花瓣5个，紫色，卵状长方形，长3~4mm，基部连合，先端钝；雄蕊10个，2轮，内轮的着生于花瓣的基部；鳞片匙形，长约3mm，先端微凹；心皮5个，近直立，长3mm，基部连合。蓇葖果种子多数；种子倒卵形，长约1mm，平滑。花期7—9月，果熟期9—10月。

分　　布： 河南伏牛山及大别山区均有分布；多见于山地阴湿谷崖上或山沟林下。

功用价值： 全草可入药。

叶　　植株　　花序

佛甲草 *Sedum lineare* Thunb. 景天属 *Sedum* Linn.

形态特征： 多年生草本，无毛。茎高10~20cm。3叶轮生，少有4叶轮或对生的，叶线形，长20~25mm，宽约2mm，先端钝尖，基部无柄，有短距。花序聚伞状，顶生，疏生花，宽4~8cm，中央有一朵有短梗的花，另有2~3分枝，分枝常再2分枝，着生花无梗；萼片5，线状披针形，长1.5~7mm，不等长，不具距，有时有短距，先端钝；花瓣5，黄色，披针形，长4~6mm，先端急尖，基部稍狭；雄蕊10，较花瓣短；鳞片5，宽楔形至近四方形，长0.5mm，宽0.5~0.6mm。蓇葖果略叉开，长4~5mm，花柱短；种子小。花期4—5月；果期6—7月。

分　　布： 河南伏牛山、大别山和桐柏山区均有分布；多见于低山阴湿处或石缝中。

功用价值： 全草可入药。

植株
生境

茎、叶

花序

垂盆草 *Sedum sarmentosum* Bunge 景天属 *Sedum* Linn.

形态特征： 多年生草本，全株无毛。不育茎匍匐，长达30cm，节上生纤维状根。叶3个轮生，倒披针形至长圆形，长15~25mm，宽3~5mm，先端急尖，基部狭而有距，全缘，无柄。花序聚伞状，有3~5分枝；花少数，无梗；萼片5个，披针形至长圆形，长3.5~5mm，宽1~1.5mm，先端微尖，基部无距；花瓣5个，黄色，披针形至长圆形，长5~8mm，宽1.2~1.7mm，先端有短尖；雄蕊10，2轮，较花瓣短；鳞片小，楔状四方形，长约0.6mm，先端截形；心皮5个，长圆形，长5~6mm，基部连合。蓇葖果叉开；种子卵圆形，头状突起。花期6—7月，果熟期7—8月。

分　　布： 河南各山区均有分布；多见于低山阴湿的岩石上。

功用价值： 全草可入药。

茎、叶

植株

花序

果实

大苞景天 *Sedum oligospermum* Maire　　　景天属 *Sedum* Linn.

形态特征： 一年生草本，高30~50cm。茎肉质，粗壮，带红紫色，光亮，而呈透明状。叶互生，最上部的3个轮生，下部叶常脱落，菱状椭圆形，先端钝，基部渐狭成一假叶柄，全缘。花序聚伞状，3歧，下部常聚生数个叶状苞片，每分枝有1~4花，无梗；萼片5个；花瓣5个，绿黄色，长圆形；雄蕊5或10个，2轮，较花瓣稍短，内轮的着生于花瓣近基部；鳞片5个，线状匙形至长圆状匙形，长不及1mm；心皮5个，稍叉开，长约5mm，基部连合，心皮5个，稍叉开，长约5mm，基部联合，胚珠1~2枚。蓇葖果上部略叉开，种子1~2枚，纺锤形，具乳头状突起。花期8—9月；果熟期9—10月。

分　　布： 河南伏牛山和太行山区均有分布；多见于海拔1000m以上的山谷林下阴湿岩石上或沟边。

功用价值： 全草可入药；嫩苗可作蔬食。

植株　　花期　　花序　　花

繁缕景天 *Sedum stellariifolium* Franch.　　　景天属 *Sedum* Linn.

形态特征： 一年生或二年生草本，高10~20cm。茎直立或铺散，较细，多分枝，全株有腺毛。叶互生，倒卵状菱形，长7~30mm，宽5~10mm，先端钝或急尖，基部宽楔形，全缘；叶柄长5~6mm。顶生聚伞状伞房花序；花梗长5~10mm；萼片5个，卵状披针形至长圆形，长1~2mm；花瓣5个，黄色，披针状长圆形，长3~5mm；雄蕊10个，较花瓣短；鳞片宽匙形至楔形，先端深凹或浅裂；心皮5个，长圆形，近直立或略外弯，有10枚以上胚珠。蓇葖果上部略叉开；种子长圆形，长约5mm，淡褐色，有纵纹。花期7—9月；果熟期8—10月。

分　　布： 河南各山区均有分布；多见于阴湿石缝及山谷林下。

功用价值： 全草可入药。

生境　　花　　花侧面　　植株

瓦松 *Orostachys fimbriata* (Turcz.) A. Berger　　　　**瓦松属** *Orostachys* (DC.) Fisch.

形态特征： 多年生草本，高10~40cm。茎直立，单生。基生叶莲座状，匙状线形，长3~4cm，茎生叶散生，线形至倒披针形，长达5cm，与莲座叶先端均有一半圆形软骨质的附属物，其边缘流苏状，中央有一长刺，干后有暗赤色圆点。穗状花序，有时下部分枝，呈塔形；花梗长达1cm；萼片5个，卵形，长2~3mm，绿色；花瓣5个，披针形至长圆形，长5~6mm，淡红色；雄蕊10个，与花瓣等长或稍短，花药紫色；心皮5个。蓇葖果长圆形，长约5mm。花期7—10月；果实8月渐次成熟。

分　　布： 河南各山区及平原均有分布；多见于山坡岩石上及屋顶瓦缝中。

功用价值： 全草可入药，但有大毒，应慎用；可作农药；可制成叶蛋白供食用；能提取草酸，供工业用。

莲座状叶　　植株　　花序　　花

▶ 虎耳草科 Saxifragaceae ||||||||||||||||||||||||||||||||||||||||||||||||||||||||

扯根菜 *Penthorum chinense* Pursh　　　　**扯根菜属** *Penthorum* Gronov. ex Linn.

形态特征： 多年生草本，高30~80cm，全株无毛。根和茎均为紫红色。叶披针形，长4~11cm，宽6~12cm，先端长渐尖或渐尖，基部楔形，边缘有细锯齿，两面无毛，叶脉不明显。顶生聚伞花序具2~4分歧；苞片小，卵形或钻形；花梗长0.5~2mm；花萼黄绿形，宽钟形，长约2mm，5深裂，裂片三角形，先端微尖或微钝；无花瓣或有线形的花瓣；雄蕊10个，稍伸出花萼之外，花药淡黄色，椭圆形，长约0.8mm；心皮5个，中部以下合生，子房5室，胚珠多数，花柱5个，柱头扁球形。蒴果红紫色，直径达6mm。花期7—10月。

分　　布： 河南各地均有分布；多见于山沟溪旁、渠边等潮湿地方。

功用价值： 全草可药用；嫩苗可作野菜。

植株　　花序　　花果期　　茎、叶

黄水枝 *Tiarella polyphylla* D. Don ┃ 黄水枝属 *Tiarella* Linn.

形态特征： 多年生草本，高22~44cm。根状茎横走，黄褐色，具鳞片。茎有纵沟，绿色，被白色柔毛。基生叶心脏形至卵圆形，为不明显的3~5裂，长约8cm，宽约7.5cm，先端钝，具不整齐的钝锯齿，齿端有刺，边缘有腺毛，基部心脏形，正面绿色，有白色腺毛；叶柄细，长5~15cm，疏生长刚毛及短腺毛；茎生叶互生，2~3个，叶较小而柄短。总状花序顶生，直立，长达17cm，密生短腺毛；苞片小，钻形；花小，白色，每节2~4朵；萼5裂，三角形；花瓣小，线形；雄蕊10，较花冠长；雌蕊1，子房1室。蒴果有2角。种子数枚。花期6—7月；果熟期7—9月。

分　　布： 河南伏牛山、大别山及桐柏山区均有分布；多见于林下潮湿处。

功用价值： 全草可药用。

花果序

植株

突隔梅花草 *Parnassia delavayi* Franch. ┃ 梅花草属 *Parnassia* Linn.

形态特征： 多年生草本，高10~45cm。根状茎球形，呈块状，被褐色膜质鳞片，常附有带锈色鳞片的幼芽。基生叶丛生，肾形或心脏形，长1.5~3cm，宽2~4cm，先端钝圆或偶有微突尖，基部心脏形，全缘，具弧形脉5~7条；茎生叶1个，圆形，基部心脏形，无柄，抱茎，花白色，单生茎端，萼片5个，卵形或宽倒卵形，先端钝；花瓣5个，匙形、倒卵形、倒披针形，长达2.5cm，全缘，有时下部或基部稀疏睫毛状细裂；雄蕊5个，与花瓣互生，药隔褐色，呈钻状突出花药之上；退化雄蕊略呈扇形，中部以上3深裂，中裂片狭，侧裂片宽，子房上位，心皮3个，合生，花柱长于子房，柱头3裂。蒴果椭圆形；种子长圆形，长约1mm，褐色，有细网纹。花期7—8月；果熟期9—10月。

分　　布： 河南太行山及伏牛山区均有分布；多见于海拔1000m以上的山坡路旁、林缘、林下或草地。

功用价值： 全草可入药。

植株

叶、花

球茎虎耳草 Saxifraga sibirica Linn. 　　虎耳草属 Saxifraga Tourn. ex Linn.

形态特征： 多年生草本，高达25cm；具鳞茎。茎密被腺柔毛。基生叶肾形，长0.7~1.8cm，7~9浅裂，裂片卵形、宽卵形或扁圆形，两面和边缘具腺柔毛，叶柄长1.2~4.5cm，被腺柔毛；茎生叶肾形、宽卵形或扁圆形，长0.45~1.5cm，基部肾形、截形或楔形，5~9浅裂，两面和边缘具腺毛，叶柄长1~9mm。聚伞花序伞房状，长2.3~17cm，具2~13花，稀花单生。花梗纤细，长1.5~4cm，被腺柔毛；萼片直立，披针形或长圆形，长3~4mm，内面无毛，外面和边缘具腺柔毛，3~5脉先端不汇合、半汇合至汇合；花瓣白色，倒卵形或窄倒卵形，长0.6~1.5cm，基部渐窄成爪，3~8脉，无痂体；雄蕊长2.5~5.5mm，花丝钻形。花果期5—11月。

分　　布： 河南太行山区分布；多见于林下、灌丛、高山草甸或石隙。

功用价值： 全草可入药，也可作绿地观赏植物，或作盆景栽培。

基生叶

植株

花

花序

虎耳草 Saxifraga stolonifera Curt. 　　虎耳草属 Saxifraga Tourn. ex Linn.

形态特征： 多年生草本，高14~45cm。根纤细，呈纤维状。匍匐茎细长，线状，赤紫色，有时具叶或生不定根。叶通常数个基生或茎下部具1~2个，圆形或肾形，肉质，基部心脏形或平截，边缘有浅裂及不规则的钝锯齿，表面绿色，常具白色斑纹，背面紫红色，两面均有长伏毛；叶柄密被褐色柔毛。花茎直立，有分枝，呈圆锥花序，疏松，具腺毛及茸毛；苞片披针形，具柔毛；萼片5个，卵形，先端钝尖，向外伸展，背面及边缘密生柔毛；花瓣5个，白色或微粉红色，下面2个特长，披针状椭圆形，上面3个较小，卵形基部有黄色斑点；雄蕊10个，花丝棒状，较萼片长1倍，花药紫红色；心皮2个，合生。蒴果卵圆形，顶端2深裂，呈嘴状；种子卵形，具瘤状突起。花期5~8月；果熟期7—10月。

分　　布： 河南伏牛山、大别山和桐柏山区均有分布；多见于山谷或山坡阴湿地方。

功用价值： 全草可入药，也可作绿地观赏植物，或作盆景栽培。

叶

植株

花

叶背面

柔毛金腰 *Chrysosplenium pilosum* var. *valdepilosum* Ohwi　　　　**金腰属** *Chrysosplenium* Tourn. ex Linn.

形态特征： 多年生草本，高达14.5cm。不育枝密被褐色柔毛，叶对生，具褐色斑点，近扇形，具不明显7~9圆齿，基部宽楔形，正面疏生柔毛，两面和边缘具柔毛，叶柄长0.4~1cm，顶生者宽卵形，具不明显7~11圆齿，两面和边缘具柔毛。花茎疏生柔毛。茎生叶对生，扇形，具7~9钝齿，正面无毛，背面和边缘具柔毛，叶柄长0.2~1.4cm。聚伞花序长1.2~3cm；花序分枝被柔毛；苞叶偏斜状卵形、倒卵形、倒宽卵形、椭圆形或扇形，长0.4~1.5cm，具3~7钝齿，正面无毛，背面和边缘具柔毛，柄长1.5~5mm。萼片直立，扁圆形、宽卵形或近圆形，长1~2mm，先端钝圆或微凹；子房半下位；花盘不明显8浅裂。蒴果长2.2~5mm，2果瓣不等大。种子宽椭圆形，长0.5~0.7mm，具纵肋16~17，肋上具乳突，纵沟较浅。花果期4—7月。

分　布： 河南伏牛山、大别山和大别山区均有分布；多见于海拔1000m以上的山坡林下阴湿处。

功用价值： 全草可入药。

不育枝、叶　　不育枝、叶背面　　植株　　花序

中华金腰 *Chrysosplenium sinicum* Maxim.　　　　**金腰属** *Chrysosplenium* Tourn. ex Linn.

形态特征： 多年生草本，高5~14cm。全株无毛，有不育枝。基生叶和根状茎在花期多已枯萎。茎生叶对生，常1~3对，卵圆形或宽卵形，长7~12mm，宽6~10mm，先端钝圆；基部楔形，每边有4~6个小钝齿；叶柄与叶片略等长。聚伞花序稍紧密；苞叶叶状；花钟状，黄绿色；萼片直立，卵形至扁圆形，长1~1.5mm，宽1~2mm，雄蕊8个，较萼片短，花丝基部宽展，花药黄色；花柱2个；花盘显著，蒴果2瓣裂；种子宽椭圆形，红褐色，有微小乳头状突起。花期5—7月；果熟期8—9月。

分　布： 河南伏牛山和大别山区均有分布；多见于海拔1000m以上的山坡或山谷林下潮湿处。

功用价值： 全草可入药。

花序　　花期　　茎、茎生叶、花序　　基生叶

独根草 Oresitrophe rupifraga Bunge　　独根草属 Oresitrophe Bunge

形态特征：多年生草本，高12~28cm。根状茎粗壮，具芽，芽鳞棕褐色。叶均基生，2~3个；叶片心形至卵形，先端短渐尖，边缘具不规则齿牙，基部心形，腹面近无毛，背面和边缘具腺毛，叶柄长11.5~13.5cm，被腺毛。花莛不分枝，密被腺毛。多歧聚伞花序长5~16cm；多花；无苞片；花梗长0.3~1cm，与花序梗均密被腺毛，有时毛极疏；萼片5~7，不等大，卵形至狭卵形，长2~4.2mm，宽0.5~2mm，先端急尖或短渐尖，全缘，具多脉，无毛；雄蕊10~13，长3.1~3.3mm；心皮2，长约4mm，基部合生；子房近上位，花柱长约2mm。花果期5—9月。

分　　布：河南太行山和伏牛山区均有分布；多见于山谷、悬崖之阴湿石隙。

功用价值：可作观赏植物。

保护类别：中国特有种子植物；河南省重点保护野生植物。

植株　　雌蕊、雄蕊　　花序　　花

七叶鬼灯檠 Rodgersia aesculifolia Batalin　　鬼灯檠属 Rodgersia Gray

形态特征：多年生草本，高60~120cm。根状茎粗壮，横走，直径达5cm。茎不分枝，无毛。基生叶1个，茎生叶1~2个，均为掌状复叶；小叶3~7个，狭倒卵形或倒披针形，先端短渐尖或突尖，基部楔形，边缘有不整齐重锯齿，表面无毛，背面中脉隆起，沿脉有短柔毛；基生叶柄长达40cm，茎生叶柄短。聚伞状圆锥花序顶生，长18~38cm，密被褐色柔毛，花多数，密集；花梗极短，被柔毛；萼片白色或淡黄色，三角状卵形，长约2mm；花丝长约3mm，针形，基部扁平，子房半下位，2室，心皮基部合生，中轴胎座，花柱2个，分离。蒴果卵形，具2喙；种子多数，褐色。花期6—7月；果熟期9—10月。

分　　布：河南伏牛山区分布；多见于海拔1000m以上的山坡及山谷林下阴湿处。

功用价值：鲜根含淀粉、糖类，供酿酒、制醋和酱油，也可代替粮食制糕点和糊料；叶与根状茎含鞣质，也可提制栲胶；根状茎可入药。

植株　　花序　　花　　叶

落新妇 Astilbe chinensis (Maxim.) Franch. et Savat.　落新妇属 Astilbe Buch.-Ham. ex D. Don

形态特征： 多年生草本，高40~80cm。有粗根状茎。基生叶为二至三回三出复叶；小叶卵形、菱状卵形或长卵形，长1.8~8cm，宽1.1~4cm，先端渐尖，基部圆形或宽楔形，两面沿脉疏生硬毛，边缘有重锯齿；托叶膜质；褐色；茎生叶2~3个，较小。顶生圆锥花序，长达30cm，较狭，密生褐色曲柔毛，分枝长达4cm；苞片卵形，较萼稍短；花密集，几无梗；萼长达1.5mm，5深裂；花瓣5个，紫红色，狭线形，长约5mm，宽约0.4mm；雄蕊10个，长约3mm；心皮2个，离生。蒴果长3~4mm；种子细纺锤形，褐色，长约2mm，两端尖。花期6—7月；果熟期8—9月。

分　布： 河南各山区均有分布；多见于山谷溪旁或林缘。

功用价值： 根状茎及叶可入药。根状茎、茎及叶含鞣质10.42%，可提制栲胶。

植株（果期）　花序　植株（花期）

花　叶

挂苦绣球（黄脉绣球）Hydrangea xanthoneura Diels　绣球属 Hydrangea Linn.

形态特征： 落叶灌木，1~3m，少数达5m；小枝粗壮，有狭椭圆形皮孔，幼枝有微柔毛。叶对生，椭圆形至矩圆状椭圆形，长10~18cm，宽5~8cm，基部楔形或近截形，边缘有锯齿，正面近无毛，背面脉上有短柔毛，脉腋间有束毛，叶柄近无毛，长2~3.5cm。伞房状聚伞花序顶生，宽10~15cm，花序轴与花梗有毛；花二型；放射花具4个萼瓣，萼瓣宽椭圆形，全缘，长1~1.7cm；孕性花小，萼筒有疏毛，裂片4~5，三角形；花瓣与裂片同数，离生；雄蕊10，花柱3（~4），子房大半部下位。蒴果近卵形，长约3mm，约一半突出于萼管之上，顶端孔裂；种子两端有翅。花期6—7月；果熟期8—9月。

分　布： 河南太行山、伏牛山区均有分布；多见于海拔1000m以上山谷、溪边林下及疏林中。

功用价值： 可作观赏植物；树枝可药用。

果序　不育花　可育花

枝、叶　植株　花序

莼兰绣球 Hydrangea longipes Franch.

绣球属 Hydrangea Linn.

形态特征： 直立灌木，高0.5~2m。枝细长，圆柱形，黄褐色，幼时疏生平贴硬毛。叶膜质或薄纸质，宽卵形至长卵圆形，先端急尖或短渐尖，基部圆形或心脏形，边缘有不规则的锐尖锯齿，两面粗糙，被贴生硬毛，背面脉上尤密，侧脉5~7对，显著，叶柄细长。伞房状聚伞花序，顶生，较稠密，密生硬毛；不育花直径2~4cm，有4个大形萼片，宽倒卵形或近圆形，全缘，无毛，能育花小，白色；萼筒半球形，萼裂片小，三角形；花瓣结成冠盖花冠，整个脱落；雄蕊10个，花丝长；子房下位，花柱2个，短棒状，无毛，顶端微向下弯拱。蒴果近球形，具有纵肋10条；种子近长圆形，长0.6mm，褐色，具显著纵肋12~14条。花期6—7月；果熟期8—9月。

分　　布： 河南伏牛山区分布；多见于海拔1000m以上山谷溪旁或杂木林中。

功用价值： 嫩叶可作野菜。

保护类别： 中国特有种子植物。

花序　不育花　植株　花　果期　可育花

粗枝绣球 Hydrangea robusta Hook. f. et Thomson

绣球属 Hydrangea Linn.

形态特征： 直立灌木，高0.5~3m。小枝稍4棱，淡绿色，或多或少有伏生粗毛或混生白色或褐色柔毛，后变无毛。叶宽卵形，先端急尖，基部近圆形或截形，稀宽楔形，边缘有不规则的细锯齿，齿先端具突尖头，表面深绿色，伏生稀毛，背面灰绿色，粗糙，伏生密粗毛，沿脉较密，网脉显著；叶柄长4~15cm，较粗壮。伞房状聚伞花序顶生；不育花萼片4个，白色，宽倒卵形或宽椭圆状圆形，近全缘或有浅齿；能育花直径达4mm；萼筒长约0.75mm，基部有粗毛，萼齿三角形，花瓣卵状椭圆形，长2.5mm，有时微带淡紫色，易脱落；雄蕊10个；子房下位，花柱2个。蒴果半球形，常被粗毛；种子卵形或椭圆形，长0.4mm，褐色，有纵肋18~20条。花期6—7月；果熟期7—8月。

分　　布： 河南伏牛山区分布；多见于山谷溪旁或林下阴湿地方。

功用价值： 叶可入药；茎含鞣质，可提制栲胶。

可育花　花序　植株　果序　茎、叶、花序　不育花

钩齿溲疏 *Deutzia baroniana* Diels

溲疏属 *Deutzia* Thunb.

形态特征：灌木，高0.3~1m，老枝灰褐色，无毛；花枝长1~4cm，具2~4叶，具棱，浅褐色，被星状毛。叶纸质，卵状菱形或卵状椭圆形，边缘具不整齐或大小相间锯齿，正面疏被4~5辐线星状毛，有时具中央长辐线，背面疏被5~6（~7）辐线星状毛，叶脉上具中央长辐线，侧脉每边4~5条；叶柄长3~5mm，疏被星状毛。聚伞花序长和宽均1~1.5cm，具2~3花或花单生；花蕾长圆形；花冠直径1.5~2.5cm；花梗长3~12mm；萼筒杯状，高约2mm，直径约4mm，密被4~6辐线星状毛，具中央长辐线，裂片线状披针形，疏被毛或无毛；花瓣白色，倒卵状长圆形或倒卵状披针形，先端圆形，下部收狭，外面被星状毛，花蕾时内向镊合状排列；花柱3或4，长可达1.2cm。蒴果半球形，密被星状毛，具宿存的萼裂片外弯。花期4—5月；果期9—10月。

分　　布：河南太行山、大别山及桐柏山区均有分布；多见于山坡灌丛中。

功用价值：可作庭院观赏植物；花枝可供瓶插观赏。

保护类别：中国特有种子植物。

大花溲疏 *Deutzia grandiflora* Bunge

溲疏属 *Deutzia* Thunb.

形态特征：灌木，高1~2m。小枝有星状柔毛。叶有短柄，卵形，长2~5cm，宽1~2.3cm，先端尖或短渐尖，基部圆形，边缘具小锯齿，表面散生具3~6辐射枝星状毛，背面密被6~12辐射枝白色星状柔毛。聚伞花序有1~3花，生侧枝顶端；萼筒密生星状毛，裂片5个，披针形，长约5mm；花白色，直径2.5~3cm，花瓣5个，长圆形或狭倒卵形，长1~1.5cm；雄蕊10个，花丝上部具2个长齿；子房下位，花柱3个。蒴果半球形，直径4~5mm，具宿存花柱。花期4—5月；果熟期7—8月。

分　　布：河南太行山、伏牛山、大别山和桐柏山区均有分布；多见于山坡灌丛中。

功用价值：可作庭院观赏植物。

保护类别：中国特有种子植物。

异色溲疏 *Deutzia discolor* Hemsl.　　　　　**溲疏属** *Deutzia* Thunb.

形态特征： 灌木，高达3m。花枝长5~15cm。叶纸质，椭圆状披针形或长圆状披针形，长5~10cm，宽2~3cm，先端尖，基部楔形或宽楔形，具细锯，正面被4~6辐线星状毛，背面密被10~12（~13）辐线星状毛，灰绿色，两面星状毛均具中央长辐线；叶柄长3~6mm。聚伞花序长6~10cm，有12~20花。花蕾长圆形；花冠径1.5~2cm；花梗长1~1.5cm；萼筒杯状，长3~3.5mm，直径3.5~4mm，密被毛，裂片长圆状披针形，与萼筒近等长；花瓣白色，椭圆形，长1~1.2cm，镊合状排列；外轮雄蕊5.5~7mm，花丝具2齿，齿长不达花药；花药具长柄，内轮的长3.5~5mm，形状同外轮。蒴果半球形，直径4.5~6mm，宿萼裂片外反。花期6—7月；果期8—10月。

分　　布： 河南伏牛山区分布，多见于海拔1000m以上的山坡或山谷灌丛及疏林中。

功用价值： 可作庭院观赏植物；花枝可供瓶插观赏。

保护类别： 中国特有种子植物。

叶　　枝、叶背面　　植株　　花序　　花期　　果实　　花柱（3~4个）　　花柱

光萼溲疏 *Deutzia glabrata* Kom.　　　　　**溲疏属** *Deutzia* Thunb.

形态特征： 灌木，高约3m；植株芽鳞和叶正面疏被3~4（~5）辐线星状毛，余无毛。叶薄纸质，卵形或卵状披针形，长5~10cm，宽2~4cm，先端渐尖，基部宽楔形或近圆，具细锯齿；叶柄长2~4mm或花枝叶近无柄。伞房花序径3~8cm，有5~20（~30）花。花蕾球形，花冠径1~1.2cm；花梗长1~1.5mm；萼筒杯状，长约2.5mm，直径约3mm，裂片卵状三角形，长约1mm；花瓣白色，圆形或宽倒卵形，长约6mm，覆瓦状排列；雄蕊长4~5mm，花丝钻形。蒴果球形，直径4~5mm。花期6—7月；果期8—9月。

分　　布： 河南伏牛山和太行山区均有分布；多见于山地石隙间或山坡林下。

功用价值： 可作庭院观赏植物；花枝可供瓶插观赏。

果序　　枝、叶背面　　花序　　植株　　花　　花梗、花萼（无毛）　　枝、叶、花序

黄山溲疏 Deutzia glauca Cheng 　　　溲疏属 Deutzia Thunb.

形态特征： 灌木，高达2m。花枝无毛，长8~20cm。叶纸质，卵状长圆形或卵状椭圆形，先端尖或渐尖，基部楔形或圆，具细锯齿，正面被4~5辐线星状毛，背面无毛或极稀疏8~16辐线星状毛；叶柄长5~9mm。圆锥花序，具多花。花蕾长圆形；花冠径1~1.4cm；花梗长2~5mm；萼筒杯状，长约3mm，裂片宽三角形，与萼筒均被12~19辐线星状毛；花瓣白色，长圆形或窄椭圆状菱形，长1~1.5cm，内向镊合状排列；雄蕊内外轮形状相同，外轮长8mm，内轮长约5mm，花丝具2钝齿，齿端不明显2裂，长不达花药，花药长圆形，具短柄，从花丝裂齿间伸出。蒴果半球形，高约4mm，直径约7mm。花期5—6月；果期8—9月。

分　　布： 河南伏牛山南部、大别山区均有分布；多见于山坡杂木林中。

功用价值： 可作庭院观赏植物。

保护类别： 中国特有种子植物。

枝、叶　花萼　叶背面

枝、叶、花序　　花序　　花

粉背溲疏 Deutzia hypoglauca Rehd. 　　　溲疏属 Deutzia Thunb.

形态特征： 灌木，高1~2m，小枝无毛，老时栗褐色，脱落。叶卵状长圆形至长圆状披针形，长3~7cm，在萌发枝上长达9cm，先端锐尖，基部楔形或圆形，边缘有细锯齿，背面无毛，被白粉；叶柄长2~4mm。伞房花序凸圆形；花梗长5~7mm，光滑或先端具毛；花白色，直径1.5~2cm；萼裂片三角形，先端钝，短于萼筒，疏生星状毛；花瓣5个，倒卵圆形，长6~8mm，先端宽圆；雄蕊10个，外轮5个；花丝具2长齿；花药生于齿间，内轮5枚，花丝先端不裂或微裂，花药生于内侧中部稍上处；花柱3个。蒴果半球形，直径4~5mm，具宿存、反折的萼裂片。花期5—6月，果熟期7—8月。

分　　布： 河南伏牛山南部分布；多见于山坡疏林中。

功用价值： 可作庭院观赏植物；花枝可供瓶插观赏。

枝、叶、花

老枝

叶背面　　花序　　果序　　花

小花溲疏 *Deutzia parviflora* Bunge　　　　溲疏属 *Deutzia* Thunb.

形态特征： 灌木，高达2m。小枝褐色，疏生星状毛，老枝灰褐色至灰色，皮剥落。叶卵形、椭圆形倒卵状椭圆形或卵状披针形，长3~6cm，先端短渐尖，基部圆形或宽楔形，边缘有细锯齿，表面暗绿色，具5~8辐射枝星状毛，背面灰具6~9辐射枝星状毛；叶柄长3~5mm。伞房花序具多花，顶生，直径4~7cm，具星状毛；花白色，直径约1.2cm；萼密被星状毛，裂片5个，三角形，较萼筒稍短或近等长；花瓣5个，圆状倒卵形，长约6mm，两面被6~10辐射枝星状毛；雄蕊花丝外轮较内轮长，披针形，扁平，中部有时宽展，内轮花丝呈带状，均无齿；花柱3个。蒴果直径2~2.5mm；种子纺锤形，褐色，两端微偏斜，具短尖。花期5—6月；果熟期8—9月。

分　　布： 河南大行山和伏牛山区均有分布，多见于海拔1000m以上的山谷林缘或疏林中。

功用价值： 可作庭院观赏植物；花枝可供瓶插观赏。

子房、花柱　　枝、叶　　叶背面　　枝、叶、花序　　花　　植株

碎花溲疏 *Deutzia parviflora* var. *micrantha* (Engler) Rehder　　　　溲疏属 *Deutzia* Thunb.

形态特征： 本变种与原变种（小花溲疏）不同点在于花序多花，花小；花冠直径5~7mm。叶下被6~9（~12）辐线星状毛，仅沿叶脉具中央长辐线；花丝全钻形。花期6月；果期7—9月。

分　　布： 河南伏牛山区及太行山区济源市均有分布；多见于海拔1000m以上的山谷灌丛中。

功用价值： 可作庭院观赏植物；花枝可供瓶插观赏。

果实　　枝、叶、花序　　花　　植株

山梅花 *Philadelphus incanus* Koehne　　山梅花属 *Philadelphus* Linn.

形态特征： 灌木，高1~3.5m。幼枝具毛，后脱落，老枝褐色，片状剥裂。叶卵形或狭卵形，长3~6cm，宽2~3cm，在萌发枝上者有时长达10cm，先端尖或短渐尖，基部宽楔形或近圆形，边缘疏生小锯齿，表面无毛或疏生伏毛，背面密生长柔毛或粗硬毛。总状花序具7~11花；花白色；直径2.5~3cm；花梗长5~10mm，有柔毛；萼密生灰色长柔毛，裂片4个，三角状卵形，长4.5mm，先端锐尖，边缘及内面沿边缘有短柔毛；花瓣4个，倒卵形，长12~16mm，基部有加厚的短爪；雄蕊多数，长达1cm；花柱上部4裂，无毛。蒴果倒卵形，长7~9mm；直径4~7mm；种子扁平，长圆状纺锤形，长2~2.5mm。花期5—6月；果熟期7—8月。

分　　布： 河南伏牛山、桐柏山及大别山区均有分布；多见于海拔800m以上的山坡灌丛或山谷溪旁。

功用价值： 可作庭院观赏植物。

保护类别： 中国特有种子植物。

枝、叶、花序　花萼　花　花序　果实

太平花 *Philadelphus pekinensis* Rupr.　　山梅花属 *Philadelphus* Linn.

形态特征： 灌木，高1~2m。分枝较多；2年生小枝无毛，表皮栗褐色，当年生小枝无毛，表皮黄褐色，不开裂。叶卵形或阔椭圆形，先端长渐尖，基部阔楔形或楔形，边缘具锯齿，稀近全缘，两面无毛，稀仅背面脉腋被白色长柔毛；叶脉离基出3~5条；花枝上叶较小，椭圆形或卵状披针形；叶柄长5~12mm，无毛。总状花序有花5~7（~9）朵；花梗长3~6mm，无毛；花萼黄绿色，外面无毛，裂片卵形，长3~4mm，宽约2.5mm，先端急尖，干后脉纹明显；花冠盘状，直径2~3mm；花瓣白色，倒卵形；雄蕊25~28，最长的达8mm；花盘和花柱无毛；花柱长4~5mm，纤细，先端稍分裂，柱头棒形或槌形，长约1mm，常较花药小。蒴果近球形或倒圆锥形，直径5~7mm，宿存萼裂片近顶生。花期5—7月；果期8—10月。

分　　布： 河南太行山区及伏牛山区均有分布；多见于海拔1000m以上的山坡灌丛中。

功用价值： 可作庭院观赏植物。

枝、叶、果序　花萼　枝、叶、花序　花

蔷薇科 Rosaceae ‖‖‖‖‖‖‖‖‖‖‖‖‖‖‖‖‖‖‖‖‖‖‖‖‖‖‖‖‖‖

华北绣线菊 *Spiraea fritschiana* Schneid.　　绣线菊属 *Spiraea* Linn.

形态特征： 灌木，高1~2m。小枝有角棱，紫褐色或淡褐色，有光泽，无毛。冬芽卵形，长1.5~2mm，具数个鳞片，幼时边缘有短柔毛。叶卵形或椭圆状长圆形，先端急尖或渐尖，基部宽楔形，边缘具不整齐重锯齿或单锯齿，表面绿色，无毛，稀沿叶脉被稀疏柔毛，背面淡绿色，有短柔毛；叶柄长2~8mm。复伞房花序生于当年枝顶，无毛，花白色；萼筒外面无毛，裂片宽三角形，外面无毛，面先端有短柔毛，果时反折；花瓣白色，倒卵形，长2~3mm，在芽中呈粉红色；雄蕊25~30个，比瓣长1.5倍；花盘显著；蓇葖果无毛或仅沿腹缝线有短柔毛；花柱近顶生，斜展。花期5—6月；果熟期8—9月。

分　　布： 河南太行山、伏牛山、大别山和桐柏山区均有分布，多见于山坡、山谷灌丛中或林缘。

功用价值： 可作庭院观赏植物。

枝、叶　　聚合果　　茎、叶、花序　　植株　　花

粉花绣线菊 *Spiraea japonica* L. f.　　绣线菊属 *Spiraea* Linn.

形态特征： 灌木，高达2m。小枝细长，开展，近圆柱形，无毛或幼时有短柔毛，常带褐色。冬芽卵形，长2~3mm，先端尖，被柔毛，具数个鳞片。叶卵形、卵状长圆形至披针形，先端长渐尖，基部楔形，边缘基部以上有缺刻状重锯齿，齿尖细长，表面暗绿色，无毛或幼时有稀疏短柔毛，背面网脉显著，有毛或仅沿叶脉有短柔毛；叶柄长2~7mm。复伞房花序，生于当年生枝顶；花梗长3~6mm，有短柔毛；苞片披针形至线状披针形，有柔毛；花粉红色；萼筒外面与里面有短柔毛，裂片三角形，与萼筒近等长；花瓣近圆形，长约2mm；雄蕊30~40个，长达花瓣的2倍。蓇葖果无毛；花柱顶生。花期6—7月；果熟期8—9月。

分　　布： 河南伏牛山、大别山和桐柏山区均有分布；多见于山坡、山谷溪旁或林缘。

功用价值： 根可入药；可作庭院观赏植物。

枝、叶、花序　　枝、叶　　花

长芽绣线菊 *Spiraea longigemmis* Maxim.　　　　　　　　　绣线菊属 *Spiraea* Linn.

形态特征： 灌木，高达2m。枝细长，开展，具角棱，幼时红褐色，微被柔毛，老时褐色或灰褐。冬芽长卵形，先端渐尖，微扁，较叶柄长或等长，具2个外露鳞片。叶长卵形或卵状披针形至长圆状披针形，先端尖，基部宽楔形至圆形，边缘有缺刻状重锯齿或单锯齿，表面无毛或在幼时被稀疏柔毛，背面无毛或沿叶脉被稀疏柔毛；叶柄长3~6mm，无毛。复伞房花序生于侧枝顶端，直径5~7cm，密生多数花，被稀疏短柔毛或无毛；花梗长4~6mm，苞片线状披针形；花白色，直径约6mm；萼裂片三角形，长约1.5mm，与萼筒近等长，外被短柔毛，先端急尖；花瓣圆形，先端钝圆，长2~2.5mm；雄蕊15~20个，比花瓣长2倍或1/3；花盘具10个裂片。蓇葖果半开展，被稀疏短柔毛，花柱顶生于背部，向外斜展，萼裂片直立或反折。花期5—6月；果熟期8—9月。

分　　布： 河南伏牛山区分布；多见于海拔500m以上的山坡林下或山谷。

保护类别： 中国特有种子植物。

枝、叶
花期

植株

花

翠蓝绣线菊 *Spiraea henryi* Hemsl.　　　　　　　　　绣线菊属 *Spiraea* Linn.

形态特征： 灌木，高1~3m。小枝圆形，开展，幼时被柔毛，后脱落。冬芽卵形，长约2mm，先端急尖，具数个鳞片，被稀疏柔毛。叶倒卵形至长圆形，先端急尖或稍圆钝，基部楔形，边缘在中部以上有3~7（~9）个粗锯齿，表面无毛或疏柔毛，背面被短柔毛，沿叶脉较密，脉显著突起。复伞房花序，生于侧枝顶端，直径4~6cm，被短柔毛，有多数花；花梗长5~8mm；苞片披针形，被稀疏柔毛；萼裂片三角形；花瓣白色，近圆形，长约2.5mm；雄蕊20个，比花瓣稍短；花盘显著，有10个裂片；子房被长柔毛。蓇葖果开展，被长柔毛，花柱顶生，斜展，裂片直立或开展。花期5—6月，果熟期8月。

分　　布： 河南伏牛山和大别山区均有分布；多见于海拔1000m以上的岩石坡上或山谷杂木林中。

功用价值： 可作庭院观赏植物。

保护类别： 中国特有种子植物。

枝、叶、花序

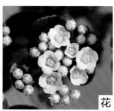
花

叶

枝、叶背面

花期

金丝桃叶绣线菊 *Spiraea hypericifolia* Linn. 绣线菊属 *Spiraea* Linn.

形态特征： 灌木，高达1.5m。枝拱形，小枝灰褐色，无毛或微被短柔毛。叶长圆状倒卵形至倒卵状披针形，长1.5~2cm，宽5~7mm，先端尖或钝，基部楔形，全缘或先端有2~3个钝齿，常两面无毛，稀具短柔毛，基部具不明显三出脉或羽状脉；叶柄短或近无柄。伞形花序无部梗，有花5~11朵，基部有数个簇生小叶；花白色，直径5~7mm；萼筒钟状，外面无毛，裂片5个，三角形；花瓣近圆形或倒卵形；雄蕊20个，与花瓣等长或稍短。蓇葖果直立，无毛，具直立萼片。花期5—6月，果熟期8—9月。

分　　布： 河南太行山和伏牛山区均有分布；多见于向阳山坡灌丛中。

功用价值： 种子含油量高，也可作观赏植物。

枝、叶　　枝、叶背面　　植株　　花　　花序

绢毛绣线菊 *Spiraea sericea* Turcz. 绣线菊属 *Spiraea* Linn.

形态特征： 灌木，高达2m。小枝近圆形，红褐色，被短柔毛，老时灰褐色，枝皮片状剥裂。冬芽小，长卵形，先端长渐尖，有数个褐色鳞片，被短柔毛。叶卵状椭圆形或椭圆形，先端急尖，基部楔形，全缘或不育枝叶先端有2~4齿，表面深绿色，疏生短柔毛，背面密被伏生长绢毛；叶脉羽状，于背面显著突起；叶柄长1~2mm，密生绢毛。伞形花序生侧枝顶端，具15~30花，无毛或具稀疏柔毛；苞片线形，无毛；花白色；萼筒近钟状，外面无毛，里面被短柔毛，萼裂片卵圆状三角形，先端圆钝；花瓣近圆形；雄蕊15~20个，与瓣等长或稍长；花盘具10个显著裂齿。蓇葖果直立或稍开展，被短柔毛，花柱顶生背部，萼片反折。花期4—5月，果熟期6—7月。

分　　布： 河南伏牛山区和太行山区均有分布；多见于山坡灌丛或杂木林中。

叶背面　　叶　　枝、叶、花序　　聚合果　　花　　花序　　枝、叶

土庄绣线菊 *Spiraea pubescens* Turcz.　　　绣线菊属 *Spiraea* Linn.

形态特征： 灌木，高达2m。枝开展、拱曲，幼时黄褐色，微具角棱，被短柔毛，老时黑褐色，无毛。冬芽小，卵形，先端钝尖，具数个鳞片，被短柔毛。叶菱状倒卵形至菱状椭圆形，先端急尖，基部宽楔形，边缘中部以上具缺刻状牙齿，有时3裂，表面暗绿色，被稀疏柔毛，背面淡绿色，被短柔毛，沿脉较密。伞形花序具总梗，生侧枝顶端，具15~23花，总花梗被稀疏柔毛；花白色；萼筒外面无毛，里面被短柔毛，裂片宽卵圆状三角形，先端急尖，外面无毛，里面近无毛；花瓣近圆状倒卵形，长2~3mm，先端圆钝或微凹；雄蕊30~40枚，与瓣近等长或稍长；子房及花柱无毛或子房基部微被短柔毛。蓇葖果开展，无毛，花柱顶生，斜展，萼裂片直立。花期5~6月；果期7~8月。

分　　布： 河南各山区均有分布；多见于海拔800m以上的山坡或灌丛中。

功用价值： 枝叶可药用。

叶　　叶背面　　花期　　枝、叶、花序　　植株　　花序

毛花绣线菊 *Spiraea dasyantha* Bunge　　　绣线菊属 *Spiraea* Linn.

形态特征： 灌木，高1~3m。枝呈"之"字形弯曲，幼时被密茸毛，老时脱落。叶菱状卵形长2~4.5cm，宽1.5~3cm，边缘基部1/3以上具缺刻状锯齿或浅裂，羽状叶脉，表面疏生短柔毛，背面密生灰白色茸毛，叶柄长2~5mm，具茸毛。伞形花序具总梗，密生灰白色茸毛，有10~20花；花梗长6~10mm；花白色，直径3~4mm；萼筒杯状，外面密被白色茸毛，裂片三角形或卵状三角形；花瓣近圆形；雄蕊20~25个，长约为瓣的1/2。蓇葖果开张，被茸毛，萼裂片斜开张。花期5~6月；果熟期8~9月。

分　　布： 河南太行山区、伏牛山区均有分布；多见于向阳山坡和灌丛中。

功用价值： 枝叶可入药。

保护类别： 中国特有种子植物。

叶背面　　花序　　枝、叶　　聚合果　　植株　　花　　花序

中华绣线菊 *Spiraea chinensis* Maxim.　　绣线菊属 *Spiraea* Linn.

形态特征： 灌木，高1.5~3m；小枝幼时被黄色茸毛，或有时无毛。叶片菱状卵形至倒卵形，长2.5~6cm，宽1.5~3cm，边缘具缺刻状锐尖粗锯齿，有时不明显3裂，正面具短柔毛，背面被黄色茸毛；叶柄长4~10mm，被短柔毛。伞形花序具花16~25朵，花梗长5~10mm，具短茸毛；花白色，直径3~4mm；萼裂片卵状披针形；花瓣近圆形；雄蕊20~25个，短于花瓣或与花瓣等长。蓇葖果开张，被短柔毛，具直立稀反折的萼裂片。

分　　布： 河南各山区均有分布；多见于海拔700m以上的山坡灌丛或石缝中。

功用价值： 叶含鞣质，可提制栲胶；可作庭院观赏植物。

叶背面　花　植株　枝、叶、花序

三裂绣线菊 *Spiraea trilobata* L.　　绣线菊属 *Spiraea* Linn.

形态特征： 灌木，高1~2m。枝细，开展，圆柱形，幼时黄褐色，无毛，老时灰褐色。冬芽小，卵形，先端急尖，具数个鳞片，无毛。叶近圆形，长与宽略相等，各为1.5~3cm，先端圆钝，常3裂，基部圆形，宽楔形或近心形，边缘中部以上具少数圆钝锯齿，两面均无毛，背面淡绿色，基出3~5脉。伞形花序具总梗，生侧枝顶端，具15~30（~40）花；花梗长8~13mm，与总梗均无毛；花白色，直径6~8mm；萼筒外面无毛，里面有灰白色柔毛，裂片三角形，长1~1.5mm，先端急尖，外面无毛，里面具稀疏短柔毛；花瓣宽倒圆卵形，先端微凹；雄蕊18~20个，比花瓣短；花盘具10个不等大的裂片；花柱比雄蕊短，子房被短柔毛。蓇葖果开展，沿腹缝线微具短柔毛或无毛，花柱斜展，萼裂片直立。花期5—6月；果熟期8—9月。

分　　布： 河南太行山和伏牛山区均有分布；多见于海拔700m以上的山坡灌丛或石缝中。

功用价值： 叶含鞣质，可提制栲胶；可作庭院观赏植物。

叶背面　枝、叶　枝、叶、花序　枝、叶　果序　花

绣球绣线菊 *Spiraea blumei* G. Don 　　　　绣线菊属 *Spiraea* Linn.

形态特征： 灌木，高1~2m。枝细，微拱曲，幼时褐色，无毛，老时灰褐色。冬芽卵形，先端急尖，具数个鳞片，无毛。叶菱状卵形至倒卵形，先端钝或微尖，基部楔形，边缘部以上具缺刻状钝锯齿，或3~5浅裂，两面无毛，背面淡绿色，具明显羽状脉，脉腋常有簇毛。伞形花序显具总梗，具20~50花；苞片披针形，无毛；花白色，直径约6mm；萼筒外面无毛，里面被短柔毛，裂片三角形，长约1mm，先端急尖；花瓣倒卵形，长2~3mm，先端微凹，雄蕊约20个，比花瓣短或略等长；花盘有裂齿。蓇葖果直立，无毛，花柱顶生背部，向外斜展，萼裂片直立。花期5—6月；果熟期7—9月。

分　　布： 河南伏牛山、太行山、大别山和桐柏山区均有分布；多见于海拔700m以上的山坡或山谷灌丛中。

功用价值： 可作观赏植物；根及果实可入药。

叶　果期　枝、叶背面　花　枝、叶、花序　花期

中华绣线梅 *Neillia sinensis* Oliv. 　　　　绣线菊属 *Spiraea* Linn.

形态特征： 灌木，高达2m；小枝无毛。叶片卵形至卵状长椭圆形，长5~11cm，宽3~6cm，先端长渐尖，基部圆形至近心形，稀宽楔形，边缘具重锯齿，常不规则分裂，稀不裂，两面无毛或在背面脉腋具柔毛；叶柄长7~15mm，微被毛或近于无毛。总状花序顶生，长4~9cm，无毛，花梗长3~10mm；花淡粉色，直径6~8mm；萼筒筒状，长1~1.2cm，外面无毛，裂片5，三角形；花瓣倒卵形；雄蕊10~15；心皮1~2，子房顶端有毛。蓇葖果长椭圆形，萼裂片宿存，外被疏生长腺毛。花期5—6月；果期8—9月。

分　　布： 河南伏牛山、太行山、大别山区均有分布；多见于山坡、林下。

保护类别： 中国特有种子植物。

枝、叶　叶　枝、叶、花序　花　枝、叶背面　花序　果序

华北珍珠梅 Sorbaria kirilowii (Regel) Maxim. 珍珠梅属 Sorbaria (Ser.) A. Br. ex Aschers.

形态特征： 灌木，高达3m；枝圆柱形，无毛，开展。羽状复叶，连叶柄长21~25cm；小叶13~21个，披针形至长圆状披针形，先端渐尖，稀尾状尖，基部圆形至宽楔形，边缘具尖锐重锯齿，两面无毛或仅背面脉腋簇生短柔毛，侧脉15~23对，近于平行；小叶柄短或近无柄；托叶线状披针形，先端尖或钝，全缘或顶端稍有锯齿，无毛。顶生圆锥花序紧密，分枝斜展或直立，微被白粉，花梗长3~4mm；苞片线状披针形；花白色；萼筒两面均无毛，裂片圆卵形，先端圆钝，与萼筒近等长；花瓣倒卵形或宽卵形，先端圆钝；雄蕊20个，与花瓣等长或稍短，生于花盘边缘。蓇葖果长圆柱形，长约3mm，无毛，花柱稍侧生，反折；萼片反折，果梗直立。花期5—6月；果熟期8—9月。

分　　布： 河南太行山和伏牛山区均有分布；多见于山坡灌丛或山谷溪旁。

功用价值： 可作庭院观赏植物。

保护类别： 中国特有种子植物。

叶、花序（蕾期）　　果序　　花　　花序　　植株

灰栒子 Cotoneaster acutifolius Turcz. 栒子属 Cotoneaster B. Ehrhart

形态特征： 落叶灌木，高2~4m。小枝细长，稍开展，圆柱形，幼时被长柔毛，老时红褐色，无毛。叶椭圆形或卵形，先端急尖或短渐尖，基部宽楔形，表面深绿色，幼时被稀疏柔毛，背面淡绿色，被稀疏柔毛，脉上较多，后近无毛；叶柄短粗，长2~5mm，被柔毛。伞房花序，有2~5（~7）花，稀单生；花梗长3~5mm，与总梗均被稀疏柔毛；苞片线状披针形，被稀疏柔毛；花粉红色，直径7~8mm；萼筒钟状或短筒状，外面被短柔毛，里面无毛，裂片宽三角形，先端急尖，外面被短柔毛，里面先端有稀疏柔毛；花瓣宽倒卵形，直立，长3~4mm，具短爪；雄蕊10~15个，比花瓣短；花柱2个，长约2mm；子房顶端密被短柔毛。果实倒卵形或椭圆形，直径7~8mm。花期5—6月；果熟期9月。

分　　布： 河南太行山、伏牛山、大别山区均有分布；多见于海拔800m以上的山坡或山谷林中。

功用价值： 叶含鞣质，可提制栲胶。

果熟期　　枝、叶背面　　枝、叶、果　　花

平枝枸子 Cotoneaster horizontalis Dcne.　　枸子属 Cotoneaster B. Ehrhart

形态特征： 落叶或半常绿匍匐灌木，高不及50cm。枝水平开张成整齐二列状，幼枝被糙伏毛，老时脱落。叶近圆形或宽椭圆形，稀倒卵形，长0.5~1.4cm，先端急尖，基部楔形，全缘，正面无毛，背面有疏平贴柔毛；叶柄长1~3mm，被柔毛，托叶钻形，早落。花1~2朵，近无梗，直径5~7mm；花萼具疏柔毛，萼筒钟状，萼片三角形；花瓣直立，倒卵形，长约4mm，粉红色；雄蕊约12，短于花瓣；花柱（2）3，离生，短于雄蕊；子房顶端有柔毛。果近球形，直径5~7mm，成熟时鲜红色，小核3（2）。花期5—6月；果期9—10月。

分　　布： 河南伏牛山区、大别山区均有分布；多见于灌木丛或岩石坡上。

功用价值： 具有较好的观赏价值。

叶、果　　果熟期　　枝、叶、花　　植株

水枸子 Cotoneaster multiflorus Bunge　　枸子属 Cotoneaster B. Ehrhart

形态特征： 落叶灌木，高达4m。小枝红褐色或棕褐色，无毛或幼时具短柔毛。叶卵形或宽卵形，长2~5cm，宽1.5~3.5cm，先端急尖或钝圆，基部宽楔形或圆形，背面幼时稍有柔毛，后光滑；叶柄长3~10mm。伞房花序有6~20花；总花梗和花梗无毛。花梗长4~6mm；花白色，直径1~1.2cm；萼筒外面无毛，或微被柔毛，裂片三角形，两面均无毛，具缘毛，常暗红色；花瓣近圆形，花蕾期微呈淡红色，具短爪；雄蕊20个，长约3mm；花柱2个，稀1个，短于雄蕊。梨果球形或倒卵形，直径约8mm，红色，常有2个小核。花期5—6月；果熟期8—9月。

分　　布： 河南太行山及伏牛山区均有分布；多见于海拔1000m以上的山坡林缘或灌丛中。

功用价值： 材质坚硬，光亮细致，枝条柔韧，可作编制筐、篮的材料，亦可作庭院观赏植物。

枝、叶、花　　枝、叶、果实　　叶　　枝、叶

毛叶水枸子 Cotoneaster submultiflorus Popov　　枸子属 Cotoneaster B. Ehrhart

形态特征： 落叶灌木，高2~4m。小枝细，圆柱形，褐色或灰褐色，幼时密被柔毛，后脱落。叶卵形、菱状卵形至椭圆形，长2~4cm，宽1.2~2cm，先端急尖或圆钝，基部宽楔形，全缘，表面无毛或幼时微具柔毛，背面具短柔毛，无白粉；叶柄长4~7mm，微具柔毛；托叶披针形，有柔毛。花多数，呈伞房花序，总花梗及花梗具长柔毛；花梗长4~6mm；苞片线形，有柔毛；花白色，直径8~10mm；萼筒钟状，外面被柔毛，内面无毛，裂片三角形，先端急尖，外面被柔毛；花瓣平展，卵形或近圆形，长3~5mm，先端圆钝或微缺；雄蕊15~30个，短于花瓣，花柱2个，离生，短于雄蕊；子房先端有柔毛。果实近球形，直径6~7mm，红色，具1个小核。花期5—6月；果熟期9月。

分　　布： 河南大行山区、伏牛山区均有分布；多见于岩石缝间或灌丛中。

叶背面　枝、叶、花　果实　枝、叶、果实　枝、叶

华中枸子 Cotoneaster silvestrii Pamp.　　枸子属 Cotoneaster B. Ehrhart

形态特征： 落叶灌木，高1~2m。小枝细，拱形弯曲，棕红色，幼时有短柔毛，后脱落。叶椭圆形至卵形，长1.5~3.5cm，宽1~1.8cm，先端急尖或钝圆，基部圆形或宽楔形，边缘全缘，表面无毛，有时有灰色疏茸毛，背面有灰色茸毛；叶柄长3~5mm，具茸毛。伞房花序3~7花；总花梗和花梗有细柔毛，花梗长1~3mm；花白色，直径9~10mm；萼筒钟状，外面有细长柔毛，裂片三角形；花瓣近圆形，平展。果实近球形，直径约8mm，红色，常2个小核连合为1个。花期5—6月；果熟期8—9月。

分　　布： 河南伏牛山南部及大别山区均有分布；多见于山坡杂木林中。

保护类别： 中国特有种子植物。

叶背面　果实　枝、叶　枝、叶、花　花序

西北枸子 *Cotoneaster zabelii* Schneid.　　　　枸子属 *Cotoneaster* B. Ehrhart

形态特征： 落叶灌木，高达2m。小枝圆，幼时密被带黄色柔毛，老时无毛。叶椭圆形或卵形，长1.5~3cm，先端钝圆，稀微缺，基部圆形或宽楔形，全缘，正面具疏柔毛，背面密被带黄色或带灰色茸毛；叶柄长2~4mm，被茸毛，托叶披针形，有毛；果期多脱落。花3~10朵呈下垂聚伞状伞房花序，被柔毛。花梗长2~4mm；花萼具柔毛，萼筒钟状，萼片三角形；花瓣直立，倒卵形或近圆形，直径2~3mm，浅红色；雄蕊18~20，较花瓣短；花柱2，离生，短于雄蕊，子房顶端具柔毛。果倒卵圆形或近球形，直径7~8mm，成熟时鲜红色，小核2。花期5—6月；果期8—9月。

分　　布： 河南伏牛山、太行山区均有分布；多见于石灰岩山地、山坡阴处、灌丛中或沟边。

保护类别： 中国特有种子植物。

果实　　枝、叶背面　　植株　　枝、叶、花序　　花

野山楂 *Crataegus cuneata* Sieb. et Zucc.　　　　山楂属 *Crataegus* Linn.

形态特征： 落叶灌木，高1~2m。枝有细短刺，小枝幼时具柔毛。叶倒卵形至倒卵状长圆形，先端常3裂，稀为5~7裂，基部楔形，下延至叶柄成窄翅，背面幼时具疏生柔毛，后脱落；叶柄长4~15mm。伞房花序顶生，总花梗与花梗均有柔毛；花白色，直径约1.5cm；萼筒钟状，内外两面有柔毛；花瓣近圆形，基部有短爪；雄蕊20个；花柱4~5个。梨果红色或黄色，直径1~1.2cm，有小核4~5个，内面两侧平滑。花期4—5月；果熟期8—9月。

分　　布： 河南伏牛山、大别山和桐柏山区均有分布；多见于海拔1000m以下的山坡灌丛或杂木林中。

功用价值： 果实可食、酿酒或做山楂糕；叶、花及果实可入药。

叶、花　　梨果　　花　　枝、叶、果实

湖北山楂 Crataegus hupehensis Sarg. 　　山楂属 Crataegus Linn.

形态特征： 落叶乔木或灌木，高3~5m。小枝紫褐色，无毛，有刺。叶三角状卵形至卵形，长4~9cm，宽4~7cm，先端短渐尖，基部宽楔形或近圆形，边缘具圆钝重锯齿，上部有2~4对浅裂片，无毛或仅背面脉腋有簇毛；叶柄长3.5~5cm，无毛。伞房花序，总花梗和花梗均无毛；花白色，直径约1cm；萼无毛。梨果近球形，直径约2.5cm，深红色，有小核5个，内面两侧无凹痕。花期4—5月；果熟期8—9月。

分　　布： 河南伏牛山、太行山、大别山、桐柏山区均有分布；多见于海拔500m以上的山坡灌丛或疏林中。

功用价值： 果实可生食；可做山楂糕、果酱或酿酒；亦可入药。

保护类别： 中国特有种子植物。

叶、果实　　梨果、花萼　　枝、刺、果实　　叶　　枝、叶背面　　树干、刺

甘肃山楂 Crataegus kansuensis Wils. 　　山楂属 Crataegus Linn.

形态特征： 灌木或小乔木，高达8m。枝刺多，刺长0.7~1.5cm。小枝细，无毛。冬芽近圆形，无毛。叶宽卵形，长4~6cm，先端尖，基部平截或宽楔形，有尖锐重锯齿和5~7对不规则羽状浅裂片，裂片三角卵形，正面疏被柔毛，背面沿中脉及脉腋有髯毛，老时近无毛；叶柄细，托叶膜质，卵状披针形，早落。伞房花序具8~18花，花序梗和花梗均无毛；苞片和小苞片膜质，披针形。花梗长5~6mm；花径0.8~1cm；被丝托钟状，外面无毛，萼片三角状卵形，全缘，无毛；花瓣近圆形，白色；雄蕊15~20；花柱2~3，柱头头状，子房顶端被茸毛。果近球形，红色或橘黄色，萼片宿存；小核2~3，内外两面有凹痕；果柄长1.5~2cm。花期5月；果期7—9月。

分　　布： 河南伏牛山太行山区分布；多见于林中、山坡阴处或沟旁。

功用价值： 果实可生食；可做山楂糕、果酱或酿酒；亦可入药。

保护类别： 中国特有种子植物。

枝、叶、花序　　叶　　梨果

山楂 *Crataegus pinnatifida* Bunge

山楂属 *Crataegus* Linn.

形态特征： 落叶乔木，高达6m。小枝紫褐色，无毛或近无毛，常有刺。叶宽卵形至三角状卵形，长5~10cm，宽4~7.5cm，先端短渐尖，基部截形或宽楔形，羽状3~9深裂，边缘有尖锐重锯齿，背面沿脉有疏毛；叶柄长2~6cm，无毛。伞房花序有柔毛；花白色，直径约1.5cm。果实近球形，直径1~1.5cm，深红色。花期4~5月；果熟期9—10月。

分　　布： 河南太行山及伏牛山区均有分布；多见于山坡林缘或疏林中。

功用价值： 可作嫁接山楂或苹果的砧木，也可作庭院观赏植物；果实可生食或做果酱、山楂糕等；可药用。

花

植株

枝、叶、花序

果熟期

茎、枝、叶

梨果

花期

华中山楂 *Crataegus wilsonii* Sarg.

山楂属 *Crataegus* Linn.

形态特征： 落叶灌木，高达7m；刺粗壮，长1~2.5cm。当年生枝被白色茸毛，老枝无毛或近无毛。冬芽三角状卵圆形，紫褐色，无毛。叶卵形或倒卵形，稀三角状卵形，长4~6.5cm，先端急尖或圆钝，基部圆形、楔形或心形，有尖锐锯齿，通常在中部以上有3~5对浅裂片，裂片近圆形或卵形，先端急尖或圆钝，幼时正面散生柔毛，背面中脉或沿脉微被柔毛；叶柄长2~2.5cm，幼时被白色柔毛，托叶披针形、镰刀形或卵形，有腺齿，早落。伞房花序具多花，直径3~4cm。花梗长4~7mm，和花序梗均被白色茸毛；苞片披针形。花径1~1.5cm；被丝托钟状，外面常被白色柔毛或无毛，萼片卵形或三角卵形，外面被柔毛；花瓣白色，近圆形；雄蕊20，花药玫瑰紫色；花柱2~3，稀1，基部有白色茸毛。果椭圆形，直径6~7mm，红色，萼片宿存反折；小核1~3，两侧有深凹痕。花期5月；果期8—9月。

分　　布： 河南伏牛山、大别山分布；多见于山坡阴处密林中。

功用价值： 果实可生食；做山楂糕、果酱或酿酒；可入药。

梨果
叶、果实

枝、叶、花序

植株

花序

花

水榆花楸 *Sorbus alnifolia* (Sieb. et Zucc.) K. Koch　　　　花楸属 *Sorbus* Linn.

形态特征： 乔木，高可达20m。小枝有灰白色皮孔，幼时具柔毛。叶卵形至椭圆形，先端渐尖，基部圆形，边缘具不整齐重锯齿，有时微浅裂，表面深绿色，无毛，仅幼时沿下陷的中脉与侧脉被短柔毛，背面淡绿色，无毛或被稀疏短柔毛，侧脉8~14对，近平行，直达齿尖；叶柄长1~2cm，无毛或微有柔毛。复伞房花序有6~25花，直径5~9cm；总花梗极短，与花梗均无毛；花白色，直径12~16mm，萼筒外面无毛，裂片5个，三角状卵形，里面密生白茸毛；花瓣倒卵形，长5~7mm；雄蕊20个；花柱2个，基部或中部以下合生，无毛，比雄蕊短；果实椭圆形或卵形，长10~13mm，红色或黄色，萼裂片脱落后残留为圆穴。花期5—6月；果熟期9—10月。

分　　布： 河南太行山、伏牛山、大别山和桐柏山区均有分布；多见于海拔1000m以上的山坡或山谷杂木林中。

功用价值： 木材坚硬致密，可用作建筑模型及家具用材；果实含糖，可食或酿酒；树皮可作染料，可作造纸原料；可作庭院观赏树种。

叶、花　　果序　　枝、叶、花序　　果实　　枝、叶　　枝、叶、花

石灰花楸 *Sorbus folgneri* (Schneid.) Rehd.　　　　花楸属 *Sorbus* Linn.

形态特征： 乔木，高约10m。小枝黑褐色，具少数皮孔；幼枝、叶柄、叶背面、总花梗、花梗及萼筒外面均密生白色茸毛。叶卵形至椭圆形，先端急尖或短渐尖，基部宽楔形或圆形，边缘有细锐单锯齿，侧脉8~12对，近平行，达齿尖；叶柄长5~15mm。复伞房花序有多花，直径5~8cm；花梗长5~8mm；花白色，直径7~10mm；雄蕊20个，与瓣等长或过之；花柱2~3个，近基部连合并有茸毛。梨果椭圆形，直径6~7mm，红色，近平滑或有少数不明显的细小斑点，萼裂片脱落后留有圆穴。花期4—5月；果熟期8—9月。

分　　布： 河南伏牛山、大别山和桐柏山区均有分布；多见于海拔600m以上的山坡杂木林中。

功用价值： 木材可供建筑、家具等用；可作城市绿化树种。

保护类别： 中国特有种子植物。

叶背面　　果序　　枝、叶、花序　　成熟果实　　枝、叶　　植株

北京花楸 *Sorbus discolor* (Maxim.) Maxim.　　花楸属 *Sorbus* Linn.

形态特征： 乔木，高约10m。小枝紫褐色，无毛，具稀疏皮孔。冬芽长圆状卵形，无毛或疏生短柔毛。奇数羽状复叶，小叶11~15个，长圆形或长圆状披针形，长3~6cm，宽1~2cm，先端急尖或短渐尖，基部斜楔形或近圆形，边缘近基部或1/3以上有细锐锯齿，与叶轴无毛；托叶宿存，草质，有粗齿。复伞房花序较稀疏，总花梗和花梗无毛；花白色，直径约1cm；雄蕊15~20个，长约为花瓣的1/2；花瓣长3~4mm。果实卵形，直径6~8mm，白色或黄色；萼裂片闭合宿存。花期5月；果熟期9—10月。

分　　布： 河南太行山和伏牛山区均有分布；多见于海拔800m以上的山坡杂木林中。

功用价值： 木材可作家具原材料。

保护类别： 中国特有种子植物。

枝、叶、果实　　　　枝、叶　　　　植株

湖北花楸 *Sorbus hupehensis* Schneid.　　花楸属 *Sorbus* Linn.

形态特征： 乔木，高5~10m。小枝暗灰褐色，幼时疏生白色茸毛，后脱落。奇数羽状复叶，小叶11~17个，长圆状披针形或卵状披针形，长3~5cm，宽1~2cm，先端急尖或短渐尖，基部1/3或1/2以上有锐锯齿，无毛或背面沿中脉有白色茸毛；托叶小，早落。复伞房花序有多花，总花梗和花梗无毛或疏生白色茸毛；花梗长3~5mm；花白色，直径5~7mm；花瓣圆卵形，长3~4mm；雄蕊20个；花柱4~5个。果实球形，直径5~8mm，白色；萼片闭合宿存。花期4—5月；果熟期9—10月。

分　　布： 河南伏牛山和大别山区均有分布；多见于海拔800m以上的山坡或山谷杂木林中。

功用价值： 果实含多种维生素，可入药；木材可作家具、器具等原材料用。

保护类别： 中国特有种子植物。

枝、叶、花序　　　叶背面　　　植株　　　花序　　　果序

261

陕甘花楸 Sorbus koehneana Schneid.　　花楸属 Sorbus Linn.

形态特征：灌木或小乔木。小枝无毛。冬芽无毛或顶端有褐色柔毛。奇数羽状复叶；小叶8~12对，间隔0.7~1.2cm，长圆形或长圆状披针形，长1.5~3cm，先端钝圆或急尖，基部偏斜圆，每侧有尖锐锯齿10~14，正面无毛，背面中脉有疏柔毛或近无毛，无乳头状突起；叶轴两面微具窄翅，有疏柔毛或近无毛，托叶草质，披针形，有锯齿，早落。复伞房花序，有疏白色柔毛。花梗长1~2mm；花萼无毛，萼片三角形，先端钝圆；花瓣宽卵形，长4~6mm，白色，内面微具柔毛或近无毛；雄蕊20，长约花瓣1/3；花柱5，几与雄蕊等长，基部微具柔毛或无毛。果球形，直径6~8mm，白色，具宿存萼片。花期5—6月；果期8—9月。

分　　布：河南太行山、伏牛山区均有分布，多见于海拔1500m以上的山坡杂木林中。

保护类别：中国特有种子植物。

果序　　枝、叶、花序　　叶　　枝、叶、花　　花序

中华石楠 Photinia beauverdiana Schneid.　　石楠属 Photinia Lindl.

形态特征：灌木或小乔木，高3~10m。小枝紫褐色，无毛。叶纸质，长圆形，倒卵状长圆形或长卵形，先端渐尖或急尖，基部圆形或宽楔形，边缘有带腺疏锯齿，背面沿脉疏生柔毛，侧脉9~14对；叶轴长5~10mm。复伞房花序顶生，总花梗和花梗无毛，有瘤点，花白色，直径5~7mm，萼筒杯状；外面微生柔毛，裂片三角状卵形，花瓣卵形或倒卵形，无毛；雄蕊20个；花柱（2）3个，基部合生。梨果卵形，直径5~6mm，紫红色。花期5月；果熟期9—10月。

分　　布：河南伏牛山南部、大别山和桐柏山区均有分布；多见于山坡或山谷杂木林中。

叶　　植株　　枝、叶、花序　　梨果　　叶背面

小叶石楠 *Photinia parvifolia* (Pritz.) Schneid.　　　石楠属 *Photinia* Lindl.

形态特征： 落叶灌木，高达3m。小枝纤细，无毛。冬芽卵圆形。叶草质，椭圆形、椭圆状卵形或菱状卵形，先端渐尖或尾尖，基部宽楔形或近圆，有尖锐腺齿，正面幼时疏被柔毛，后无毛，背面无毛，侧脉4~6对；叶柄长1~2mm，无毛，托叶早落。花2~9，呈伞形花序，生于侧枝顶端，无花序梗；苞片和小苞片钻形，早落。花梗细，长1~2.5cm，无毛，有疣点；花径0.5~1.5cm；被丝托钟状，无毛，萼片卵形，长约1mm，内面疏生柔毛，外面无毛；花瓣白色，圆形，先端钝，基部有极短爪，内面基部疏生长柔毛；雄蕊20；花柱2~3，中部以下合生，子房顶端密生长柔毛。果椭圆形或卵圆形，橘红色或紫色，无毛，宿存萼片直立：果柄长1~2.5cm，密生疣点。花期4—5月；果期7—8月。

分　　布： 河南伏牛山、桐柏山、大别山区均有分布；多见于山坡灌丛或疏林中。

功用价值： 根、枝、叶可入药。

保护类别： 中国特有种子植物。

梨果

叶

枝、叶背面、果序

唐棣 *Amelanchier sinica* (Schneid.) Chun　　　唐棣属 *Amelanchier* Medik.

形态特征： 小乔木，高3~5m，少数达15m；小枝细长，无毛或近于无毛，紫褐色或黑褐色。叶片卵形或长椭圆形，长4~7cm，宽2.5~3.5cm，先端急尖，基部圆形，少数近心形或宽楔形，常在中部以上有细锐锯齿，基部全缘，幼时背面沿叶脉有稀疏长柔毛，老时无毛；叶柄长1~2cm。总状花序多花，长4~5cm，总花梗和花梗皆无毛；花梗长8~28mm；花白色，直径3~4.5cm。梨果近球形或扁圆形，直径约1cm，蓝黑色，分6~10室，各室含种子1枚，萼裂片宿存。

分　　布： 河南伏牛山区分布；多见于海拔1000m以上的山坡疏林中。

功用价值： 木材坚硬致密，可作家具用材；果实可入药。

保护类别： 中国特有种子植物。

叶、果实

果实

花期

枝、叶、花

花序

花

豆梨 *Pyrus calleryana* Dcne. | 梨属 *Pyrus* Linn.

形态特征： 乔木，高5~8m。幼树常具枝刺。小枝粗壮，圆柱形，褐色，幼时具茸毛。叶宽卵形或卵形，长4~8cm，宽3.5~6cm，先端渐尖，稀短渐尖，基部圆形或宽楔形，边缘具圆钝锯齿，两面均无毛；叶柄长2~4cm，无毛。伞房花序有6~12花，总花梗和花梗无毛；花白色，直径2~2.5cm；花瓣宽卵形，具短爪；雄蕊20个，较花瓣稍短；花柱2个，稀3个。梨果球形，褐色，直径2~3cm；萼裂片脱落。花期4—5月；果熟期9—10月。

分　　布： 河南各山区均有分布；多见于山坡、沟边或疏林中。

功用价值： 常作梨树的砧木；木材坚硬，可供制精细家具、雕刻图章或用作板面；果实可食或酿酒；根、叶、花及果可入药。

果期　果实　花　植株　枝、叶、果实

杜梨 *Pyrus betulifolia* Bunge | 梨属 *Pyrus* Linn.

形态特征： 乔木，高达10m，常有枝刺；小枝紫褐色，幼枝、幼叶两面、总花梗、花梗和萼筒外面均生灰白色茸毛，叶菱状卵形或长卵形，长4~8cm，宽2.5~3.5cm，先端尖，基部宽楔形，稀近圆形，边缘有尖锐粗锯齿，老叶背面微有茸毛或几无毛；叶柄长2~3cm。伞房花序有10~15花；花白色，直径1.5~2cm；花瓣宽卵形，长5~8mm，具短爪；雄蕊20个，长为花瓣的1/2；花柱2~3个，离生。梨果卵圆形，直径约1cm，褐色，有淡色斑点；萼裂片脱落。花期3—4月；果熟期9—10月。

分　　布： 河南各地均有分布；多见于浅山丘陵地区。

功用价值： 可作梨树砧木；木材可用于制作家具、器具、雕刻等；果和枝叶可入药；果含糖，可食或酿酒。

枝、叶、花　果实　雄蕊、花柱　花序　叶背面

褐梨 *Pyrus phaeocarpa* Rehd.

梨属 *Pyrus* Linn.

形态特征： 乔木，高5~8m。小枝粗壮，紫褐色，幼时密生灰白色茸毛，后脱落。冬芽长卵形，先端急尖或圆钝。叶椭圆状卵形或长圆状卵形，长6~10cm，宽3~5cm，先端长渐尖，基部宽楔形或近圆形，边缘具开张牙齿状尖锯齿，背面幼时具毛；叶柄长3~6cm，托叶膜质，线状披针形，边缘具稀疏腺齿。伞房花序有5~8花；花白色，直径约3cm；花瓣圆卵形，具短爪，长1~1.5cm；花柱3~4个，稀2个。梨果球形，长2~2.5cm，褐色，具淡褐色斑点；萼裂片脱落。花期4—5月；果熟期6—10月。

分　　布： 河南太行山和伏牛山区均有分布；多见于海拔800m以上的山坡或林缘。

功用价值： 可作梨树砧木；果可食或酿酒，亦可入药。

保护类别： 中国特有种子植物。

果实

枝、叶、果实

花

叶背面

秋子梨 *Pyrus ussuriensis* Maxim.

梨属 *Pyrus* Linn.

形态特征： 乔木，高达15m；小枝粗壮，老时变为灰褐色。叶片卵形至宽卵形，先端短渐尖，基部圆形或近心形，稀宽楔形，边缘有带长刺芒伏尖锐锯齿，两面无毛或在幼时有茸毛；叶柄长2~5cm。花序有花5~7朵；总花梗和花梗幼时有茸毛；花梗长2~5cm；花白色，直径3~3.5cm；萼筒外面无毛或微生茸毛，裂片三角伏披针形，外面无毛，内面密生茸毛；花瓣卵形或宽卵形；花柱5，离生，近基部具疏生柔毛。梨果近球形，黄色，直径2~6cm，萼裂片宿存，基部微下陷，果梗长1~2cm。

分　　布： 河南各地均有栽培。

功用价值： 果可食、酿酒等；木材可作家具等用材。

枝、叶、果实

叶

植株

果实

山荆子 *Malus baccata* (Linn.) Borkh.　　　　苹果属 *Malus* Mill.

形态特征： 乔木，高达10m。小枝无毛，暗褐色。叶椭圆形或卵形，长3~8cm，宽2~3.5cm，先端锐尖，基部楔形或圆形，边缘有细锯齿，无毛；叶柄长2~5cm，无毛。近伞形花序有4~7花，无总梗，集生小枝顶端；花梗细，长1.5~4cm，无毛；花白色，直径3~3.5cm；萼筒无毛，裂片披针形；花瓣倒卵形或长圆形，长1.5~2cm；雄蕊15~20个，长为花瓣的1/2；花柱4或5个。果实近球形，直径8~10mm，红色或黄色；萼裂片脱落；果梗长3~4cm。花期4~5月；果熟期8—9月。

分　　布： 河南太行山区、伏牛山区均有分布；多见于山坡或山谷杂木林中。

功用价值： 果实可酿酒；嫩叶可代茶叶；种子繁殖较易，为嫁接苹果、花红的砧木；是优秀的庭院观赏和蜜源植物。

枝、叶、花

果实

花序

花

湖北海棠 *Malus hupehensis* (Pamp.) Rehd.　　　　苹果属 *Malus* Mill.

形态特征： 乔木，高达8m。小枝紫色或紫褐色，初有短柔毛，后脱落。叶卵形至卵状椭圆形，先端渐尖，基部圆形或宽楔形，边缘有细锐锯齿，背面幼时沿脉有细毛，后无毛；叶柄长1~3cm。近伞形花序，有4~6花；花梗长3~6cm，无毛；花粉白色或近白色，直径3.5~4cm；萼裂片三角状卵形，渐尖或急尖，约与萼筒等长或稍短；花瓣倒圆卵形，长约1.5cm；雄蕊20个，长为瓣的1/2；花柱3个，稀4个。果实椭圆形或近球形，直径约1cm，黄绿色，稍有红晕；萼裂片脱落；果梗长2~4cm。花期4—5月；果熟期8—9月。

分　　布： 河南太行山、伏牛山、大别山和桐柏山区均有分布；多见于山坡或山谷杂木林中。

功用价值： 为庭院观赏树种，也可作苹果的砧木；嫩叶可代茶用；果含糖，可食用或酿酒。

保护类别： 中国特有种子植物。

叶　　　　叶背面
枝、叶、果

枝、叶、花

花

花萼、花冠

花序

河南海棠 *Malus honanensis* Rehd.

苹果属 *Malus* Mill.

形态特征： 灌木或小乔木，高5~7m。小枝细弱，幼时有毛；老枝红褐色，无毛。叶宽卵形至长椭圆状卵形，长4~7cm，宽3.5~6cm，先端急尖，基部圆形、心脏形或截形，常7~13浅裂，边缘有尖锐重锯齿，背面疏生短茸毛；叶柄长1.5~2.5cm，疏生柔毛。伞房花序，有5~10花；花梗长1.5~3cm，幼时有毛，后脱落；花粉红色，直径约1.5cm；萼筒疏生柔毛，裂片三角状卵形，较萼筒短；花瓣近圆形，长7~8mm；雄蕊20个，比花瓣短，花柱3~4个，无毛。果实近球形，直径约8mm，红黄色；萼裂片宿存；果梗长2~3cm。花期4—5月；果熟期8—9月。

分　　布： 河南太行山和伏牛山区均有分布；多见于山坡或山谷杂木林中。

功用价值： 果实可酿酒、制醋；可作庭院观赏树种。

保护类别： 中国特有种子植物；河南省重点保护野生植物。

枝、叶、果

梨果

花序

雌蕊、雄蕊

花期

枝、叶

陇东海棠 *Malus kansuensis* (Batal.) Schneid.

苹果属 *Malus* Mill.

形态特征： 灌木至小乔木，高5~10m；小枝粗壮，幼时有短柔毛，后脱落，紫褐色或暗褐色。叶片卵形或宽卵形，长5~8cm，宽4~6cm，基部圆形或截形，边缘有细锐重锯齿，通常3浅裂，两面均有短柔毛，尤以背面为密；叶柄长1.5~5cm，疏生短柔毛。伞形总状花序有花4~10朵；花梗长2.5~3.5cm；花白色，直径1.5~2cm；萼筒外面密生长柔毛，萼裂片内外均有柔毛；雄蕊20；花柱3，稀2或4。梨果椭圆形或倒卵形，直径1~1.5cm，黄红色，萼裂片脱落，果梗长2~3.5cm。花期5—6月；果期7—8月。

分　　布： 河南伏牛山区分布；多见于海拔1500m以上的灌丛中。

功用价值： 果实可酿酒；可作苹果砧木；木材可供雕刻。

保护类别： 中国特有种子植物。

叶、果实

叶、花序

枝、叶、果实

小果蔷薇 Rosa cymosa Tratt.　　　　　　蔷薇属 Rosa Linn.

形态特征： 蔓生灌木，长2~5m。小枝纤细，有钩状刺。奇数羽状复叶；小叶3~5个，稀7个，卵状披针形或椭圆形，长1.5~3cm，宽0.8~2.5cm，先端渐尖，基部近圆形，边缘具内曲的锐锯齿，两面无毛；叶柄和叶轴散生钩状皮刺；托叶线形，与叶柄分离，早落。花多数，呈伞房花序；花梗被柔毛；花白色，直径约2cm；萼裂片卵状披针形，常羽裂；花瓣倒卵状长圆形，先端凹；花柱伸出花托筒口外，有毛。蔷薇果近球形，直径4~6mm，萼裂片脱落。花期5—6月；果熟期9—10月。

分　　布： 河南伏牛山南部、大别山和桐柏山区均有分布；多见于山坡灌丛或疏林中。

功用价值： 根含鞣质，可提取栲胶；花可提取芳香油；叶可作饲料；根与叶可入药；是庭院观赏树种及蜜源植物；可作树状月季砧木。

花柱、雄蕊　花序　花　蔷薇果　枝、叶　枝、叶、花　枝、叶

野蔷薇 Rosa multiflora Thunb.　　　　　　蔷薇属 Rosa Linn.

形态特征： 落叶灌木。茎细长，无毛，有刺。奇数羽状复叶；小叶5~7个，倒卵形或椭圆形，先端急尖或渐尖，基部宽楔形或圆形，边缘具尖锐单锯齿，表面无毛，背面沿中脉被柔毛，顶生小叶柄长1~2.5cm；叶柄与叶轴均被柔毛和腺毛，疏生钩刺；托叶栉齿状分裂，长约2cm，2/3与叶柄合生。伞房花序具数至多花；花白色，直径2.5~3.5cm；花梗长2~3cm，具腺毛或无毛；苞片栉齿状；花托外面具腺毛或无毛；萼裂片卵形或三角状卵形，长达1cm，先端尖，边缘常具1~2对线形裂片，外面无毛，内面密被短茸毛；花瓣倒卵形，先端微凹；雄蕊多数，长3~6mm；花柱结合，无毛，伸出花托口外，与雄蕊近等长。蔷薇果球形，直径约8mm，红色。花期5—6月；果熟期8—9月。

分　　布： 河南伏牛山、大别山和桐柏山区均有分布；多见于山谷、河岸或山坡林缘及灌丛中。

功用价值： 根皮可提制栲胶，鲜花含芳香油，可供饮用或用于化妆及皂用香精；根、种子及花可入药；为庭院观赏植物。

枝、叶　植株　花柱、柱头、雄蕊　花　蔷薇果　花期　叶、花

粉团蔷薇 *Rosa multiflora* var. *cathayensis* Rehd. et Wils.　　　蔷薇属 *Rosa* Linn.

形态特征： 攀缘灌木。小枝圆柱形，通常无毛，有短、粗稍弯曲皮束。小叶5~9，近花序的小叶有时3，连叶柄长5~10cm；小叶片倒卵形、长圆形或卵形，边缘有尖锐单锯齿，稀混有重锯齿，正面无毛，背面有柔毛；小叶柄和叶轴有柔毛或无毛，有散生腺毛；托叶篦齿状，大部贴生于叶柄，边缘有或无腺毛。花多朵，排成圆锥状花序，花梗无毛或有腺毛，有时基部有篦齿状小苞片；花单瓣，粉红色。果近球形，直径6~8mm，红褐色或紫褐色，有光泽，无毛，萼片脱落。花期5—6月；果期8—10月。

分　　布： 河南伏牛山、太行山、大别山区均有分布；多见于海拔1300m的山坡、灌丛或河边。

功用价值： 根含鞣质，可提取栲胶；鲜花含芳香油，可提取香精；根、叶、花和种子均可入药；可栽培作绿篱、护坡或绿化。

枝、叶、花　　　花　　　花期　　　花序　　　植株　　　果实

软条七蔷薇 *Rosa henryi* Bouleng.　　　蔷薇属 *Rosa* Linn.

形态特征： 落叶蔓生灌木。小枝具粗短钩刺，幼枝红褐色，无毛。奇数羽状复叶，小叶5个，椭圆形或椭圆状卵形，长4~8cm，宽2.5~4cm，先端渐尖，基部圆形或宽楔形，边缘具尖锐单锯齿，背面灰白色，无毛或沿中脉有疏柔毛，顶生小叶柄长1~2cm；叶柄与叶轴散生钩刺；托叶狭披针形，长1~1.5cm，两面均被疏毛或无毛，大部分附着于叶柄上。伞房花序具多花；花梗长1~2cm，有短柔毛和腺毛；花白色，芳香，直径3~3.5cm；萼裂片卵伏披针形，长8~12mm，先端尾状渐尖，全缘或具裂片，外面具腺毛，内面密生短柔毛，花后反折；花柱结合，有柔毛，伸出花托口外，与雄蕊近等长。蔷薇果球形，直径8~10mm，深红色；萼裂片脱落。花期5—6月；果熟期9—10月。

分　　布： 河南伏牛山南部、大别山和桐柏山区均有分布；多见于山坡或山沟杂木林中。

功用价值： 为庭院观赏植物；根皮含鞣质，可提制栲胶；根及果可入药。

保护类别： 中国特有种子植物。

托叶　　　花　　　果实　　　枝、叶、花　　　枝、叶　　　花序

山刺玫 *Rosa davurica* Pall. 　　　　　　蔷薇属 *Rosa* Linn.

形态特征： 直立灌木，高1~2m。枝无毛，小枝及叶柄基部常有成对的皮刺，刺弯曲，基部大。羽状复叶，小叶5~7，矩圆形或长椭圆形，长1.5~3cm，宽0.8~1.5cm，先端急尖或稍钝，基部宽楔形，边缘近中部以上有锐锯齿，正面无毛，背面灰绿色，有白霜、柔毛和腺体；托叶大部附着于叶柄上，边缘、背面及叶柄均被腺毛。花单生或数朵聚生，深红色，直径约4cm；花梗具腺毛；柱头刚伸出花托口部。蔷薇果球形或卵形，直径1~1.5cm，红色。花期6—7月；果期8—9月。

分　　布： 河南伏牛山、太行山区分布；多见于山坡灌丛间及杂木林中。

功用价值： 根、茎皮及叶可提栲胶；果可做果酱、果酒；可提取橘黄色染料；花可制玫瑰酱或提香精；种子可榨油。

枝、花序

叶、花

花

花期

陕西蔷薇 *Rosa giraldii* Crép. 　　　　　　蔷薇属 *Rosa* Linn.

形态特征： 灌木。小枝有疏生直立皮刺。小叶7~9，连叶柄长4~8cm；小叶近圆形、倒卵形、卵形或椭圆形，长1~2.5cm，有锐单锯齿，基部近全缘，正面无毛，背面有短柔毛或中脉有短柔毛；小叶柄和叶轴有散生柔毛、腺毛和小皮刺，托叶大部分贴生叶柄，离生部分卵形，边缘有腺齿。花单生或2~3朵簇生，花径2~3cm；苞片1~2，卵形，边缘有腺齿，无毛，花梗长不及1cm，与花萼均有腺毛；萼片卵状披针形，全缘或有1~2裂片，外面有腺毛，内面被短柔毛；花瓣粉红色，宽倒卵形，先端微凹；花柱离生，密被黄色柔毛，短于雄蕊。蔷薇果卵圆形，直径约1cm，顶端有短颈，熟时暗红色；宿萼直立。花期5—7月；果期7—10月。

分　　布： 河南伏牛山区分布；多见于海拔700~2000m的山坡或灌丛中。

保护类别： 中国特有种子植物。

枝、叶

萼筒、萼片

花

茎、刺

小叶

蔷薇果

叶背面

华西蔷薇（红花蔷薇）*Rosa moyesii* Hemsl.

蔷薇属 *Rosa* Linn.

形态特征： 灌木，高约3m；枝无毛，有散生成对基部膨大的皮刺。羽状复叶；小叶7~13，卵形或椭圆形，稀矩圆伏卵形，长1~4cm，先端急尖，基部宽楔形或近圆形，边缘有锯齿，两面无毛，仅在背面有时有腺点，中脉有柔毛；叶柄和叶轴上散生小皮刺、柔毛和腺毛；托叶较宽，边缘具腺毛，大部分附着于叶柄上。花单生或2~3朵聚生，有苞片1~3片，卵形；花梗和花托有刺状腺毛；花深红色，直径4.5~6.5cm；萼裂片披针形，先端尾状；花瓣倒卵形。蔷薇果矩圆状卵形，长6~7cm，先端收缩成颈状，深红色，有刺状腺毛。花期6—7月；果期8—10月。

分　　布： 河南伏牛山区分布；多见于海拔1500m以上的山坡或灌丛中。

保护类别： 中国特有种子植物。

植株　　花、萼片　　花　　叶　　叶背面

美蔷薇 *Rosa bella* Rehd. et Wils.

蔷薇属 *Rosa* Linn.

形态特征： 落叶灌木，高约3m。小枝有细直刺，近基部有刺毛。奇数羽状复叶；小叶7~9个，长椭圆形或卵形，长1~2.5cm，宽5~15mm，先端急尖，稀稍钝，基部宽楔形或近圆形，边缘有锐锯齿，背面无毛，沿中脉有腺体，叶柄和叶轴有柔毛和腺体，有时具小刺；托叶宽，大部分与叶柄合生，边缘有腺齿。花单生或2~3花聚生；花梗长5~10mm，有腺毛；苞片1~3个；花粉红色，直径4~5cm，芳香；萼外面有毛与腺毛，裂片尾状，全缘，先端叶状。蔷薇果椭圆形，长1.5~2cm，深红色，顶端渐细成颈状。花期5—6月；果熟期8—9月。

分　　布： 河南太行山和伏牛山区均有分布；多见于山坡灌丛或疏林中。

功用价值： 果实可酿酒；花可制玫瑰酱、提取芳香油或药用。

保护类别： 中国特有种子植物。

刺　　叶　　叶、蔷薇果　　花　　植株

钝叶蔷薇 Rosa sertata Rolfa

蔷薇属 Rosa Linn.

形态特征：灌木。小枝无毛，散生直立皮刺或无刺。小叶7~10，连叶柄长5~8cm；小叶椭圆形或卵状椭圆形，长1~2.5cm，有尖锐锯齿，近基部全缘，两面无毛，或背面沿中脉有稀疏柔毛；小叶柄和叶轴有稀疏柔毛、腺毛或小皮刺，托叶大部贴生叶柄，离生部分耳状，卵形，无毛，边缘有腺毛。花单生或3~5朵排成伞房状，花径2~3.5cm；苞片1~3，卵形，边缘有腺毛，无毛；花梗长1.5~3cm，花梗和萼筒无毛，或有稀疏腺毛；萼片卵状披针形，先端叶状，全缘，外面无毛，内面密被黄白色柔毛，边缘较密；花瓣粉红色或玫瑰色，宽倒卵形，先端微凹，短于萼片；花柱离生，被柔毛，比雄蕊短。蔷薇果卵圆形，顶端有短颈，长1.2~2cm，熟时深红色，宿萼直立。花期6月；果期8—10月。

分　　布：河南伏牛山、大别山、太行山区均有分布；多见于海拔1000m以上山坡、沟边或疏林中。

功用价值：根可药用，用于调经、消肿、治痛风。

保护类别：中国特有种子植物。

枝、叶、花　刺　果期　花序

龙芽草 Agrimonia pilosa Ldb.

龙牙草属 Agrimonia L.

形态特征：多年生草本，高30~60cm，全部密生长柔毛。单数羽状复叶，小叶5~7，杂有小型小叶，无柄，椭圆状卵形或倒卵形，长3~6.5cm，宽1~3cm，边缘有锯齿，两面均疏生柔毛，背面有多数腺点；叶柄长1~2cm，叶轴与叶柄均有稀疏柔毛，托叶近卵形。顶生总状花序有多花，近无梗；苞片细小，常3裂；花黄色，直径6~9mm；萼筒外面有槽并有毛，顶端生一圈钩状刺毛，裂片5；花瓣5；雄蕊10；心皮20。瘦果倒圆锥形，萼裂片宿存。花果期5—12月。

分　　布：河南各地均有分布；多见于山坡、路旁及草地。

功用价值：全草可入药。

花　基生叶　枝、叶、花　茎、叶　果期　花序

地榆 *Sanguisorba officinalis* L.　　　　　地榆属 *Sanguisorba* Linn.

形态特征： 多年生草本，高1~2m。根粗壮。茎直立，有棱角，无毛。奇数羽状复叶；小叶3~11个，稀15个，长圆状卵形至长椭圆形，长2~6cm，宽1~2.5cm，先端急尖或圆钝，基部心脏形或圆形，边缘具尖圆锯齿，无毛；托叶抱茎，近镰刀状，有齿。花密生成圆柱形的穗状花序；萼片4个，花瓣状，紫红色，开展，外面2个椭圆形，内面2个宽卵形，长约2mm，背面上端的中央稍具脊棱，微外展，具短尖头，紫色较深；雄蕊4个，长约2mm，花药黑紫色，花丝红色；花柱长约1mm，紫色，具乳头状柱头，子房被柔毛，瘦果卵状四角形，长约3mm，有4纵脊棱，褐色，被短柔毛，包于花托内。花期7—9月；果熟期9—10月。

分　　布： 河南各山区均有分布；多见于山坡草地、灌丛或林缘。

功用价值： 含鞣质，可提取栲胶；根含淀粉，可供酿酒；种子含油，可供制肥皂及其他工业用；根可入药，可作兽药，也可作农药。

花序　　　　　小叶　　　　　叶　　　　　植株　　　　　花果期

棣棠花 *Kerria japonica* (Linn.) DC.　　　棣棠花属 *Kerria* DC.

形态特征： 灌木，高1~2m。小枝绿色，无毛；髓白色，质软，易通出。叶卵形或三角状卵形，长2~8cm，宽1.2~3cm，先端渐尖，基部截形或近圆形，边缘有锐尖重锯齿，无毛或疏生短柔毛；叶柄长5~15mm，无毛；托叶钻形，膜质，边缘具白毛。花单生于当年生侧枝顶端；花梗长1~2.5cm，无毛；花鲜黄色，直径3~4.5cm；萼筒无毛；萼裂片卵状三角形或椭圆形，长约5mm，全缘，两面无毛；花瓣长圆形或近圆形，长1.8~2.5cm，先端微凹；雄蕊长不及花瓣的1/2；花柱顶生，与雄蕊近等长。瘦果褐黑色，半圆形。花期5—6月；果熟期7—8月。

分　　布： 河南伏牛山、大别山和桐柏山区均有分布；多见于海拔300m以上的山坡、山谷灌丛或杂木林中。

功用价值： 为庭院观赏植物。

植株　　　　　生境　　　　　花　　枝、叶、果实　　叶、花

鸡麻 *Rhodotypos scandens* (Thunb.) Makino

鸡麻属 *Rhodotypos* Sieb. et Zucc.

形态特征： 落叶灌木。高1~2m。小枝紫褐色，无毛。叶卵形至卵状长圆形，长4~9cm，宽2~6cm，先端渐尖，基部宽楔形、圆形或截形，边缘有尖锐重锯齿，表面暗绿色，幼时被稀疏柔毛，背面具黄白色丝状毛；叶柄长3~5mm，有黄白色茸毛；托叶线形，长4~7mm，被柔毛。花单生枝顶，白色，直径3~4cm；苞片（副萼片）线形至披针形，长4~8mm；萼筒两面均被柔毛，萼裂片卵形，长1~1.5cm，先端急尖，边缘有锐锯齿，外面被丝状毛，内面被短柔毛，花瓣近圆形；雄蕊多数，花丝线形，无毛。核果4个，黑色，长4~8mm，光亮。花期5月；果熟期7—8月。

分　　布： 河南伏牛山区南部、大别山、桐柏山区均有分布；多见于山坡或山谷杂木林中。

功用价值： 为庭院观赏植物；果实与根可入药。

叶、果实　　雄蕊、雌蕊、花柱　　成熟果实　　花、花萼　　花　　枝、叶、花

山莓 *Rubus corchorifolius* L. f.

悬钩子属 *Rubus* Linn.

形态特征： 落叶灌木，高1~2m。茎直立，圆柱形，疏生针状弯刺；小枝绿色或红褐色，幼时有柔毛和少数腺毛。单叶互生，卵形或卵状披针形，长3~9cm，宽2~4cm，先端急尖或渐尖，基部心脏形至圆形，边缘具不整齐重锯齿，有时3裂，表面沿脉有短柔毛，背面被灰色短柔毛，沿中脉有稀疏细刺；叶柄长5~20mm，具柔毛和细刺；托叶线形，附着于叶柄上。花单生，稀数花聚生枝端；花梗长5~8mm，被短柔毛；花白色，直径约3cm；萼筒杯状，裂片卵形或三角形，先端急尖或具尖头，长约5mm，两面均密被短柔毛；花瓣长椭圆形，较萼片长；雄蕊直立，较花瓣短；子房被柔毛。聚合果球形，直径10~12mm，红色。花期4—5月；果熟期6—7月。

分　　布： 河南伏牛山、大别山和桐柏山区均有分布；多见于山坡灌丛、山谷溪旁或疏林中。

功用价值： 果实可食用，也可制果酱或酿酒；根可入药；可作庭院观赏植物。

聚合果　　叶、花　　叶、果实　　枝、叶　　植株　　花期

腺毛莓 *Rubus adenophorus* Rolfe　　　　　悬钩子属 *Rubus* Linn.

形态特征： 灌木。小枝疏生柔毛和红色有柄腺毛，具基部宽扁短弯皮刺。三出复叶；小叶纸质，卵形，长4~10cm，宽2~7cm，顶生小叶有长柄，宽卵形或卵形，侧生小叶偏斜，几无柄，先端渐尖，基部圆形或近心脏形，边缘疏生重锯齿，表面伏生长柔毛，并有腺点，背面绿色，有柔毛；叶柄长达8cm，与叶轴有皮刺；托叶钻形，圆锥花序顶生和总状花序腋生，密生黄色硬毛和红色腺毛；苞片和小苞片披针形；花粉红色，直径6~8mm；萼裂片卵形，顶端尾尖。聚合果球形，直径约1cm，红色。花期5—6月；果熟期7—8月。

分　　布： 河南伏牛山南部、大别山和桐柏山区均有分布；多见于山坡灌丛或山沟河边。

功用价值： 果实可食或酿酒。

保护类别： 中国特有种子植物。

叶背面　　　　枝、叶、花序　　　　枝、叶

秀丽莓 *Rubus amabilis* Focke　　　　　悬钩子属 *Rubus* Linn.

形态特征： 灌木，高1~2m。茎无毛，散生基部宽的细尖皮刺，上部无刺。单数羽状复叶，小叶7~11，卵形或卵状披针形，长1~5.5cm，宽7~20mm，顶端小叶长2.5~4cm，先端锐尖或渐尖，基部圆形或宽楔形，正面近无毛，背面脉上有柔毛，中脉上并有小钩刺，边缘有缺刻状重锯齿；叶柄长1~2.5cm，叶轴有皮刺。花单生，白色，直径3~4cm，下垂；花梗长5~15mm，和萼裂片内外面有柔毛及小钩刺；萼裂片窄卵形，顶端渐尖。聚合果短圆柱形，长1.5~2.5cm，红色，具心皮柄。花期4—5月；果期7—8月。

分　　布： 河南伏牛山区分布；多见于山麓、沟边或山谷丛林中。

功用价值： 果可食用。

保护类别： 中国特有种子植物。

聚合果　　　　　　　　　　　花萼　　　花

枝、叶背面　　　　枝、叶、花　　　　植株

粉枝莓 *Rubus biflorus* Buch.-Ham. ex Smith　　悬钩子属 *Rubus* Linn.

形态特征： 灌木，高2~3m。茎直立，紫色或黄棕色，有白粉，皮刺散生，下弯、基部宽扁，无毛。奇数羽状复叶，连叶柄长7~18cm；小叶3~5个，通常3个，卵形或椭圆形，长2~4.5cm，宽1~2.5cm，顶生小叶宽卵形或近圆形，3浅裂或不裂，边缘有不整齐锯齿，背面有灰白色茸毛，中脉有疏刺；叶柄长1.5~4cm，与叶轴有弯刺；托叶披针形，长约6mm，边缘有腺毛，基部与叶柄合生。花2~3朵簇生或近伞房状，着生枝端或叶腋，下垂，花梗长1.5~3cm，无刺或有疏刺，无毛；花白色，直径1.5~2cm；萼裂片卵形或近圆形，长4~5mm，先端具短尖头，外面无毛，内面和外面边缘被短茸毛；果期近直立或开展；花瓣近圆形，较萼裂片长；雄蕊直立，长约5mm；花柱短，基部被茸毛，子房被茸毛。聚合果球形，直径1.5~2cm，黄色，无毛。花期5—6月；果熟期7—8月。

分　　布： 河南伏牛山区分布；多见于山谷溪旁。

聚合果

枝、叶

插田泡 *Rubus coreanus* Miq.　　悬钩子属 *Rubus* Linn.

形态特征： 灌木，高约3m。茎直立或弯曲成拱形，红褐色，有钩状的扁平皮刺。单数羽状复叶，小叶5~7，卵形、椭圆形或菱状卵形，长3~6cm，宽1.5~4cm，先端急尖，基部宽楔形或近圆形，边缘有不整齐锥状锐锯齿，背面灰绿色，沿叶脉有柔毛或茸毛；叶柄长2~4cm，和叶轴散生小皮刺；托叶条形。伞房花序顶生或腋生；总花梗和花梗有柔毛；花5月开，粉红色，直径8~10mm；萼裂片卵状披针形，外面有毛。聚合果卵形，直径约5mm，红色。花期4—6月；果期6—8月。

分　　布： 河南各山区均有分布；多见于山坡灌丛中。

功用价值： 果可生食和酿酒，并有强壮作用。

聚合果　　枝、白粉、刺　　叶背面　　花序　　叶、果序　　植株　　花

弓茎悬钩子 *Rubus flosculosus* Focke 悬钩子属 *Rubus* Linn.

聚合果

形态特征： 落叶灌木。茎拱曲，长达3m，红褐色，散生弯刺；小枝幼时被稀疏短柔毛或无毛。奇数羽状复叶，连叶柄长10~20cm，小叶5~7个，卵状长圆形或卵形，长3~5cm，顶生小叶菱状卵形或菱状披针形，长达7cm，先端渐尖，基部近圆形，边缘具重锯齿，有时3~5浅裂，表面散生柔毛或无毛，背面密生白色茸毛，小叶柄长1~3cm，侧生小叶较小，具短柄或几无柄；叶柄长3~5cm，与叶轴疏生小刺，幼时疏生柔毛；托叶小，线形。狭总状圆锥花序，顶生，长5~10cm；花梗细，长2~4mm，总花梗和花序轴均被柔毛；花粉红色，直径6~8mm；萼裂片卵形至卵状披针形，长2~3mm，先端急尖，外面密生灰白色茸毛，内面被稀疏短柔毛；花瓣近圆形，基部具爪，较萼裂片稍长；花柱无毛，子房被柔毛。聚合果近球形，直径4~6mm，暗红色或褐色。花期5—6月；果熟期7—8月。

分　　布： 河南伏牛山区分布；多见于山谷河道两旁、路边。

功用价值： 果实可食，也可制醋；可作庭院观赏树种。

保护类别： 中国特有种子植物。

植株

茎、枝、叶、花序

花序

叶背面

覆盆子 *Rubus idaeus* L. 悬钩子属 *Rubus* Linn.

形态特征： 落叶灌木，高约2m。茎红褐色，有少数小皮刺，小枝幼时有短茸毛，后脱落。单数羽状复叶，小叶3（~5），卵形或椭圆形，长2~10cm，宽1.5~4cm，先端短渐尖，基部圆形或近心形，边缘有粗重锯齿，正面散生细柔毛或无毛，背面有灰白色茸毛；叶柄长2~4cm，和叶轴散生小皮刺；托叶条形。总状花序短，顶生，在其下部常有较小腋生花序；总花梗、花梗和萼外面有柔毛和皮刺；花白色，直径约1.5cm；萼裂片卵状披针形，先端尾尖，内外两面有柔毛。聚合果近球形，直径10~12mm，红色，有茸毛。花期5—6月；果期8—9月。

分　　布： 河南伏牛山、大别山、桐柏山、太行山区均有分布；多见山坡和野地。

功用价值： 种子含油；果可食。

叶背面

枝、叶、花序

花

植株

白叶莓 *Rubus innominatus* S. Moore

悬钩子属 *Rubus* Linn.

形态特征： 落叶灌木，高1~3m；茎直立，和叶轴及叶柄密生柔毛和散生短下弯皮刺。单数羽状复叶，小叶3~5，卵形、宽卵形至长椭圆状卵形，长5~12cm，宽3~6.5cm，边缘有不整齐粗锯齿，正面疏生短柔毛，背面密生白色茸毛；叶柄长2~6cm。总状或圆锥状花序顶生和腋生，密生茸毛和红色腺毛；花紫红色，直径8~10mm，花瓣有啮蚀状边缘。聚合果球形，直径约1cm，橘红色。花期5—6月；果期7—8月。

分　　布： 河南伏牛山、大别山和桐柏山区均有分布；多见于山坡灌丛或山沟疏林中。

功用价值： 根可入药；果酸甜，可食及酿酒。

保护类别： 中国特有种子植物。

叶背面

聚合果

花序

枝、叶

绵果悬钩子（毛柱悬钩子）*Rubus lasiostylus* Focke

悬钩子属 *Rubus* Linn.

形态特征： 落叶灌木，高达2m。枝红褐色，具白粉，幼时无毛或被柔毛；刺针状。奇数羽状复叶；小叶3~5个，卵形至宽卵形，先端渐尖或急尖，基部圆形或近心脏形，边缘具不整齐重锯齿，表面深绿色，被细柔毛，背面被白色茸毛，沿脉有刺，侧脉5~6对，顶生小叶较大，边缘具数对浅裂或3裂；叶柄长6~13cm，无毛或有疏柔毛，与叶轴均有细刺；托叶披针形，膜质，长约1cm，全缘，无毛，中部以下与叶柄合生。伞房花序具2~6花，着生枝端，下垂；花梗细，长2~3cm，无毛，疏生细刺或无刺；萼裂片卵状披针形，外面微紫红色，无毛或被短茸毛，内面被白色短茸毛；果期反折；花瓣红色，近圆形，基部具短爪，直立，较萼裂片稍短；花柱顶生，基部被绵毛。聚合果近球形，红色，被绵毛。花期6月；果熟期7—8月。

分　　布： 河南伏牛山区分布；多见于海拔800m以上的山谷林下或溪旁。

功用价值： 果实可食或酿酒。

保护类别： 中国特有种子植物。

叶背面

叶

花序

花

喜阴悬钩子 *Rubus mesogaeus* Focke
悬钩子属 *Rubus* Linn.

形态特征： 攀缘灌木。老枝疏生基部宽大皮刺。小枝疏生钩状皮刺或近无刺，幼时被柔毛。小叶3（~5），顶生小叶宽菱状卵形或椭圆状卵形，常羽状分裂，侧生小叶斜椭圆形或斜卵形，长4~9（~11）cm，正面疏生平贴柔毛，背面密被灰白色茸毛，有粗锯齿并浅裂；叶柄长3~7cm，与叶轴均有柔毛和稀疏钩状小皮刺，托叶线形，被柔毛。伞房花序具花数朵，花序轴和花梗被柔毛，有稀疏皮刺；苞片线形，被柔毛。花径约1cm；花萼密被柔毛，萼片披针形，花后常反折；花瓣倒卵形、近圆形或椭圆形，基部稍有柔毛，白色或浅粉红色；花柱无毛。果扁球形，直径6~8mm，成熟时紫黑色，无毛；核三角卵球形，有皱纹。花期4—5月；果期7—8月。

分　　布： 河南伏牛山区分布；多见于山坡、山谷林下或沟边。

叶、花序　　果序　　聚合果　　叶背面

植株　　果期　　花

红藨刺藤（红泡刺藤）*Rubus niveus* Thunb.
悬钩子属 *Rubus* Linn.

形态特征： 落叶灌木，高1~2m。茎微拱曲，紫红色，被白粉，散生钩刺；小枝直立，绿色或紫色，幼时被短茸毛，刺直立或弯曲，基部微侧扁。奇数羽状复叶，连叶柄长7~15cm；小叶通常7个，稀5或9个，边缘具不整齐的尖锐锯齿，侧脉5~7对，表面无毛，背面被灰白色茸毛，顶生小叶柄长5~15mm，侧生小叶近无柄；叶柄长2~4cm，与叶轴均被细柔毛和弯刺；托叶线状披针形，长约8mm，被柔毛，基部与叶柄合生。伞房状短圆锥花序顶生，稀在上部叶腋着生数花；花梗长3~8mm，被短茸毛；花紫红色，直径约5mm；萼裂片三角状卵形，长3~5mm，先端急尖，两面均被短柔毛，花时直立；花瓣直立，近圆形，基部具爪，长约3.5mm；雄蕊多数，长约3mm；花柱无毛，子房被白色茸毛。聚合果半球形，被白色短茸毛。花期5月；果熟期7月。

分　　布： 河南伏牛山南部分布；多见于山坡灌丛或山谷疏林中。

功用价值： 果实可食用、酿酒及制果酱；根含鞣质，可提制栲胶。

枝、叶、花序　　果期

果序　　果实

枝、叶　　叶背面

茅莓 *Rubus parvifolius* Linn.　　　　　　　　　　悬钩子属 *Rubus* Linn.

形态特征： 落叶灌木。茎拱曲或平卧，长约2m，有稀疏针刺；小枝被灰白色短柔毛和细刺。奇数羽状复叶，连叶柄长5~12cm；小叶3个，稀5个，顶生小叶菱状卵形至宽倒卵形，侧生小叶近无柄，斜椭圆形，较顶生小叶稍小，先端急尖，基部宽楔形，边缘具不整齐粗齿，有时具浅裂或缺刻，表面被稀疏伏毛，背面被白色茸毛，侧脉4~6对；叶柄长2.5~5cm，与叶轴均被短柔毛和稀疏细刺；托叶线形，被柔毛，基部与叶柄合生。伞房花序顶生，部分腋生，被柔毛和稀疏细刺；苞片线状披针形，被短柔毛；花粉红色或紫红色，直径6~9mm；萼裂片披针形，先端渐尖，两面均被柔毛；花瓣宽倒卵形，直立或内曲，子房被柔毛，花柱无毛。聚合果球形，红色。花期5~6月；果熟期7~8月。

分　　布： 河南太行山、伏牛山、大别山和桐柏山区均有分布；多见于向阳的山谷路旁或山坡林卜。

功用价值： 果实酸甜多汁，可食；含鞣质，可提制栲胶；根、茎、叶可供药用。

花序
聚合果

叶背面
枝、叶、花序

多腺悬钩子 *Rubus phoenicolasius* Maxim　　　　悬钩子属 *Rubus* Linn.

形态特征： 灌木，高1~3m。枝密被红褐色刺毛、腺毛和稀疏皮刺。小叶3（5），卵形、宽卵形或菱形，稀椭圆形，长4~8（~10）cm，正面或沿叶脉被伏柔毛，背面密被灰白色茸毛，沿叶脉有刺毛、腺毛和稀疏小针刺，具不整齐粗锯齿，常有缺刻，顶生小叶常浅裂；叶柄长3~6cm，被柔毛、红褐色刺毛、腺毛和稀疏皮刺，托叶线形，被柔毛和腺毛。短总状花序顶生或腋生；花序轴、花梗和花萼密被柔毛、刺毛和腺毛。花梗长0.5~1.5cm；苞片披针形，被柔毛和腺毛花径0.6~1cm；萼片披针形，花果期均直立开展；花瓣倒卵状匙形或近圆形，紫红色，基部有柔毛；雄蕊稍短于花柱。果半球形，直径约1cm，成熟时红色，无毛；核有皱纹与洼穴。花期5~6月；果期7~8月。

分　　布： 河南伏牛山、大别山和桐柏山区均有分布；多见于山坡或山谷林下阴湿地方。

功用价值： 果实可食，也可制果酱；根与叶可供药用。

枝、叶

枝、叶、花序

聚合果

花

菰帽悬钩子 *Rubus pileatus* Focke

悬钩子属 *Rubus* Linn.

形态特征： 攀缘灌木；小枝紫褐色，无毛，有扁平钩状的皮刺。单数羽状复叶，小叶5~7，卵形、长矩圆状卵形或椭圆形，长2.5~4cm，宽1.5~2.5cm，顶生小叶较大，小叶柄亦较长，先端渐尖，基部近圆形，边缘有尖锐重锯齿，背面沿叶脉有短柔毛；叶柄长2~7cm，和叶轴散生小皮刺；托叶条状披针形，贴生叶柄上。花2~4朵丛生；花梗长约1cm，无毛；花白色，直径约1.5cm；萼裂片卵状披针形，边和内面有茸毛，果时反折。聚合果卵球形，直径约1cm，红色，花柱密生长柔毛，而使未成熟的果呈蘑菇帽状。

分　　布： 河南伏牛山区分布；多见于海拔900m以上的山谷溪旁或林下。

功用价值： 果实可食或酿酒。

保护类别： 中国特有种子植物。

叶背面

聚合果

枝、叶

花序

花

枝、叶、花序

路边青 *Geum aleppicum* Jacq.

路边青属 *Geum* Linn.

形态特征： 多年生草本，高40~80cm；根多分枝；全株有长刚毛。基生叶羽状全裂或近羽状复叶，顶裂片较大，菱状卵形至圆形，长5~10cm，宽3~10cm，3裂或具缺刻，先端急尖，基部楔形或近心形，边缘有大锯齿，两面疏生长刚毛；侧生叶片小，1~3对，宽卵形；茎生叶有3~5叶片，卵形，3浅裂或羽状分裂；托叶卵形，有缺刻。花单生茎端，黄色，直径10~15mm。聚合果球形，直径约1.5cm，宿存花柱先端有长钩刺。花果期7—10月。

分　　布： 河南太行山、伏牛山、大别山和桐柏山区均有分布；多见于山坡草地、灌丛、林缘或山谷溪旁等。

功用价值： 嫩叶可蔬食；种子含干性油，可制肥皂及油漆；全草含鞣质，可提制栲胶；全草可入药。

花

果期

茎、叶、花

雌蕊、雄蕊

基生叶

蛇莓 Duchesnea indica (Andr.) Focke
蛇莓属 Duchesnea J. E. Smith

形态特征： 多年生草本。茎匍匐，有柔毛。小叶3个，菱状卵形或倒卵形，长1.5~3cm，宽1~2cm，边缘具钝锯齿，两面散生柔毛或表面几无毛；小叶几无柄；叶柄长1~5cm；托叶卵状披针形，有时3裂。花单生叶腋；花梗长3~6cm，有柔毛；花黄色，直径1~1.8cm；副萼片5个，先端3裂，较萼片大，有柔毛，萼片狭卵形，先端急尖，全缘；花瓣倒卵形，先端微凹，与副萼片近等长；雄蕊较花瓣短；花柱短，子房无毛。聚合果球形或椭圆形，肉质或海绵质，红色；瘦果小，扁球形，暗红色。花期5—7月；果熟期7—8月。

分　　布： 河南各地均有分布；多见于河边、山坡灌丛、草地及山谷溪旁。

功用价值： 全草可入药；果实可食。

植株

花冠、花萼、副萼

花

聚合果

皱叶委陵菜 Potentilla ancistrifolia Bunge
委陵菜属 Potentilla Linn.

形态特征： 多年生草本，高达20cm；主根粗壮。茎斜上或直立，生长柔毛。羽状复叶；基生叶的小叶5~7，宽卵形、倒卵形或矩圆状卵形，长1.5~3cm，宽1~1.5cm，顶端小叶片大，先端急尖，基部楔形，边缘有粗锐锯齿，近基部全缘，背面灰绿色，两面有贴生丝状柔毛，背面较密，小叶无柄；叶柄生稀疏柔毛；托叶贴生于叶柄；茎生叶与基生叶相似，仅近顶端的常为三出。聚伞花序顶生，总花梗和花梗有柔毛和腺毛；花黄色，直径约1.5cm。瘦果斜卵形，有皱纹，褐色，花柱近顶生。花果期5—9月。

分　　布： 河南太行山和伏牛山区均有分布；多见于山坡或沟谷岩石缝中。

基生叶

植株

花

蛇莓委陵菜 *Potentilla centigrana* Maxim.

委陵菜属 *Potentilla* Linn.

形态特征： 一年生或二年草本。花茎上升或匍匐或近直立，长达50cm，无毛或被稀疏柔毛。小叶具短柄或几无柄，小叶椭圆形或倒卵形，长0.5~1.5cm，有缺刻状圆钝或急尖锯齿，两面绿色，无毛或被稀疏柔毛；基生叶托叶膜质，褐色，无毛或被稀疏柔毛，茎生叶托叶淡绿色，卵形，常有齿，稀全缘。单花；下部与叶对生，上部生于叶腋。花梗纤细，长0.5~2cm，无毛或几无毛；花径4~8mm；萼片卵形或卵状披针形，副萼片披针形，短于萼片或近等长；花瓣淡黄色，倒卵形，先端微凹或圆钝，比萼片短；花柱近顶生，基部膨大，柱头不扩大。瘦果倒卵圆形，长约1mm，光滑。花果期4—8月。

分　　布： 河南伏牛山区分布；多见于湿润草地、溪旁、林缘。

植株　　聚合果　　花

委陵菜 *Potentilla chinensis* Ser.

委陵菜属 *Potentilla* L.

形态特征： 多年生草本，高30~60cm；根肥大，木质化。茎丛生，直立或斜上，有白色柔毛。羽状复叶，基生叶有小叶15~31，小叶矩圆形或矩圆状倒卵形，长3~5cm，宽约1.5cm，羽状深裂，裂片三角状披针形，背面密生白色绵毛；叶柄长约1.5cm；托叶和叶柄基部合生；叶轴有长柔毛；茎生叶与基生叶相似。聚伞花序顶生，总花梗和花梗有白色茸毛或柔毛；花黄色，直径约1cm。瘦果卵形，有肋纹，多数，聚生于有绵毛的花托上。花果期4—10月。

分　　布： 河南各地均有分布；多见于山坡、路旁或沟边。

功用价值： 根可提制栲胶；全草可入药。

叶背面　　基生叶　　花序　　花　　茎、叶、花序　　花期

翻白草 *Potentilla discolor* Bunge　　　　　　　　**委陵菜属** *Potentilla* Linn.

形态特征： 多年生草本，高15~40cm；根肥厚，纺锤形，两端狭尖。茎短而不明显。羽状复叶，基生叶斜上或平伸，小叶通常5~9，矩圆形或狭长椭圆形，长1.5~5cm，宽0.6~1.5cm，顶端的小叶稍大，边缘有缺刻状锯齿，正面有长柔毛或近无毛，背面密生白色茸毛；叶柄长3~15cm，密生白色茸毛；茎生小叶通常三出。聚伞花序，多花，排列稀疏，总花梗、花梗、副萼及花萼外面皆密生白色茸毛；花黄色，直径1~1.5cm。瘦果卵形，光滑。花果期5~9月。

分　　布： 河南太行山、伏牛山、大别山和桐柏山区均有分布；多见于丘陵、山坡、路边、灌丛等干旱地方。

功用价值： 全草可入药；块根富有淀粉，可食及酿酒。

花序

植株　花

叶背面　叶

莓叶委陵菜 *Potentilla fragarioides* Linn.　　　　　　　　**委陵菜属** *Potentilla* Linn.

形态特征： 多年生草本，高5~25cm；茎多直立或倾斜，有伸展长柔毛。羽状复叶，基生叶的小叶5~7，稀3或9，顶端三小叶较大，下部的小叶较小，椭圆状卵形、倒卵形或矩圆形，长0.8~4cm，宽0.6~2cm，基部楔形，边缘有缺刻状锯齿，两面散生长柔毛，背面较密；叶柄长，有长柔毛；托叶膜质；茎生叶小，有3小叶，叶柄短或无。伞房状聚伞花序，多花，总花梗和花梗生长柔毛；花黄色，直径1~1.5cm，副萼片椭圆形，与花萼均有伸展柔毛。瘦果矩圆卵形，黄白色，有皱纹。花期5—7月；果期7—9月。

分　　布： 河南太行山、伏牛山、大别山和桐柏山区均有分布；多见于山坡草地、灌丛或林下。

植株

叶背面

花　花序　叶

三叶委陵菜 Potentilla freyniana Bornm.　　委陵菜属 *Potentilla* Linn.

形态特征： 多年生草本。主根短而粗。茎细长柔软，稍匍匐，有柔毛。三出复叶；基生叶的小叶椭圆形、长圆形或斜卵形，长1.5~5cm，宽1~2cm，先端钝圆，基部楔形，边缘有钝锯齿，近基部全缘，背面沿脉有较密的柔毛；叶柄细长，有柔毛；茎生叶较小，叶柄短。聚伞花序顶生；总花梗和花梗有柔毛；花黄色，直径10~15mm；萼片披针状长圆形，副萼片线状披针形，与萼片近等长，背面被伏毛。瘦果卵形，黄色，无毛，有小皱纹。花期4—5月；果熟期7—8月。

分　　布： 河南太行山、伏牛山、大别山和桐柏山区均有分布；多见于丘陵、山坡灌丛、路边、溪旁等地。

功用价值： 全草可入药。

叶、花

花萼、副萼

植株

花

花、萼

花序

多茎委陵菜 Potentilla multicaulis Bunge　　委陵菜属 *Potentilla* Linn.

形态特征： 多年生草本。根肥厚，圆柱形。茎丛生，斜倚或斜展，长10~30cm，常带暗红色，被平展灰白色长柔毛，基部常具残留的褐色叶柄和托叶。奇数羽状复叶，基生叶多数，丛生，有小叶13~17个，连叶柄长达20cm；小叶无柄，长圆状卵形或长圆形，长1.5~3cm，羽状深裂，裂片线形，先端钝，表面疏生短伏柔毛，背面密被灰白色茸毛和长柔毛；叶柄和叶轴均被白色长柔毛；托叶膜质，长达2cm，与叶柄合生；茎生叶具短柄，有小叶3~11个，较基生叶小，托叶仅基部与叶柄合生。聚伞花序疏松，具多花，有灰白色长柔毛，花黄色，直径约1.2cm。花瓣较萼裂片长，花柱短，近顶生；花托被柔毛。瘦果黄褐色，无毛。花期4—9月；果熟期7—10月。

分　　布： 河南太行山和伏牛山区均有分布；多见于向阳的山坡、路旁、草地。

功用价值： 全草可入药。

叶背面

叶

花

植株

绢毛匍匐委陵菜 *Potentilla reptans* var. *sericophylla* Franch. 委陵菜属 *Potentilla* Linn.

形态特征： 多年生草本。根为须根，常具纺锤状块根。茎纤细，匍匐丛生，不分枝，长30~100cm，被伏柔毛；节间较长，节上有时生不定根。基生叶具长柄，具小叶3~5个，呈鸟足状，连叶柄长达10cm；小叶无柄或近无柄，倒卵形或菱状倒卵形，先端圆钝，基部楔形，边缘中部以上具3~6个圆钝粗锯齿或牙齿，表面被疏伏柔毛，背面被绢毛；叶柄长4~7cm，密被绢状伏柔毛；托叶膜质，披针形，全缘，被柔毛，基部与叶柄合生；茎生叶具短柄，有小叶3或5个；托叶膜质，披针形，全缘，离生，被柔毛。花单生，花梗纤细，长3~7cm，被伏柔毛；花黄色；副萼片披针形，先端急尖，外面被长伏毛；萼裂片与副萼近同形或稍宽，等长，外面被长伏柔毛；花瓣倒心脏形，基部具短爪；雄蕊20个，黄色，长3~4mm；花柱近顶生；花托密被短柔毛。瘦果长圆状卵形，具皱纹。花期4~7月；果熟期7~9月。

分　　布： 河南伏牛山、桐柏山和大别山区均有分布；多见于山坡、沟岸、路边草地、河滩或石缝中。

功用价值： 块根及全草可药用。

植株

花期

花

块根

叶

朝天委陵菜 *Potentilla supina* Linn. 委陵菜属 *Potentilla* Linn.

形态特征： 一年生或二年生草本。茎平铺或斜上，多分枝，疏生柔毛。奇数羽状复叶；基生叶有小叶7~13个，倒卵形或长圆形，长0.6~3cm，宽0.4~1.5cm，先端圆钝或截形，基部楔形，边缘有缺刻状锯齿，表面无毛，背面微生柔毛或近无毛；茎生叶与基生叶相似。有时为三出复叶；托叶宽卵形，3浅裂。花单生叶腋；花梗长8~15mm，有时达30mm，有柔毛；花黄色，直径6~8mm；副萼片椭圆状披针形。瘦果卵形，黄褐色，有纵皱纹。花期4—10月；果实5月渐次成熟。

分　　布： 河南各地均有分布；多见于路旁、村边、河岸、沙滩、田间、地梗、荒地。

功用价值： 幼苗可作野菜。

基生叶

植株

花序

花

茎、叶、花

三叶朝天委陵菜 *Potentilla supina* var. *ternata* Peterm.　　委陵菜属 *Potentilla* Linn.

形态特征： 与正种（朝天委陵菜）区别：基生叶小叶3~5个，茎生叶单叶或三出复叶。花瓣甚短于花萼，为萼片长度的1/4~1/3。

分　　布： 河南各地均有分布；多见于路旁、村边、河岸、沙滩、田间、地梗、荒地。

功用价值： 幼苗可作野菜。

花　　茎、叶、花序　　植株

臭樱 *Maddenia hypoleuca* Koehne　　臭樱属 *Maddenia* Hook. f. et Thoms.

形态特征： 小乔木或灌木，高达7m。叶卵状长圆形、长圆形或椭圆形，长4~9（~15）cm，先端长渐尖或长尾尖，基部近心形或圆，稀宽楔形，有不整齐单锯齿，有时兼有重锯齿，稀基部常有数个带腺锯齿，两面无毛，背面苍白色并有白霜，侧脉14~18对；叶柄长2~4mm，无毛或幼时上部有柔毛，托叶草质，披针形，长达1.5cm，宿存或迟落。总状花序密集多花，长3~5cm，生于侧枝顶端；花梗长2~4mm，花梗和花序硬均无毛；苞片三角状披针形。萼片小，10裂，三角状卵形，长约3mm，全缘；花两性；雄蕊20~30；雌蕊1，子房无毛。核果卵圆形，直径约8mm，顶端急尖，熟时黑色，光滑；果柄粗短，无毛；萼片脱落，基部宿存。花期4—6月；果期6月。

分　　布： 河南伏牛山区均有分布；多见于800m以上山坡疏林中。

保护类别： 中国特有种子植物。

枝、叶、果序　　枝、叶　　果序　　花序

李 *Prunus salicina* Lindl.   李属 *Prunus* L.

形态特征： 落叶小乔木。小枝褐色，无毛。叶长圆状倒卵形或椭圆状倒卵形，长5~10cm，宽3~4cm，先端尖或锐尖，基部渐狭，边缘有细密圆钝锯齿，无毛或幼时背面脉上有柔毛；叶柄长1~1.5cm，无毛；托叶早落。花先叶开放，常3个簇生，花梗长1~1.5cm，无毛；花白色，直径1.5~2cm；萼无毛，裂片边缘有细齿。核果卵球形，直径3~7cm，基部凹下，有纵沟，绿色、黄色或红色，有蜡粉。花期4月；果熟期7—8月。

分　　布： 河南各地有栽培，伏牛山区有分布；多见于山谷两旁或山坡灌丛。

功用价值： 果实含糖，味酸甜，可生食、酿酒、制李干或蜜饯；核仁可供药用；树干可分泌胶质；为蜜源植物和庭院观赏植物。

枝、叶、花　　核果　　枝、叶、核果　　植株　　果期

桃 *Prunus persica* L.   李属 *Prunus* L.

形态特征： 落叶乔木，高4~8m。小枝绿色，无毛。侧芽常2~3个并生。叶椭圆状披针形或长圆状披针形，在中部或微较上处最宽，先端长渐尖，基部宽楔形，边缘密生细锯齿，两面无毛或仅背面脉腋有簇毛；叶柄长1~2cm，无毛，有腺体，花单生或2个并生，先叶开放，近无梗；花粉红色，直径2.5~3cm，萼裂片外面有茸毛。核果卵球形，直径5~7cm，有纵沟，具茸毛，果肉多汁，核有皱纹和沟孔。花期4月；果熟期6—9月。

分　　布： 河南各山区均有分布，现我国广为栽培，并遍于世界各地；多见于山坡林缘或疏林中。

功用价值： 栽培变种和品种甚多，有食用和观赏用两大类；果实可食；叶、花、种子及种仁可入药。

花　　核果　　花序　　叶、核果　　花期

山杏 Prunus sibirica L.

李属 Prunus L.

形态特征： 灌木或小乔木，高2~5m。小枝无毛，稀幼时疏生柔毛。叶卵形或近圆形，先端长渐尖或尾尖，基部圆或近心形，有细钝锯齿，两面无毛，稀背面脉腋具柔毛；叶柄长2~3.5cm，无毛。花单生，直径1.5~2cm，先叶开放。花梗长1~2mm；花萼紫红色，萼筒钟形，基部微被柔毛或无毛，萼片长圆状椭圆形，先端尖，花后反折；花瓣近圆形或倒卵形，白色或粉红色；雄蕊几与花瓣近等长。核果扁球形，直径1.5~2.5cm，熟时黄或橘红色，有时具红晕，被柔毛；果肉较薄而干燥，熟时沿腹缝开裂，味酸涩不可食；核扁球形，易与果肉分离，两侧扁，顶端圆，基部一侧偏斜，不对称，较平滑，腹面宽而锐利。种仁味苦。花期3—4月；果期6—7月。

分　　布： 河南各地均有分布，栽培逸散为野生；多见于山坡、林下或灌丛中。

功用价值： 优良原始种质材料，可作山地造林树种和观赏树木；杏仁可供药用和榨油。

枝、叶

枝、果

花

核果

杏 Prunus armeniaca L.

李属 Prunus L.

形态特征： 乔木，高约10m。小枝灰褐色，无毛或幼时有柔毛。叶卵圆形至近圆形，长5~9cm，宽4~8cm，先端短锐尖，基部圆形或渐狭，边缘有圆钝锯齿，两面无毛或背面脉腋有簇毛；叶柄长2~3cm，近顶端有2个腺体。花单生，先叶开放，无梗或梗极短；花白色或粉红色，直径2~3cm。核果球形，直径2~3cm，黄白色或黄红色，有纵沟，核平滑。花期3—4月；果熟期6—7月。

分　　布： 原产亚洲西部。河南各地有栽培。

功用价值： 果实可食、可制杏脯或杏干；杏仁可入药，甜杏仁可食用；树干可分泌胶质（称杏树胶）。

果熟期

枝、叶、核果

枝、花

植株

麦李 *Cerasus glandulosa* (Thunb.) Sokoloff　　　櫻属 *Cerasus* Mill.

形态特征： 灌木，高达1.5m。小枝光滑或幼时有柔毛。叶卵状长圆形、长圆形或长圆状披针，长3~8cm，宽1~3cm，先端急尖，稀渐尖，基部宽楔形，边缘有细圆钝锯齿，两面无毛或背沿中脉有稀疏柔毛；叶柄短；托叶线形，边缘有腺齿。花1~2个侧生，先叶开放，花梗长约1cm，有短柔毛；花粉红色或白色，直径约2cm；萼筒钟状，有稀疏短柔毛或无毛，裂片卵形，边缘有齿；花瓣倒卵形或长圆形；雄蕊多数，较花瓣短；心皮1个，花柱基部有毛，核果近球形，无沟，直径1~1.5cm，红色。花期4月；果熟期6—7月。

分　　布： 河南伏牛山区分布；多见于山坡灌丛或沟边。

功用价值： 果实可食，并可酿酒；种仁可供药用；茎叶可制农药，煮汁可防治菜青虫，浸汁能防治蚜虫。

叶背面　枝、叶　枝、叶、花　植株　花　核果

欧李 *Cerasus humilis* (Bunge) Bar. et Liou　　　櫻属 *Cerasus* Mill.

形态特征： 灌木，高1.5m。小枝灰褐色，幼时具短柔毛。侧芽常2~3个并生。叶倒卵形或椭圆形，长2.5~5cm，先端急尖或短渐尖，基部宽楔形，边缘密生细锯齿，两面无毛或背面疏生柔毛；叶柄长约3mm；托叶线形，边缘有腺齿，早落。花1~2个侧生，花梗长6~8mm，有稀疏短柔毛；花白色或粉红色，直径1~2cm；萼筒钟状，无毛或微生柔毛，裂片长卵形，花后反折；花瓣长圆形或卵形；雄蕊多数，离生；心皮1个，与花柱均光滑。核果近球形，直径约1.5cm，鲜红色。花期4月；果熟期6—7月。

分　　布： 河南太行山和伏牛山区均有分布；多见于山坡、沟边及荒丘干旱地方。

功用价值： 果实可食或酿酒；种子可作郁李仁（一种中药）的类同品。

保护类别： 中国特有种子植物。

叶背面　果期　叶、果实　枝、叶

微毛樱桃 Cerasus clarofolia (Schneid.) Yü et Li　　樱属 Cerasus Mill.

形态特征： 灌木或乔木，高5~13m。小枝粗壮，褐色无毛。叶倒卵形、长圆状倒卵形或长圆形，先端锐尖，基部圆形或宽楔形，边缘有尖锐重锯齿，有时齿尖具腺体，近基部有2~3个腺体，表面有粗伏毛或无毛，背面沿脉有柔毛；叶柄长6~12mm，近无毛；托叶分裂，早落。花1~3个簇生；花梗长1~3cm，无毛或微生柔毛；叶状苞片卵形或长圆形，有腺齿；花白色，直径约2cm；萼筒无毛，裂片反卷，边缘有细齿，比萼筒短；花瓣宽椭圆形；雄蕊多数；心皮1个，花柱基部生稀疏柔毛，与雄蕊等长。核果卵球形或椭圆形，无纵沟，红色，直径约1cm。花期4—5月；果熟期5—6月。

分　　布： 河南太行山、伏牛山区均有分布；多见于海拔1000m以上的山坡或山谷杂木林中。

功用价值： 果实味甜酸，可食、可制果酱或酿酒等；木材可作家具。

保护类别： 中国特有种子植物。

果序

枝、叶、核果

枝、叶柄、托叶

植株

枝、叶

尾叶樱桃 Cerasus dielsiana (Schneid.) Yü et Li　　樱属 Cerasus Mill.

形态特征： 灌木或小乔木，高约10m。小枝褐色或灰褐色，无毛。有顶芽，侧芽单生。叶长圆状倒卵形或长圆形，长5~10cm，宽2~4cm，先端尾状渐尖，基部宽楔形或近心脏形，边缘有尖锐单锯齿或重锯齿，表面深绿色，无毛，背面淡绿色，沿脉微生柔毛；叶柄长约1cm，近无毛，有1~3个腺体。花先叶开放，3~5朵成伞形花序；花梗长1.5~3cm，有毛；苞片叶状，宽卵形，边缘具腺齿；萼筒短钟状，裂片长于萼筒，反卷，全缘；花瓣粉红色或白色，宽椭圆形；雄蕊多数；心皮1个，无毛，花柱与雄蕊等长。核果球形，直径约8mm，无纵沟，红色；核平滑。花期4—5月；果熟期6月。

分　　布： 河南伏牛山、大别山和桐柏山区均有分布；多见于山坡或山沟疏林中。

保护类别： 中国特有种子植物。

叶、核果

植株

花

毛樱桃 Cerasus tomentosa (Thunb.) Yas. Endo　　　樱属 Cerasus Mill.

形态特征： 落叶灌木，高2~3m。小枝褐色，具茸毛。侧芽2~3个并生。叶倒卵形、椭圆形或卵形，长4~7cm，宽2~4cm，先端急尖或微渐尖，边缘有锯齿，表面有皱纹，散生柔毛，背面密生茸毛；叶柄长3~5mm，有毛；托叶线形，早落。花先于叶开放，1~2朵侧生，花梗短，有毛；花白色或微带红色，直径1.5~2cm；萼筒管状，有毛，裂片卵形，较萼筒短，有锯齿；花瓣倒卵形；雄蕊多数，心皮1个，有毛，花柱较雄蕊长。核果近球形，无纵沟，深红色，直径约1cm，微生毛或无毛。花期3—4月；果熟期5—6月。

分　　布： 河南太行山、伏牛山、大别山和桐柏山区均有分布；多见于海拔300m以上山坡、山沟灌丛或杂木林。

功用价值： 果实味微甜酸，可食，也可酿酒；种仁含油量高，可供制肥皂和润滑油；果实和种子还可入药；可作庭院观赏植物。

植株、生境

果期　　枝、叶背面　　核果

枝、果实　　枝、叶　　花

稠李 Padus avium Miller　　　稠李属 Padus Mill.

形态特征： 乔木，高达15m。幼枝被茸毛，后脱落无毛。冬芽无毛或鳞片边缘有睫毛。叶椭圆形、长圆形或长圆状倒卵形，长4~10cm，先端尾尖，基部圆形或宽楔形，有不规则锐锯齿，有时兼有重锯齿，两面无毛；叶柄长1~1.5cm，幼时被茸毛，后脱落无毛，顶端两侧各具1腺体。总状花序长7~10cm，基部有2~3叶；花序梗和花梗无毛。花萼筒钟状；萼片三角状卵形，有带腺细锯齿，花瓣白色，长圆形；雄蕊多数。核果卵圆形，直径0.8~1cm；果柄无毛；萼片脱落。花期4—5月；果期5—10月。

分　　布： 河南伏牛山、大别山、桐柏山和太行山区均有分布；多见于山坡、山谷或林中。

花序　　花　　果序　　植株　　枝、叶、花

短梗稠李 Padus brachypoda (Batal.) Schneid.   稠李属 Padus Mill.

形态特征：乔木，高达10m。小枝被茸毛或近无毛。冬芽无毛。叶长圆形，稀椭圆形，长8~16cm；先端急尖或渐尖，稀短尾尖，基部圆形或微心形，平截，有贴生或开展锐锯齿，齿尖带短芒，两面无毛或背面脉腋有髯毛；叶柄长1.5~2.3cm，无毛，顶端两侧各有1腺体。总状花序长16~30cm，基部有1~3叶；花序梗和花梗均被柔毛。花梗长5~7mm；花径5~7mm；萼筒钟状，萼片三角状卵形，有带腺细锯齿；花瓣白色，倒卵形；雄蕊25~27。核果球形，直径5~7mm，幼时紫红色，老时黑褐色，无毛；果柄被柔毛；萼片脱落；核光滑。花期4~5月；果期5~10月。

分　　布：河南伏牛山、大别山、桐柏山区均有分布；多见于山坡、山沟。

保护类别：中国特有种子植物。

枝、叶、花序

植株

花

果实

枝、叶背面

椭木（柏氏稠李）Padus buergeriana (Miq.) Yü et Ku   稠李属 Padus Mill.

形态特征：落叶乔木，高达12（~25）m。小枝无毛。冬芽无毛，稀鳞片边缘有睫毛。叶椭圆形或长圆状椭圆形，稀倒卵状椭圆形，先端尾尖或短渐尖，基部圆形或宽楔形，稀楔形，有贴生锐锯齿，两面无毛；叶柄长1~1.5cm，无毛，无腺体，有时叶基部边缘两侧各有1腺体，托叶膜质，线形。花20~30朵，呈总状花序，基部无叶；花梗和花梗近无毛或疏被柔毛。花梗长约2mm；花径5~7mm；萼筒钟状，萼片三角状卵形，有不规则细锯齿，齿尖幼时带腺体；花瓣白色，宽倒卵形，先端啮蚀状；雄蕊10，着生花盘边缘。核果近球形或卵圆形，直径约5mm，熟时黑褐色，无毛；果柄无毛；萼片宿存。花期4~5月；果期5~10月。

分　　布：河南伏牛山、桐柏山、大别山和太行山区均有分布；多见于林中、山谷或旷地。

果期2

花序

植株

枝、叶、花序

果实

枝、叶、果序

果期1

细齿稠李 *Prunus obtusata* Koehne

稠李属 *Padus* Mill.

形态特征： 落叶乔木，高6~20m；老枝紫褐色或暗褐色，无毛，有散生浅色皮孔；小枝幼时红褐色，被短柔毛或无毛；冬芽卵圆形，无毛。叶片窄长圆形、椭圆形或倒卵形，边缘有细密锯齿，正面暗绿色，无毛，背面淡绿色，无毛，中脉和侧脉以及网脉均明显突起；叶柄长1~2.2cm，被短柔毛或无毛，通常顶端两侧各具1腺体；托叶膜质，线形，先端渐尖，边有带腺锯齿，早落。总状花序具多花，基部有2~4叶片，叶片与枝生叶同形，但明显较小；花瓣白色，开展，近圆形或长圆形，顶端2/3部分啮蚀状或波状，基部楔形，有短爪；雄蕊多数，花丝长短不等；排成紧密不规则2轮，长花丝和花瓣近等长；雌蕊1，心皮无毛；柱头盘状，花柱比雄蕊稍短。核果卵球形。花期4—5月；果期6—10月。

分　　布： 河南伏牛山分布；多见于山坡杂木林、密林、疏林、山谷、沟底和溪边等处。

保护类别： 中国特有种子植物。

植株

枝、叶、果序

果实

花序

叶背面

花